FANUC数控机床
PMC梯形图设计方法研究

●张中明　吴晓苏　著

浙江科学技术出版社

图书在版编目(CIP)数据

FANUC 数控机床 PMC 梯形图设计方法研究/ 张中明,吴晓苏著. —杭州:浙江科学技术出版社,2015. 6
ISBN 978 - 7 - 5341 - 6716 - 4

Ⅰ. ①F… Ⅱ. ①张… ②吴… Ⅲ. ①数控机床—程序设计—研究 Ⅳ. ①TG659

中国版本图书馆 CIP 数据核字(2015)第 118936 号

书　　名	FANUC 数控机床 PMC 梯形图设计方法研究
著　　者	张中明　吴晓苏
出版发行	浙江科学技术出版社 杭州市体育场路 347 号　邮政编码:310006 办公室电话:0571 - 85176593 销售部电话:0571 - 85171220 网址:www. zkpress. com E-mail:zkpress@zkpress. com
排　　版	杭州大漠照排印刷有限公司
印　　刷	浙江新华数码印务有限公司

开　　本	710×1000　1/16	**印　张**	15
字　　数	253 000		
版　　次	2015 年 6 月第 1 版		2015 年 6 月第 1 次印刷
书　　号	ISBN 978 - 7 - 5341 - 6716 - 4	**定　价**	50.00 元

责任编辑　罗　璀　　**责任校对**　马　融

责任美编　孙　菁　　**责任印务**　崔文红

序言 XU YAN

一台高品质数控机床的问世与许多因素有关，其直接因素是性能优越的数控系统以及机床侧各部件之间的有机配合。在这两者之间，还存在着一个任由人们发挥想象力和创造力的广阔驰骋空间——可编程序机床控制器（简称PMC）。人们可以在这个平台上编写出各种功能的梯形图程序，以实现 CNC、PMC 与机床三者之间的信号传递。

本书以 FANUC 数控系统 PMC 为工作环境，系统地研究了 PMC 梯形图的设计方法。内容包括：

1. 描述工具

本书先讨论了在设计 PMC 梯形图之前所需做的准备工作。作为程序设计者，对所面临的工作任务进行基本描述只是工作的开始，描述的工具有时序图、顺序功能图及信号流程图等，通过这些工具来归纳自己设计 PMC 梯形图的工作思路、实现方法和调试过程；作为系统维护和程序改进者，通过阅读他人的描述可以迅速了解程序设计者的意图。因此，正确进行工作任务描述是设计符合机床工艺要求的 PMC 梯形图程序的重要保证。

2. 程序结构的归纳

机床工艺、程序设计，工程技术人员通过 PMC 梯形图，构建了数控系统与数控机床的桥梁，由于该语言在数据和程序结构方面没有做十分严格的定义，工程技术人员可以尽自己所能进行机床功能开发。目前，许多人在使用该语言时只是更多地重视程序功能的实现，忽视程序结构的合理设计，从而导致编写出来的程序阅读性差、功能布局不合理及扩充功能困难等不良结果。本书作者在前人研究的基础上，提出了将 PMC 梯形图的结构划分成顺序结构、重复结构、分支结构、并行结构及状态转换结构等，并对每一种结构的适用范围、使用方法及构造特点进行归纳，规范的程序格式为设计大型和复杂程序奠定了基础。

3. 案例的选取

本研究在案例选取上兼顾了两个方面,其一,数控机床在调试过程中涉及模块包括键盘扫描、辅助功能、主轴运行、伺服驱动、冷却电机、刀架控制及报警显示等 PMC 梯形图的设计方法,在此基础上以主轴为例,研究了嵌入式主轴调速的控制方法。本调速方法是在原有功能基础上建立起来的,它保留了原有的调速功能,通过键盘定义后,增加了一组扩展的调速按键。本功能的开发主要用于主轴电机性能的独立测试,其调速范围更广,调速方法也由波段开关扩展到了点动控制,以此为案例研究了 PMC 梯形图的嵌入设计方法。其二,案例还涉足活动密码锁设计、手部控制力竞赛、液压动力滑台控制及 24 工位刀库控制等内容,更多地描述了随机数产生、数值计算及状态转换等问题。虽然数值计算并不是传统数控机床控制中所深入研究的内容,但是随着柔性制造生产线与数控系统关系的日益密切,势必引起程序设计者通过复杂数值计算,用数学建模的方法实现柔性生产过程中对工件运送、装夹、卸载和入库等过程的功能优化。将液压动力滑台的状态转换问题移植到现有的 PMC 梯形图环境中,探索出更好地解决问题的方法;将 24 工位刀库与小型数控系统之间进行信号接口、流程分析及算法设计是一种新的尝试,体现了数控系统 PMC 梯形图对于外部设备的广泛适用。

4. 叙述的条理性

本书在案例研究时分为三个阶段,即任务描述、过程实现及方法分析。由于 PMC 梯形图的设计是依据现场工作需求进行的,因此无论这些需求是复杂还是庞大,都将工作过程划分成合适的工作任务进行描述、归纳和求解。任务描述是指以工作需求为目标,用语言、图像和表格为工具对所要解决的问题进行叙述,指出解决问题的方法;过程实现是指用所指出解决问题的方法,去完成工作任务,并不断地调试完善;方法分析是指对该方法在控制方案中的实践过程进行讨论,得到解决问题的最优数学模型及途径。人们编写 PMC 梯形图程序的最终目的是为了解决工程实际问题,而编写的程序是否能够完成这些任务,还需要在调试阶段进一步去发现与解决,需要剔除不合理的代码,优化解题过程和步骤,形成可执行的正确代码。无论是基本的逻辑判断、信号灯闪烁及联锁关系,或者是复杂的程序结构设计、过程状态转换及计算方法设计等,均依据这样的过程进行描述,以形成其特定的描述风格。

我国正处于由制造大国向制造强国的转变过程,经过长期的努力,已经拥有自主知识产权的数控系统，这些系统的产生为提高国产数控机床性能提供了有力保证。随着改革开放及世界经济一体化时代的到来，会有更多的机会去接触、借鉴和使用国外先进的数控系统，这些系统经过长期的发展形成了许多值得我们学习的优点，通过对这些先进技术的学习、消化、吸收和改进，可形成我们自身的创新能力。同时，PMC 梯形图在数控机床中扮演着信号接口、命令译码及直接驱动等重要角色，这使得现代数控机床具有可编程性强、工作精度高及重复性能好等特点，这对于专业从事数控机床设计、制造、装调、维修及技术改造的工作人员的专业素养要求越来越高。此外，数控机床从业人员有制造业专家、工程师、技师及一线“蓝领”技术工人等，人员分布广泛，这些人员理解和掌握 PMC 梯形图语言能力的差异程度很大，在一定程度上也制约了数控技术的发展和进步。目前，数控系统的国际化程度越来越高，除了各自底层核心技术的特点之外，各个系统之间在公共平台上的差异越来越小。鉴于此，在机床设计与制造过程中，人们需要更多地从程序设计方法的合理性、编制过程的人文性及调试过程的安全性等角度来分析和解决问题，选择其中一种成熟系统进行深入剖析和研究具有现实意义。本书在这些方面都做了有益的尝试，值得读者阅读。

中国机械工程学会高级会员
武汉市享受政府专项津贴专家
多项国家级、省部级数控机床科研公关项目主持人
江汉大学教授

范超毅

2015 年 4 月于江汉大学

前言 QIAN YAN

数控机床是以内置的专用计算机为工具，以字符和数字编码形式所记录的信息为处理对象，在程序指挥下控制工件和刀具实现相对位移，实现金属制品加工的自动化设备。人们可以从机械零件加工、超精细刻画、柔性生产流水线以及机械设备的升级改造等场合看到数控机床的影子。无论这些设备的外形、加工对象以及使用场合有着多大的差异，但都有一个共同的特点，那就是这些设备中都安装有各自的数控系统单元和 PMC 梯形图程序环境。

PMC 是英文 Programmable Machine Controller 的缩写，意思是可编程序机床控制器(内置于数控机床的可编程序控制器)，它主要由两部分组成：其一是硬件环境，它包括微处理器、存储单元以及相应的接口电路；其二是提供了一个允许用户进行符号编辑、调试和运行的软件环境，目前主要的处理对象是梯形图符号和相关的数据。如果是独立式可编程序控制器，仍用 PLC 表示。读者没有必要纠结于 PMC 与 PLC 这两种表述，区别是它们应用领域的不同，前者主要应用于控制数控机床，后者用于一般工业控制环境。

数控机床中的 PMC 梯形图是数控系统生产厂商提供给用户的用于机床功能二次开发的主要平台。对于同一种数控系统来说，由于机床侧设备和型号的差异，如刀架工位数、冷却方式或者伺服设备性能的不同，这些 PMC 梯形图程序也会有很大的差异。然而，即使是同一种型号的数控机床，不同开发人员写出来的程序也有很大的差别。因此，无论是一个已经工作多年的数控机床 PMC 梯形图编程者，还是准备进入这个行业并为之努力奋斗的青年学者，如何正确阅读和理解一个别人已经写好的 PMC 梯形图程序，如何针对这些程序中的一些缺陷进行改进或提高其性能，以及根据工作任务要求编写出合乎规范的 PMC 梯形图程序，就成为机床制造、调试、维修和升级改造等从业人员需要认真面对的课题。

本书以目前比较流行的 FANUC Series oi Mate－TD 数控系统为背景，以系统内置的PMC梯形图开发环境为平台，系统地研究了基本指令系统、定时器、计数器以及功能模块的使用方法，提出了工作任务描述方法，并且以结构分类的方式研究了顺序结构、重复结构、选择结构、并行结构以及状态转换结构等程序设计方法。这些方法都是基于独立可编程序控制器的，也就是说，即使你将来用其他类型的控制器也可以采用这样的结构进行PLC梯形图程序设计。为了进一步提高对复杂问题的处理能力，这里选用了手部控制力竞赛这样一个项目来综合地应用已经学习过的方法，通过规范地学习工作任务描述、数据结构设计、数学建模、数值计算方法以及设计程序代码，最终设计并调试出所需要的结果。此外，还以液压动力滑台为背景研究了对于经典顺序功能图缺陷的分析以及改进方法。研究表明，在独立式可编程序控制器中要很好地处理手动和自动两种方式之间的正确转换也非易事，需要建立更多的微循环支路以支持复杂变量的信号传递。

在数控系统支持下的可编程序控制器具有更强大的功能，其最重要的原因是PMC梯形图环境与上层数控系统之间建立了G和F信号之间的联络机制，这比独立式的可编程序控制器具有更多的优点。本书以某oi Mate TD数控车床设备为背景，全面研究了面板键盘扫描、辅助功能、伺服设备、主轴控制、冷却系统和刀架等设备的PMC梯形图程序设计方法。其中，有许多代码都在原来的基础上进行了重新编写，最后以24工位圆盘刀库为背景，研究了现有数控系统与其接口方式，实现了刀盘运转的基本控制算法，所有程序均在该环境下调试通过。

第1章主要研究了在该数控系统环境下编写PMC梯形图所采用的最小模型结构。在避开原有资源占用的情况下，尽管这里只分离出了一个8输入/8输出的小系统，也足以让我们写出复杂的程序。介绍中引出了工作任务的描述方法，如何在编写一个足够大的并且可以实际工作的程序之前，进行合理的规划和描述，有时这样的规划和描述甚至超过程序设计本身。本章还研究了系统的数据存储格式和指令分类方法，最后以组合逻辑、联锁控制和相关案例研究了PMC梯形图程序的基本设计方法和规范。

第2章研究了在梯形图环境下对时间和脉冲信号的测量方法，从两个最常用的定时器和计数器模块入手。为了提高数控系统的安全性，定时器和计数器在数据预置方法上分内置和外置两种，前者是在程序代码中把延迟时间或者把计数器次数写进去，如果需要更改这些设定值，则需要打开源代码程序，这对于一些不愿意公开自己代码的系统来说是不方便的。为了方便终端用户在不打开源程序的情况下也能够修改时间和计数器设定值，该系统提供了外部设置方式。这种数据设置特性非常适合机床产品，既保护了程序开发者的知识产权，又允许根据现场要求调整所需要的参数。本章最后以多电机顺序控制、电机状态测试以及活动密码设置等项目来开拓大家的视野，其中活动密码设置中使用了整数运算方法，目的是提高大家处理比较复杂任务的能力。

第 3 章以结构分类的方式研究了顺序、重复、选择、并行以及状态转换五种典型的处理问题方式。对于这些程序结构的理解、掌握和熟练应用，将有助于我们写出更加符合规范、安全性好以及可阅读性强的高质量代码。具有独立结构的可编程序控制器在处理状态转换结构时也存在着自身的局限性，本章以图论为基础对经典顺序功能图中存在的缺陷进行了建模分析，并提出了在原有结构中增加微小回路，从而构造出更长的路径来增加系统的稳定性，为后续改进状态转换性能提供了理论依据。本章还研究了十字滑台实现精确移动的程序设计方法，尽管这样的移动可以在加工程序中通过固定格式的命令来实现，但作为机床制造、调试和维修环节，在 PMC 梯形图中能够实现这样的移动，对于在设备底层检测、定位移动和研究设备行走轨迹算法方面具有重要意义。

第 4 章是建立在前三章基础之上的综合项目设计。该项目的背景是源自于人们在按动键盘时对于触觉的一种感知能力，通常来说，在现代计算机键盘上能够轻快地输入信息，操作的特点是人在接触键盘时其时间是短促和基本恒定的。那么这个时间到底是多少呢？在实验中发现，如果一个人在规定的次数内其触碰键盘的时间值与给定值之间的偏差越小，则这个人在手部触觉、眼睛观察、大脑判断和身体协调能力就越强，两者之间具有很强的相关性。通过曲线拟合法测试还可以提高游戏的难度，这个游戏程序设计涉及了工作任务描述、数学建模以及数值计算等比较复杂的程序设计问题，你可以在此基础上进一步改进程序的性能。

第 5 章研究了液压动力滑台控制算法的改进方法。组合机床是一种以通用部件为基础，配以按工件特定形状和加工工艺设计的部件所形成的半自动或专用机床。由于具有通用部件的标准化、系列化和允许灵活配置的特点，组合机床具有工作效率高和成本低的优势。因此，组合机床中一般是没有配置完整意义上的数控系统的，取而代之的是小型可编程序控制器。在正常情况下，它可以准确处理经典的工艺过程：工进、快进、延迟和快退等，但是如果需要在某个环节上做一个小的停顿和技术处理，然后再从这个环节继续往下执行程序，则会产生不可预知的问题。其原因是经典顺序功能图中无法表示自动循环与手动处理这两种状态的切换问题，以经验法编制出来的工作程序，由于缺乏严谨性而可能招致动作的失灵，而以图论数学建模分析为基础，通过对经典顺序功能图的模型重构，以此设计出的 PMC 梯形图具有更高的安全性。

第 6 章是以一种典型数控车床配置：一个主轴、两个直线轴、一个四工位刀架、一个冷却电机以及三色灯等设备为环境进行的 PMC 梯形图程序设计。在这一章里，可编程序控制器的应用是以数控单元为基础的，因此在处理手动、自动和 MDI 等多种工作方式的切换方面比独立的可编程序控制器具有更大的灵活性。其根本原因是数控单元与可编程序控制器之间有效地建立了 G 和 F 信号之间的联系，G 通常是由可编程序控制器发往数控单元的申请信号，而 F 则是数控单元向可编程序控制器发回的确认信号，这就使得内置式的可编程序控制器比独立式具有更多的资源，同时又很好地保持了数控单元内容的封闭性、完整性和安全性。深刻理解 G 和 F 信号的含义有助于编写出符合工艺要求的机床控制程序。

第 7 章是以对象描述、参数分析、电气回路、继电器隔离以及接近开关连接方式等环节研究了 24 工位圆盘式刀库与数控单元之间的接口电路设计，并在此基础上全面描述了以圆盘为控制对象，从框图算法、数据结构以及 PLC 梯形图代码设计和调试的整个过程。研究了如何设计一个循环计数器、数值转换以及各种情况的入口和出口处理方法，从而阐明如何设计一个结构合理、功能正确以及行文优美的 PLC 梯形图。作为刀库测试系统，本文还提出了如何采集刀盘动作时间样本、构造测试方法、作出问题假设、建立数学模型，以及如何进行模型验证以探测刀库在运转过程中可能隐匿的机械故障，把 PLC 梯形图的设计和应用提高到一种新的境界。

关于参考文献的引用，本文在写作过程中主要引用了 FANUC 制造商所提供的技术文献资料，它们是《梯形图语言编程说明书》《连接说明书》《参数说明书》《维修说明书》以及《PMC 功能》等，引用过程为实引，主要涉及如下两个方面的内容：其一是基本信号定义，包括 X[标号]、Y[标号]、G[标号]、F[标号]、K[标号]、D[标号]和 R[标号]（包括 R9091.0、R9091.1 和 R9091.6）等；其二是功能模块，主要包括定时器、计数器、加法、减法、乘法、除法、数值比较、窗口指令等。通过引用和借鉴这些文献的思路和技术规范，为本书全部 PMC 梯形图程序的正确编辑、调试、运行并获得预想的结果打下了坚实的基础。

本书经历了六年多时间，作者通过下企业锻炼、指导国家省市技能竞赛、课题研究、数控机床维修升级改造及产品开发等活动，积累了丰富的现场经验，为

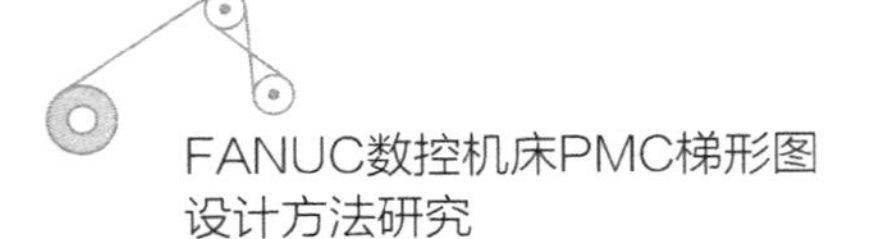

本书的开发创造了条件。其间一次获国家技能竞赛奖、七次获省市技能竞赛奖、获国家发明及新型专利三项，并获由中华职业教育社授予“黄炎培杰出教师奖”、浙江省人民政府授予“浙江省高校优秀教师”、杭州市人民政府授予“杭州市模范集体”、杭州市总工会授予“杭州市高技能人才创新工作室”。

本书可作为数控机床安装调试维修及升级改造方面工程技术人员的参考用书，也可作为高等职业院校机械设计及其自动化、数控技术、机电一体化技术、电气自动化技术等专业的教学用书。本书得到浙江省高等教育教学改革研究项目“基于岗位需求的数控专业学生能力培养(yb09109)”、“基于校企共同体的数控机床维修与升级改造课程改革与实践(jg2013281)”，浙江省示范性实训基地“数控加工与维修实训基地”、杭州市重点实训基地“数控机床操作与维护实训基地”资助。本书在写作过程中得到了友嘉实业集团及数控机床装调维修多位专家的帮助，他们为本书的撰写提供了许多有价值的案例，在程序设计和调试方面做了许多有益的工作，在此一并表示感谢。

由于作者水平有限，书中难免存在不足，请广大读者批评指正。

张中明　吴晓苏
2015年4月于杭州职业技术学院

目录 MULU

第1章 PMC梯形图设计导论

1.1 PMC概述

PMC是英文Programmable Machine Controller的缩写，意思是可编程序机床控制器，它的主要特点是可编程性。目前，FANUC公司出品的数控系统型号非常多，即使对于同一种型号的数控单元来说，它所面对的具体机床信号点数量、种类和控制要求也有很多不同。这些不同点包括键盘功能分布、电动刀架位置信号采集方法、旋转轴个数、直线轴个数、手轮信号形式以及刀库型号等，这些差异的存在就决定了仅仅为一种数控系统编写一个特定的梯形图是无法满足工作需要的，这就需要有一部分专业人员以PMC梯形图为工具，为数控机床设计、编写和调试梯形图，使这些设备在金属加工过程中能够按照预定的规律有序地进行工作。站在梯形图编程者的角度，我们可以将PMC的功能作如下归纳：

(1) 接口功能。接口是指机床侧设备与数控单元之间的一个界面，这个界面不仅仅是为了解决数控单元本身的安全问题而做的物理隔离，同时也建立了PMC输入与输出之间特定的信号映射关系。例如，人工按动机床面板上的一个特定的按钮，则可以使冷却电机启动或停止，这就建立了机床设备与数控单元之间的接口关系。同样的，加工程序中的命令语句与PMC梯形图代码之间也形成了检测与控制接口关系。

(2) 译码功能。所谓译码是将具有特定意义的二进制代码翻译成一定的输出信号，以实现二进制代码的控制要求。在加工程序的命令行中或者在数控机床MDI方式下，这些二进制代码是以命令形式出现的，比较典型的是M命令、T命令或者S命令等。例如，以正转方式并且以一定的速度使主轴运转为例，这是通过内部特定的R继电器去控制对应的Y信号向外输出触点的，这个过程是由 PMC 梯形图程序“翻译”的，而这样的预设的功能是非常多的。

(3) 驱动功能。这里的驱动对象指的是 PMC 梯形图直接可以控制数控系统自带伺服放大器、电机以及手轮设备等。这些设备的特点是其变量单元符号由数控系统厂家自己设定的，其中大多是 G 信号和 F 信号，这些信号规定了伺服轴运行的方向、倍率、轴选择信号以及极限位置等。从广义上来说，为了辨识当前的工作模式，需要通过对 G 信号进行编码，并向 CNC 系统发出申请，当 CNC 接受到这组编码信号后需要进行识别，如果识别后的信号符合规定的编码组合，则发出对应的 F 信号，表示正确识别了一种工作状态，这个过程体现了 PMC 和 CNC 在内部传递接口信号的关系，这些直接驱动功能是该控制器所特有的。

从本章开始，我们将围绕着 PMC 的可编程性特点系统地研究梯形图接口功能、解码功能以及驱动功能的分析、调试和实现方法，同时引入大量的案例来尝试设计出功能正确、形式优美、易于扩充以及可读性强的梯形图代码，为设计、制造和调试出高品质的数控机床做好基础工作。

1.2 研究 PMC 梯形图设计方法的意义

对于今后欲从事数控机床设备装配、调试、维修或升级改造等技术工作的学生和在职工程技术人员来说，熟练掌握从梯形图程序代码去测试、分析和定位设备动作情况是一项非常重要的工作技能，这是除了万用表、示波器和逻辑分析仪等之外的又一个重要工具，掌握好这个工具的使用，有助于相关人员由内而外地进行设备检测、维修和技术升级。其典型过程是 PMC 程序定位→发控制信号→屏幕读取设备状态→外部设备动作，在这四个检测过程中，前三项属于内部信号的处理，高度体现了 PMC 的工具性，外部设备的动作可以用万用表或示波器来进行观测，内外两种工具的使用会极大地提高数控设备诊断、调试或者维修的速度，对于新机床的制造或者旧机床的改造更具有决定性作用。归纳起来，学习 PMC 梯形图程序设计具有如下意义：

1. 读懂原有机床的 PMC 程序

机床生产厂家已经在数控单元中存放好了经过精心调试的参数和梯形图文件，其主要内容有：机床类型信息、机床参数、交叉对照表和梯形图程序代码等。其中，机床类型信息规定了该 PMC 程序所针对的机器类型：车床、铣床或加工中心等；机床参数规定了数据类型：二进制或 BCD 码以及编辑 PMC 程序的支持文件类型；交叉对照表则对应列出了元件名称、地址值和含义等信息，是帮助阅读梯形图的重要信息；梯形图程序是用各类元件有机组合而成的软件代码，掌握这些代码的含义、模块的功能和信号流关系等内容，可以了解和掌握数控机床的基本输入/输出信息、键盘编码方式、辅助功能实现方式、主轴调速方式、电动刀架以及直线轴等的控制方式等，这是实现用 PMC 工具进行设备检测和调试的重要基础。

2. 改进 PMC 程序

机床厂家提供的参数和软件在当时出厂的条件下其代码的编写一般是具备经典性、正确性和规范性等原则的，或者说这些代码至少是能够符合当时的工作要求的。但是，经过数年的运行，当我们用现在的眼光再去阅读这些代码时，我们可能会觉得当时对一些功能的处理方法也许不尽合理，有些写法可能还是有一定缺陷的。因此，我们也不必完全拘泥于原来的程序书写方式，完全可以按照自己的想法重新优化程序代码。例如，在编写机床辅助功能控制的程序设计方法中，其经典的方法是用三-八译码器的实现方法，也就是在一个模块中可以写 1～8 个辅助功能。其优点是代码结构紧凑，但是这种写法的缺点是难以对每个辅助功能进行注释，工作方式不容易理解。另一种程序编写方法就是每一个辅助功能只用一组特定的 BCD 码比较指令来实现，每一组功能可以单独注释，虽然代码写得比原来代码较长一些，但是容易在程序中编写注解语句，提高了程序的可阅读性，这个过程就是对原有代码的重新编写。改进后的代码在完成原有工作任务的前提下，其表现形式非常适合阅读、注释和功能扩展，实际上也改善了代码的质量。

3. 测试与调整机床指定设备

对于从事机床的检测与调试工作来说，自如地对一些指定设备编写驱动程序是非常必要的。例如，当需要仅仅对主轴功能进行测试时，只要写上与主轴有关的语句就可以工作了，其他无关语句是不用编写的，这样可以大大缩小检查范围，甚至可以编写一些特定的功能来测试特定设备的性能。例如，编写主轴速度测试程序，使主轴在规定的时间内进行加速度或减速度控制，并用电流表或功率表来检测主轴的运行参数，以此来判断主轴的故障位置，这对于检测主轴中的疑难故障是非常有用的。只针对特定设备编写特定的代码并使设备正确运行是真正理解梯形图程序的关键，甚至可以针对某一环节写出更复杂的

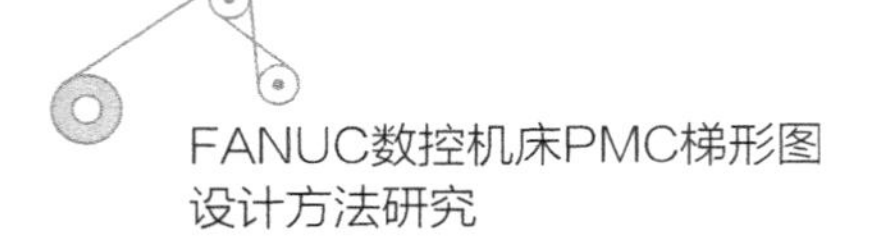

检测代码来诊断一些疑难故障。

4. 流水线改造与机床升级

这里有两个方面的问题需要讨论。其一是生产流水线改造问题。有些待加工零件的体积大或数量比较多，一般需要特定的夹具来进行辅助操作，它们的动作类似一个机械手功能。例如，需要实现机械手下降、夹紧、上升及固定等动作；另一方面，有些毛坯料的运送过程也有专门的设备，上面有一些传感器来检测这些零件是否处于正确的位置，这些控制程序都可以在 PMC 环境下编写，并通过接口电路去控制液压或气动方式的工作夹具来完成毛坯料的运送、夹紧和成品零件的入库等系列操作，由于这种设备都是“非标准”的，因此必须由用户自己编写出适合特定设备的程序，在加工过程中可以通过 M 指令来调用和执行这些新定义的功能。其二是设备升级问题。例如，早些年有许多单位购买的三轴的加工中心，其主要配置为：主轴、X 轴、Y 轴、Z 轴以及刀库设备等。以立式加工中心为例，其有效的加工面仅为工件的一个侧面，现在设想在工作台上再安装一个可以环绕 X 轴旋转的工作台，我们定义其为 A 轴，A 轴一般工作范围可以在－180°～＋180°之间任意设置，并且该轴的最小分度值一般为 0.001°，这样可以把工件几乎细分成可以任意控制的角度，当 A 轴与 X、Y 和 Z 三个直线轴实现联动时，就可加工出更为复杂的空间曲面。这样的设备升级和改造除了硬件的费用之外，其关键技术就是新增加的 PMC 程序设计、参数设置第四轴的机械和电信号连接了。

1.3 数控系统的组成与结构

1.3.1 PMC 的体系结构

对于 FANUC 数控系统来说，其控制体系的描述方法可以有许多种，在该系统所提供的关于《梯形图语言编程说明书》，通常将其描述成图 1-1 所示形式，从中我们可以观察到与 PMC 相关的重要组成信息。首先，PMC 是处于中心位置，它与 CNC、内部继电器、非易失性存储器以及机床之间存在着信号联系。因此，这种描述主要强调了编制 PMC 程序时需要处理四种类型的地址变量关系，其特点是将 CNC 和 PMC 看成是地位平行的关系。事实上，由于 CNC 由数控单元制造商设计，其内容是独立设计的，并且普通用户是看不到其内容的，而 PMC 是数控单元制造商给机床厂家开放的平台，这个环境是由机床制造厂在应用的，所以 CNC 和 PMC 是两个相对独立的个体，其地位是不平等的，图 1－2 所示是以前者为基础而重新绘制的一种层次模型的数控系统体系结构图。这里之所以强调了 CNC 和 PMC 在地位上是不一样的，显然，图 1－2 所示的结构图在描述中更加突出了 CNC 作为数控系统的核心作用，在数控系统结构中地位是最高的，其本身的代码实现过程是无法看见的，但是其工作状态是通过 G/F 信号来反映数控系统可能所处的状态，而这对于检测和调试机床状态是必须的。

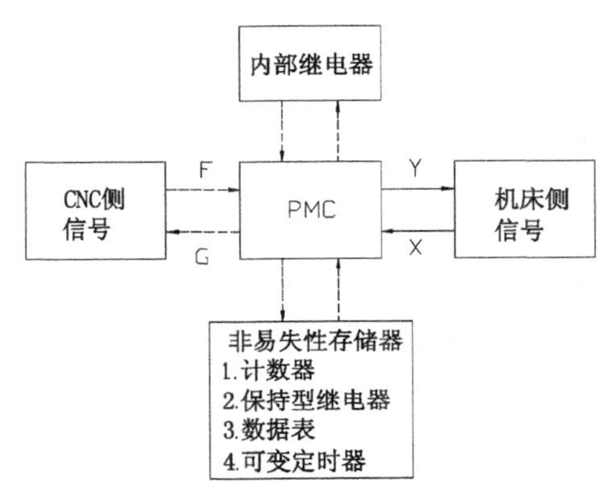

图 1－1　FANUC 描述的数控系统体系结构图

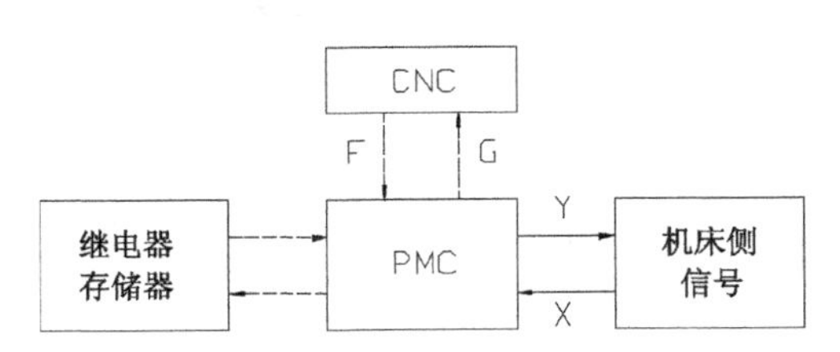

图 1－2　基于层次模型的数控系统体系结构图

现在对其层次模型进行如下分析：

第一层是 CNC（Computer Numerical Control），也就是计算机数字控制系统，这一层的内容是由控制器厂家用汇编语言及 C 语言等编写的程序，是不对一般用户开放的。这一层主要完成以下工作：开机诊断信息显示、控制算法的实现以及通过 G/F 信号对 PMC 逻辑控制器进行监控和管理。虽然人们不能从语言的细节上看到其工作的过程，但是可以通过 G/F 信号的变化来理解 CNC 的工作方式。它体现的是 CNC 对于 PMC 的管理功能，通过对 G/F 信号的识别，可以编写出既与CNC有关又与机床侧信号有关的控制程序，这是一般独立式的PLC所不具备的功能。

第二层是PMC，图中由实线表示的与PMC相关的输入输出信号经由I/O板的接收电路和驱动电路传送，用于机床信号检测和对机床产生必要的控制；由虚线表示的与PMC相关的输入输出变量信号仅在存储器中传送，如在RAM中传送。这些信号的状态都可以在CRT上显示，在这一层，用户可以在该环境内编写梯形图程序，这是对用户开放的。这一层的工作通过梯形图语言来进行，通过对梯形图语言进行编辑、修改并运行，可以实现对各变量，诸如继电器、G/F信号以及X－Y信号进行检测与控制。

如果暂时略去G/F信号，第二层实际就是一个典型的PLC控制器，它基本符合一般PLC设备的特点。

1.3.2 PMC的模型结构

一个实际机床的PMC的输入/输出节点数量是比较大的，并且其中的许多位置已经被占用了，如用于操作面板、主轴驱动、伺服进给、冷却、润滑以及刀具控制等单元，显然，这些位置我们是不能再挪作他用的。

当我们要在数控机床上学习一门新的编程语言时，最好的方法是建立一个模型结构。在这个结构下，我们可以编写基本逻辑控制、顺序控制、选择控制、并行控制以及状态转换方面的典型控制结构程序，有了这些程序就可以在真正的PMC环境中进行调试、监视和运行。只要掌握这些基本的控制环节的编程方法，以后进一步再去控制数控机床的主轴电机、伺服电机以及刀架（库）等元件就会比较容易掌握了。一台机床制造之后，数控系统通常还会留有一些富裕的节点，这些节点是可以被很好利用起来的，我们可以利用这些富裕节点建立一个最小模型结构。

由于PMC程序设计是装配、调试、维修以及升级数控机床所需要的重要基础，因此我们可以在这样的模型下对编程设计的技术进行循序渐进地学习。图1－3所示为依据一种数控机床提取出来的PMC模型，其输入信号有8个，输出信号也有8个，尽管输入信号和输出信号的总和才16个，但是通过丰富和完整的中间变量单元等的组合，在这样的模型结构下也可以编写一些从简单到很复杂的控制程序。本书中的所有案例都基于这个模型而调试通过的，同时也有部分案例是占用实际通道的，如冷却控制的案例中就属于这种情况，这样可以看到实际设备的运行情况。

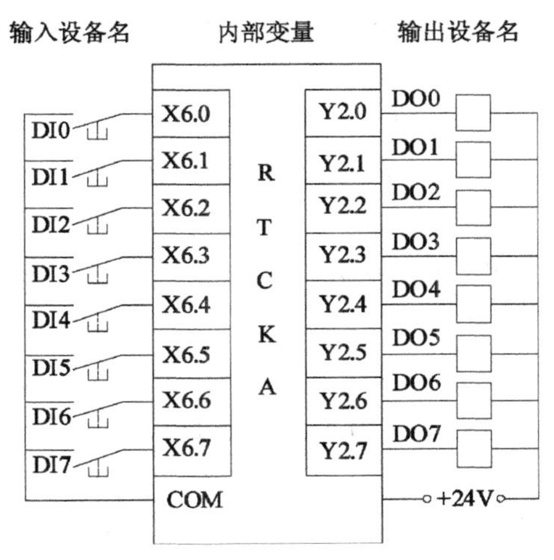

图 1－3　PMC 的模型结构

现在对该模型作一个简要的说明：DI0～DI7 是现场设备的输入位号，DI 是英文 Digital Input 两个词的第一个字母，意思是数据输入，我们在给变量起名字的时候应尽可能见名识意，以便我们在阅读程序时可以迅速理解变量的含义。这些输入数据可以是启动按钮、停止按钮、限位开关等信号，其名称应与实际设备相符合，以便电气或工艺人员识别。输入节点一般采用常开节点，X6.0～X6.7 是 PMC 端的输入变量，供程序设计人员使用；R、T、C、K、A 等属于中间变量，主要完成信号传递、延迟时间或计数等功能，其中略去了标号和子程序等变量，这些变量的使用比较复杂，我们在后面的章节中将详细介绍它们的用法；Y2.0～Y2.7 是 PMC 的输出变量。其输出端连接了位号为 DO0～DO7 的变量，DO 是英文 Digital Output 两个词的第一个字母，意思是数据输出，也是供程序设计人员使用的。DO0～DO7 是外部微型继电器的位号，用以启动外部电机、信号灯或加热器等设备，本系统的继电器线圈采用直流 24V 供电。

1.3.3　基本数据格式

数据格式是指计算机对于数据变量的存储和组织方法。在数控机床的 PMC 环境下，数据是由字母和数字所组成，字母决定了数据的访问功能。所谓访问功能，指以 PMC 为参照物，信号是输入、输出还是内部变量等；数值决定了其在计算机中的存储位置，两者缺一不可。现在以 X6.2 为例作如下说明：

“X”对于 PMC 来说表示输入信号，实际来自于机床侧的某一个信号。

“6”表示地址值，它隐含地表示了该地址是8位的，可访问的地址范围是6.0～6.7，如果写成X6，则表示访问的是全部8位二进制数据。

“.2”表示地址6中的第2位数据。

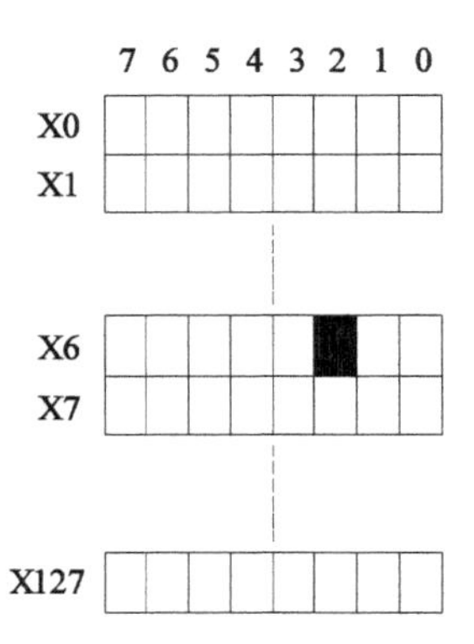

图1-4 X信号的线性存储结构示意图

图1-4所示为X信号的线性存储结构，也就是X的寻址范围是X0～X127共128个字节，每个字节可以寻址0～7，图中涂黑的单元表示是X6.2，显然这是一个位寻址。

不同的数控系统其变量的范围是不同的，数控厂家提供的《梯形图语言编程说明书》以表格的形式对各种变量的含义进行了说明，表1-1是依据该表格为蓝本进行归纳后的FANUC 0i Mate TD数控系统中各变量的表达范围。笔者在一台实际的数控车床中对这些变量的名称和个数进行了核对，如果数控系统型号不同，数据范围也会有区别，越是高级的数控单元，其变量的定义范围也越宽，以便于编写需要更多变量的程序。如果读者要对某数控机床进行技术升级、改造或编写梯形图，则需要对这些数控系统中的这些变量范围进行现场检查或核实，以确认哪些变量是可以使用的。

表1-1 FANUC 0i Mate TD数控系统中各变量的表达范围

符号	信号类型	信号方向与性质	信号表达范围
X	来自机床侧的信号	MT→PMC	X0～X127(外装I/O模块)
Y	由PMC输出到机床侧的信号	PMC→MT	Y0～Y127(外装I/O模块)
F	来自NC侧的输入信号	NC→PMC	F0～F767
G	由PMC输出到NC的信号	PMC→NC	G0～G767
R	继电器	内部信号	R0～R1499 用户使用 R9000～R9499 系统使用
A	信息显示请求信号	内部信号	A0～A249 A9000～A9249
C	计数器	内部信号	C0～C79 C5000～C5039
K	保持型继电器	内部信号	K0～K19 K900～K999
T	可变定时器	内部信号	T0～T79 T9000～T9079
D	数据表地址	内部信号	D0～D2999

以下是对上表中信号的几点说明：

“X”来自机床侧的输入信号（如极限开关、刀位信号、操作按钮等检测元件），PMC 接收从机床侧各检测装置反馈回来的输入信号，在控制程序中进行逻辑运算，作为机床动作的条件及外围设备进行自诊断的依据。

“Y”由 PMC 输出到机床侧的信号，在控制程序中输出信号到机床侧的继电器、接触器、电机和信号指示灯等组成的设备链，满足机床的控制要求。

“F”由数控单元发送到 PMC 的信号，用以检测机床动作的相关信号（移动中信号、位置检测信号、系统准备完信号等），这些信号反馈到 PMC 中去进行逻辑运算，作为机床动作的条件及进行自诊断的依据。

“G”由 PMC 输出到数控单元的信号，以控制伺服电机和主轴电机，对系统部分进行编码控制和信息反馈（如轴互锁信号、M 代码执行完毕信号等）。

“R”为内部继电器，经常在程序中作辅助运算用，其地址从 R0～R9117，共 1118 字节。R0～R999 作为通用中间继电器，R9000 后的地址作为 PMC 系统程序保留区域，不能作为继电器线圈使用。

“A”为信息显示请求信号，共 25 个字节 200 个位，共计可存储 200 个信息数。PMC 通过从机床侧各检测装置反馈回来的信号和系统部分的状态信号，对机床所处的状态经过程序的逻辑运算后进行自诊断。若为异常，使 A 为“1”，当指定的 A 地址被置为“1”后，在报警显示屏幕上便会出现相关的信息，帮助查找和排除故障。

“C”为计数器地址，共 80 个字节，用于设计计数值的地址，每 4 个字节组成一个计数器（其中 2 个字节作为保存预置值，另外 2 个字节作为保存当前值用），也就是说共有 20 个计数器（1～20）。

“K”为保持型继电器，其中 K0～K16 为一般通用地址，K17～K19 为 PMC 系统软件参数设定区域，由 PMC 使用。在数控系统运行过程中，若发生停电，输出继电器和内部继电器全部成为断开状态。当电源再次接通时，输出继电器和内部继电器都不可自动恢复到断电前的状态，所以停电保持用继电器就用于当需要保存停电前的状态、并在再次运行时再现该状态的情形。

“T”为可变定时器，共 80 个字节，用于存储设定时间，每 2 个字节组成一个定时器，共 40 个，定时器号从 1～40。

“D”为数据表地址，共 1860 个字节，在 PMC 程序中，某些时候需要读写大量的数字数据，D 就是用来存储这些数据的非易失性存储器。

关于地址使用的几点说明：

在PMC程序中，机床侧的输入信号(X)和系统部分的输出信号(F)是不能作为线圈输出的；对于输出线圈而言，输出地址不能重复定义，否则该地址的状态不能被确定，在程序编辑过程中可以通过“双线圈”对其进行检查，如果发现有同名线圈符号，则应该通过等效替换的方法加以避免，或者可以使用中间继电器线圈来传递信号；定时器号(T)和计数器号(C)在性质上也属于输出线圈，也不能重复使用的。另一方面，同一地址的常开或常闭触点是可以多次引用的，这里仅仅受到内存的限制。

1.3.4 PMC程序的分级

现行大多数数控机床PMC程序都划分成2个级别，当然你也可以将其划分成为3个级别甚至更多，这功能可以在PMC的初始工作环境界面中进行设定。

PMC的运行是建立在扫描基础上，图1-5所示为程序的扫描过程示意图。根据这个原则，当把梯形图设置成运行状态后，只要机器一上电，扫描指针就会指向第一级程序中的语句1，然后依次执行语句2……当全部执行完第一级程序后，扫描指针会指向第二级程序的语句1、语句2以及语句N。END1和END2分别代表第一级和第二级程序的结束，这两个词汇是关键字，是不可缺少的。当程序执行完END2语句后又开始执行新一轮的扫描，因此在程序处于活动期间，其扫描过程是周而复始地执行的。

由于程序被分成了两级，我们在编写程序时要注意以下方面：

(1) 工作任务的合理分配。第一级程序尽可编写一些响应时间短的程序，以便于处理紧急事件，这些程序可以包括紧急停止按钮和各行程开关等，而且这些程序要尽可能写得短小精悍，这样可以占用更少的时间资源。

(2) 通用变量的互相访问。梯形图程序虽然被分成了两个级别，但是各种变量的使用还是如同在一个程序中是一样的，特别是双线圈的处理方法也遵循工作于一个程序段的原理。

在该数控系统厂商提供的《梯形图语言编程说明书》中有如下一些关于程序分级方面的描述，对于这些描述的正确理解有助于指导我们在程序设计中正确地设置程序分级，以提高程序的执行效率。

如果第一级程序较长，那么总的执行时间(包括第二级程序)就会延长，因此编写第一级程序时应尽可能使其短。第二级程序每$(8\times n)$ms执行一次，n为第二级程序的分割数。程序编制完成后，在向CNC的调试RAM中传送代码时，第二级程序会自动分割。当程序的分割数为 n 时，程序的执行过程如图 1－5 所示。当最后的第二级程序执行完后，程序又会从头开始执行。这样，当分割数为 n 时，一个循环的执行时间为 8 ms×n，因此如果第一级程序的步数增加，那么在 8 ms 内第二级程序的动作步数就要相应减少。所以，第一级程序应编得尽可能短。

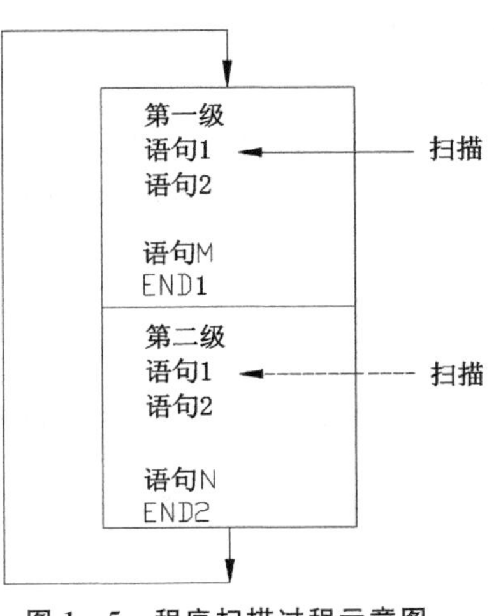

图 1－5　程序扫描过程示意图

1.3.5 PMC 指令分类

该数控系统生产商在《梯形图语言编程说明书》中将 PMC 指令分为基本指令和功能指令两大类别。

基本指令主要用于完成基本的节点装载、逻辑运算以及置位-复位等功能，是构成 PMC 程序的重要基础，基本指令有 14 条。

功能指令是一些用于处理复杂数据结构和关系的应用型指令，其重要特征是模块化。这些指令在处理数据传送、数据比较、程序转移、时间延迟、高速计数及代码转换等方面具有很强大的功能。功能指令有约 95 条，不同型号的 PMC，其指令的有效性会有些差异。

在编写数控机床控制和接口程序时通常采用梯形图语言。这是由于梯形图是目前发展得比较成熟的图形化语言，由于梯形图在形式上易于理解、便于阅读和编辑，因而成为现场一线工作人员编程的首选工具。用户应该从基本指令入手，然后熟练而深刻地学习和应用功能指令，以达到可以处理比较复杂和高级的现场应用问题。由于梯形图是直接从传统的继电器控制演变而来的，因此具有基本电气线路知识的人也可以比较容易理解这些逻辑关系，进一步深入应用还应该从工艺和控制要求本身去理解，此时基本语句和功能语句只是解决问题的基本工具而已。

1.4　工作任务描述方法

这里将工作任务局限在和梯形图设计、编码和调试相关联的有关步骤。工作任务的描述有两个方面的作用，其一是在进行某项程序设计工作之前对本项目工作任务的内容进行必要的描述，以确定本项目要做什么、如何做或者希望对现有一些程序进行比较重要的改进方面所提出的要求等；其二是在阅读别人写的程序之前，详细地阅读他人为该项目编写的技术文档，由此可以看出别人是在做什么、如何做以及可能存在的问题等。因此，工作任务的描述就显得很重要，其重要性不亚于完成工作任务本身。工作任务通常是由项目负责人编写的，他(她)应站在很高的角度对项目工作任务的流程、内容和性质进行有条理的编写。好的项目描述是产生优质工作任务的基础，反之则不然。以下是几种常见的工作任务描述法，在一个项目中可以视情况全部或部分地选用这些方法。

1.4.1 概况描述法

概述描述法是在梯形图软件设计之前对相关的工艺流程、设备组织结构和控制系统进行一般的、整体的和轮廓性的描述。例如，对于某金属加工企业，其工艺流程主要表现为对金属进行切削加工，其设备的组织结构为数控铣床、数控车床以及加工中心等；其控制系统指的是目前比较成熟的或者已经在产业中广泛流行的控制单元，如华中数控、西门子数控或 FANUC 数控系统等。这些描述都是概述性的，通过这些描述，我们可以了解到最基本的信息，以便使我们在对设备进行维修前对设备有一个定性的了解。

1.4.2 组合逻辑描述法

当一些输入/输出信号呈现比较明显的逻辑关系时，可以采用组合逻辑规律来描述工作任务。例如，表达一个三输入与非门，可以采用如图 1－6 所示方法。其中，X6.0、X6.1 和 X6.2 为指定信号输入，而 Y2.0 为信号输出，通过编制梯形图代码，要求输入/输出信号之间实现逻辑所规定的控制要求。用逻辑法来描述任务的特点是简洁、直观和易于实现，必要时还需要用真值表显示输入/输出之间的关系，以便在调试过程中检查所编写的梯形图是否满足工作任务的要求。由于用逻辑关系来描述一些任务时还会有一些局限性，如它还不能够表达与时间相关的逻辑关系，通常把它作为一种可选的描述工作任务的方法。

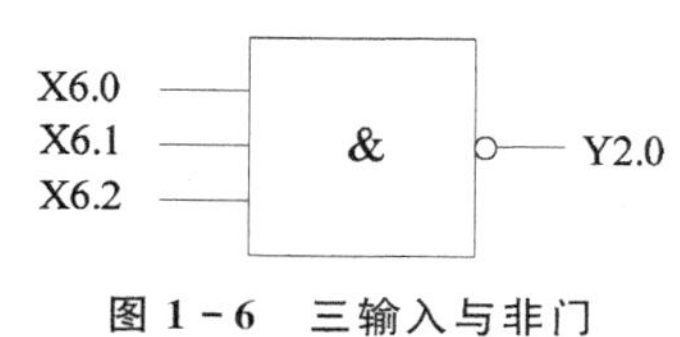

图 1－6　三输入与非门

1.4.3 时序描述法

如果要描述输入/输出信号之间的复杂和严格时序关系，则采用时序图进行工作任务描述是一种比较理想的方式。图 1－7 所示描述了由时间延迟和脉冲计数混合的时序图，X6.0 为启动信号，其动作形式为“按下-抬起”方式，此键被按动后，设备 Y2.4 立即产生输出，通过这个信号可以实际带动一个电机设备的启动。其间，系统先进行一个 7s 的延迟，之后的任一时刻通过 X6.2 开关接受 5 个脉冲信号，接着系统再次经过 8s 的延迟后 Y2.4 停止输出，其实际带动的电机也停止转动。通过图 1－7 所示的时序图可以清楚地表示工作任务中以时间—计数为参考坐标的设备动作的详细要求。另外，用时序关系描绘的工作任务在编辑梯形图程序时其解法不是唯一的。本书中的许多例子都是采用时序描述法。

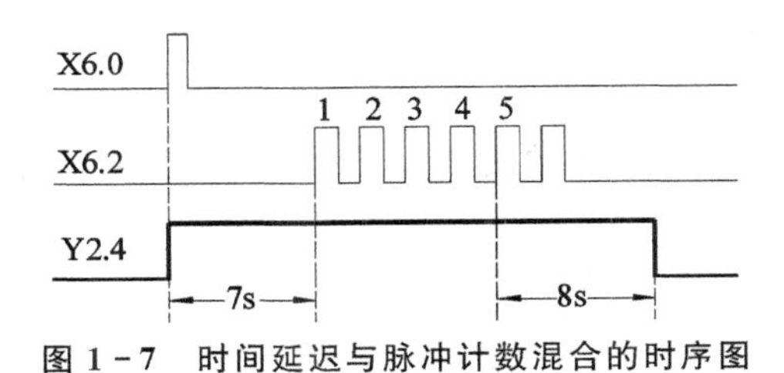

图 1－7　时间延迟与脉冲计数混合的时序图

1.4.4 顺序功能图描述法

《IEC61131—3》是国际电工委员会为工业自动化控制系统的软件设计提供标准化编程语言的一个国际标准，一方面，它得到了世界范围内众多厂商的支持；另一方面，它又独立于任何一种产品。这是 IEC 工作组在合理地吸收、借鉴世界范围内各种可编程序控制器的技术、编程语言甚至方言的基础上形成的一套新的国际编程语言标准《IEC61131—3》，它详细地说明了句法、语义和五种常见的编程语言，这些编程语言包括指令表、结构化文本、梯形图、功能块图和顺序功能图(Sequential Function Chart，SFC)。显然，顺序功能图已经被列为其中的一个重要的子集。

以逻辑关系或时序图来设计梯形图时，你会发现，设计出来的梯形图可能有多种实现方法，具有很大的探索性、随意性和不稳定性，如果所设计的任务比较简单，这些问题并不突出；如果所设计的系统比较复杂，要考虑很多因素，大量的中间单元、自锁、互锁、定时和计数器等元件互相交织，这时设计出来的梯形图会变得难以调试、阅读和分析，给系统的交付、维修和改进都会带来很大的困难。因此，顺序功能图的引入比较好地解决了在一张流程图中可以表达组合逻辑、时序逻辑和动作顺序的问题。典型的顺序功能图由步、转换条件、动作和有向线段等要素组成。《PLC 基础与应用(第 2 版)》通过一个特例比较好的将顺序功能图与某具体应用的结合过程为例进行了描述，根据这样的模式，笔者也对现有数控机床梯形图设计中抽象出的工作任务绘制了图 1-8 所示的顺序功能图。在该顺序功能图中，时间的起点从初始化脉冲 R100.0 开始，R10.0～10.3 为工作步，X6.0～X6.3 为转换条件，Y2.4～Y2.6 为实际动作，相比时序图，以顺序功能图为依据设计出的梯形图具有比较好的结构稳定性，这对于程序代码的质量监控、检查与调试都具有重要意义。

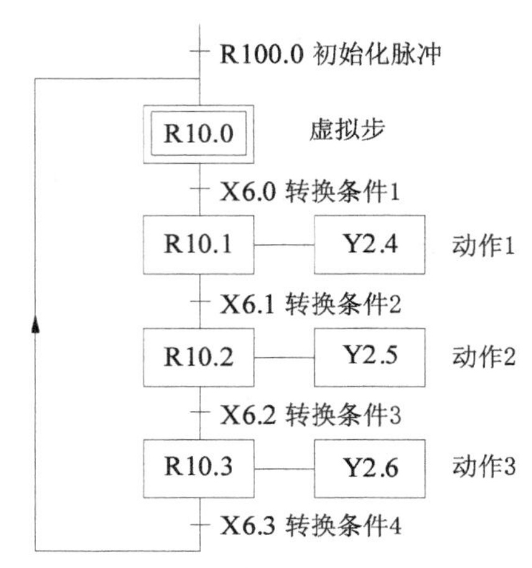

图 1-8　顺序功能图的通用表达方式

1.4.5　输入输出节点分配表

这种描述的特点是将输入/输出的所有节点名称等信息都列在一张表格中(表 1-2)，左边为输入信号，右面为输出信号。其优点主要有：其一，便于程序设计人员与其他专业(特别是电气)人员交流信息，也许电气人员并不知道某节点在 PMC 中是如何工作的，但是从名称栏中可以知道该节点的作用，以便他(她)提供合适的节点形式：有源或无源触点；其二，便于统计总的输入/输出点数，这对于设备选型、节点配置和成本核算是很有帮助的。

表 1-2　输入/输出信息表

输入信号			输出信号		
名称	设备代号	输入节点编号	名称	设备代号	输出节点编号
主轴电机 M 启动	SB1	X6.0	主轴电机 M 接触器	KM1	Y2.0
主轴电机 M 制动	SB2	X6.1	主轴电机制动线圈	KM2	Y2.1

在编写输入/输出信息表的时候要注意以下要求：名称指的是现场实际运行的以及大家都认可的设备名字，如主轴电机、伺服电机或者冷却电机等；设备代号是指电气或者机械人员标注在设备图纸上的符号，如 SB1 指的是启动按

钮,SB是英文 Start Button 的缩写,出于国际化的考虑,这些信号的编写应尽可能采用国际上通用的缩写符号;节点编号指的是 PMC 内部处理的接口变量,这个信息主要针对程序设计人员,X 为输入信号,Y 为输出信号。

1.5 组合逻辑控制

从本节开始,我们以组合逻辑控制主题为例来描述这类梯形图的设计和调试方法。在 PMC 程序设计工作中,经常需要涉及判断外部设备的动作状态、设备初始化或屏蔽某些状态位等。这些状态通常可以用组合逻辑关系来判断,如某电机启动的条件规定为冷却泵运行和轴承温度正常同时满足,在这种条件下,该电机才允许启动,显然,这两个条件符合“与”的逻辑关系。类似这样的条件判断可以通过组合逻辑关系来实现,组合逻辑关系的特点是:电路在任何时刻的输出信号仅由该时刻的输入信号来决定,而与原来的状态无关。

【例 1】 试在 PMC 设备上实现图 1-9 所示的“异或”逻辑功能。

【解】 这个工作任务是通过组合逻辑关系给出的,要求输出信号 Y2.0 和输入信号 X6.0 与 X6.1 之间呈现异或的关系。为此,首先根据“异或”逻辑原理写真值表,见表 1-3。

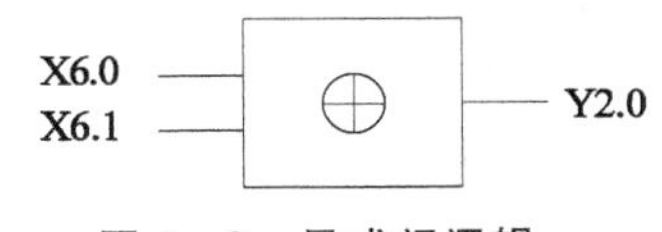

图 1-9 异或门逻辑

根据其真值表写出其逻辑表达式为:$Y2.0=\overline{X6.0}\cdot X6.1+X6.0\cdot\overline{X6.1}$

这是对两个变量实现“异或”操作的逻辑计算过程。Y2.0 为输出变量,X6.0 和 X6.1 为输入变量,上划线“—”表示“非”运算;“+”表示“或”运算;“·”表示“与”运算。下面,我们以这个逻辑运算程序设计为例,介绍如何在数控单元中实现这个过程的编辑、调试、运行以及验证结果。

表 1-3 异或门真值表

输入信号		输出信号
X6.0	X6.1	Y2.0
0	0	0
0	1	1
1	0	1
1	1	0

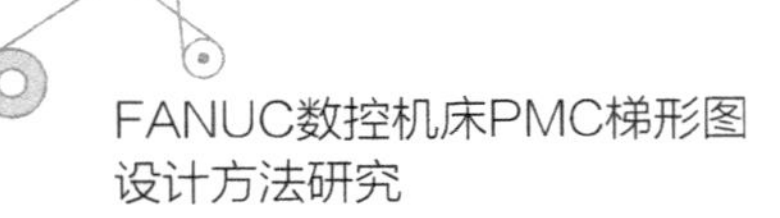

现在，以这段逻辑表达式为例来说明在数控单元中编写梯形图程序的过程。首先对数控车床进行送电操作，确认数控单元 FANUC 0i Mate TD 的工作屏幕被点亮，并显示各种开机信息，等待进入用户程序界面后，然后顺序按如下键：system→PMCLAD→级 2 程序→梯形图→操作→编辑→缩放，出现梯形图程序开发界面，如图 1-10 所示。

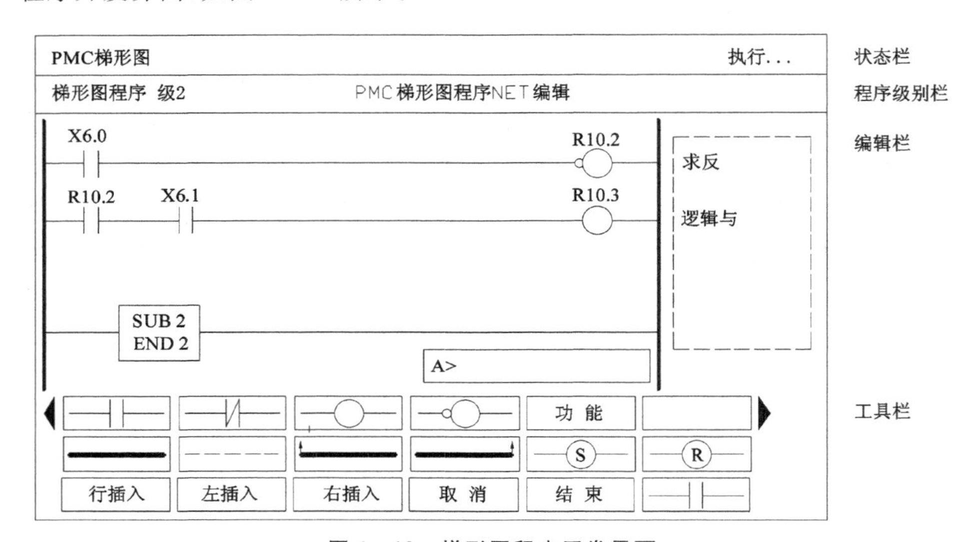

图 1-10 梯形图程序开发界面

这个开发界面是随机床数控系统自带的，具有在线编辑、调试和运行程序功能，为广大用户查看、修改或新增梯形图程序提供了极大的方便。现在对这个界面做一个基本的介绍，这个界面从上到下可以分为四个栏目，第一栏为状态栏，主要向用户显示目前梯形图程序的工作状态是执行还是停止；第二栏显示当前编辑的是第一级还是第二级程序信息；第三栏为编辑栏，这部分所占的区域最大，其左边的大片区域是用于编写梯形图符号的，图中已经编写了两行程序语句，其中 SUB 2 END 2 是二级程序的结束语句，而 A>是数据输入的提示符，如要输入 X6.0 就可以在这个提示符下输入并按下 INPUT 输入键，其右边区域(用虚线框标示的)为程序注释部分，合适的程序注释有助于编程者以及阅读者对于代码的理解。

屏幕的底部为工具栏，它显示的是编写梯形图所需要的符号，如常开节点、常闭节点或线圈等；除了这些基本的符号以外，在“功能”栏内还含有大量更为复杂的编程符号，如定时器、计数器以及各类数值运算符号等；两边的箭头表示符号扩展键，实际工作时该屏幕只能现实一排工具符号。本图中显示了三排，后面的两排也是按下扩展键后所显示的结果，这里也同时画在同一个画面里，以方便大家理解。符号的第二排有梯形图编辑过程中所需要的实线连接符号，虚线连接符号是用于删除用的，两个反向箭头符号是为了连接两行之间的封闭线，带圈的 S 语句和 R 语句是置位和复位语句；第三排现实的是各个方向的插入、取消和结束语句等。

由于这个工作界面是梯形图程序编辑的重要环境，所以我们要通过各种程序的编制与调试来熟悉并掌握它的性能。现在根据两变量“异或”的逻辑运算过程编写梯形图程序，如图 1－11 所示。为了便于理解，笔者在梯形图左边用 B1～B5 来标识电路块，B 是英文 Block 的缩写，意思是块或者模块。所谓电路块是指可以完成一个独立逻辑运算的逻辑电路，在形式上看，其信号输入数量是没有限制的，但是输出只能是一组线圈变量。右边写出相关的注释。程序中还引入了 R10.2、R10.3、R10.4 和 R10.5 等内部继电器，它们作为中间变量，其作用是传递控制信号，这样可以实现输入变量 X 和输出变量 Y 之间更为复杂和丰富多彩的逻辑关系，而且可以看见中间的演算过程。最后一条语句 SUB 2 END 2 表示二级程序结束功能，在实际调试程序时，这条语句一定要加上，否则程序无法编译和保存。

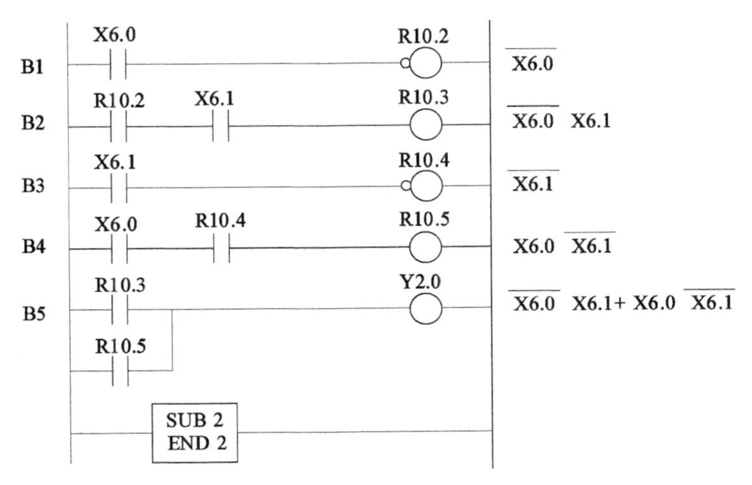

图 1－11　异或门逻辑的梯形图

为了使读者或者自己将来阅读程序时的方便，在梯形图的右侧空白部分还可以写上简要的程序注释。梯形图语言本身是提供这样的注释环境的，我们应该尽可能利用这个环境，使程序代码的写作和阅读更为流畅，本系统的梯形图注释只能支持英文注释。在本书的写作中，为了方便读者阅读，有些尽可能应用了中文、逻辑运算符号等进行注释，以方便读者理解。

图 1－11 所示是仅仅实现了双端输入与单端输出的“异或”逻辑过程的梯形图设计过程，这里总共用了 5 个独立的电路块。现在对这个梯形图做一个简单的说明，其中 B1 电路块完成“非”逻辑运算；B2 电路块完成“与”逻辑运算；B3 电路块完成“非”逻辑运算；B4 电路块完成“与”逻辑运算；B5 电路块完成“或”逻辑运算，这样就完成了由 X6.0 和 X6.1 组成的信号输入，由 Y2.0 输出的“异或”逻辑运算。

从该例可以看出，一个二端输入、一端输出的“异或”逻辑运算是以一些最基本的逻辑运算关系为基础的。表 1－4 所示列出了常见的逻辑门的名称、符号和通用逻辑表达式。如果将输入端 A 和 B 用梯形图中 X 的相关地址代替，Z 用 Y 的相关地址代替，就可以在 PMC 设备上完成相应的逻辑运算，这些常用的逻辑关系应该熟练掌握，以便在需要时应用。

表 1－4　常用门的符号及逻辑表达式

名　称	符　号	逻辑表达式	名　称	符　号	逻辑表达式
与门	A, B — & — Z	$Z=A\cdot B$	与或非门	A, B, C, D — & / ≥1 ○— Z	$Z=\overline{AB+CD}$
或门	A, B — ≥1 — Z	$Z=A+B$	或非门	A, B — ≥1 ○— Z	$Z=\overline{A+B}$
非门	A — 1 ○— Z	$Z=\overline{A}$	异或门	A, B — ⊕ — Z	$Z=\overline{A}B+A\overline{B}$
与非门	A, B — & ○— Z	$Z=\overline{A\cdot B}$	同或门	A, B — ⊙ — Z	$Z=AB+\overline{A}\overline{B}$

1.6　以功能语句实现的组合逻辑控制

组合逻辑的控制看似简单，但是如果输入信号数量更多，采用上述方法就会显得非常烦琐。为此，FANUC 的 PMC 中还提供了一些功能语句模块，这些模块比较适合以一个字节、二个字节或者四个字节为单位的成组二进制运算，其中包括逻辑、算术或移位等的运算，这样就大大简化了信号输入量比较大的程序的编写工作。

以下通过一个使用模块语句的例子来实现 4 人投票的表决器的实现方法。

【例 2】 试设计一个 4 人投票器程序，正常情况下，由 3 人或以上投赞成票，则表决器输出逻辑“1”，表示投票成功；另一方面，若有一个指定人物投了反对票，尽管其他三人投赞成票，则这个投票无法通过。

【解】 根据任务我们应先绘制一个输入输出信号方法，如图 1－12 所示。从图中可以看出，投票者有 4 个人，其信号分别为 X6.0、X6.1、X6.2 和 X6.3，其中假设 X6.0 具有否决权。表决器的逻辑运算过程是编程需要解决的问题，表决结果从 Y2.0 输出，信号为“1”则表示投票决议得到通过，信号为“0”表示决议遭到否决。

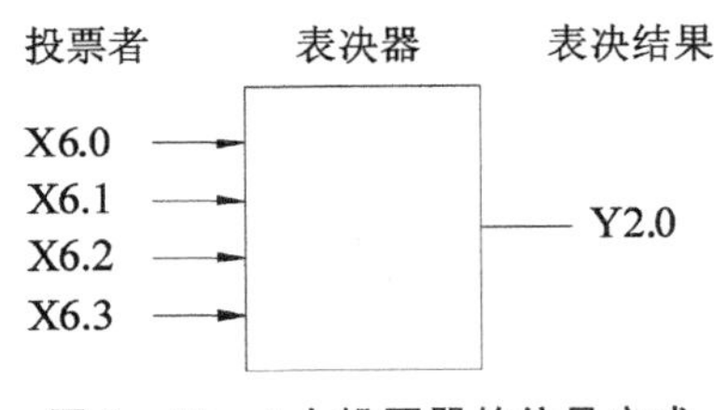

图 1－12　4 人投票器的信号方式

根据工作任务要求编写的梯形图程序如图 1－13 所示，现在对这个例子进行说明。B1 电路块是一个数据传送语句，R9091.1 是一个恒“1”的控制符号，ACT 为控制端，SUB8 是一个带逻辑“与”的传送语句，控制端为“1”时该模块有效，高 4 位设置为“0”，低四位设置为“1”，表明只传送 X6 单元中的低四位值，X6 中的高四位被屏蔽了，传送的结果存入 R10 单元中待用。显然，这个投票表决器目前只允许 4 个人投票。

B1 模块为完成数据传送功能，SUB8 为数据传送功能指令，称为功能号，功能名为 MOVE。其作用是数据移动，数据的作用位分成低 4 位和高 4 位，设置为“0”时表示对应位被屏蔽，设置为“1”时表示该位被保留。由于这里只允许 4 位选手参加投票，高 4 位则被屏蔽了，只保留了低 4 位参与运算。ACT 为模块作用控制端，R9091.1 是恒“1”信号，这样表示该模块恒有效。B2 模块是投票表决的计算部分，SUB27 表示这是一个二进制代码转换模块，0002 表示可以转换 2 个字节的数据；16 表示最大的转换数据是 16 个；R10 表示源数据地址；R100 表示目标数据地址，地址和数据区是依据要求设定的。由于这是一个带否决权（X6.0）的 4 人投票表决器，从图 1－12 所示可以看出，即使 X6.1、X6.2

和 X6.3 三个人全都投赞成票，只要 X6.0 投反对票，则表决结果 Y2.0 输出依然为“0”，也就是决议遭到否决，其他情况依然满足只要三人及以上简单多数投赞成功，属于通过的逻辑。R9091.0 是恒“0”的控制符号，它作用于复位端 RST，表明这个模块是不允许复位的，ACT 作用的是恒“1”信号，表示该模块恒常有效。另外请注意 R120.0 是一个模块出错指示器，在正常情况下它并没有特殊的意义。

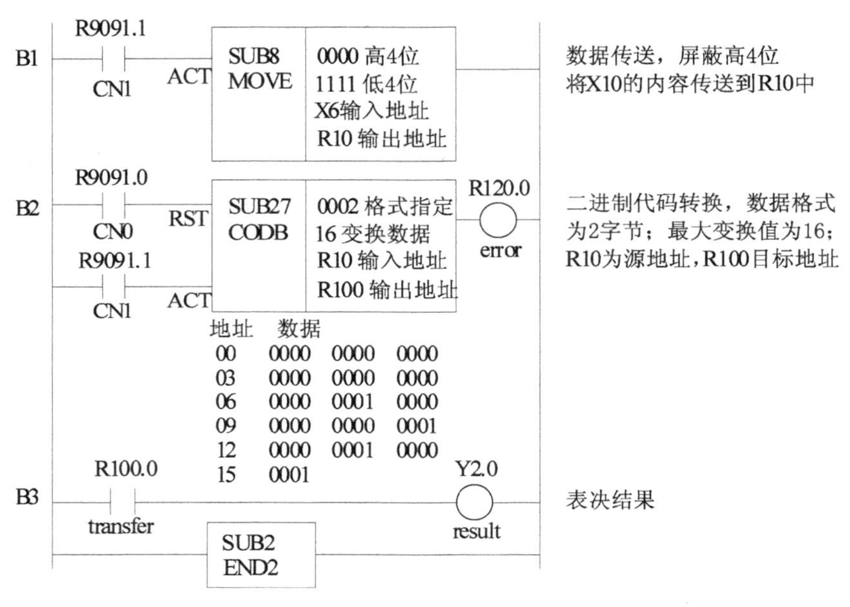

图 1-13 利用模块语句实现的 4 输入投票的梯形图

1.7 联锁控制

联锁是电气控制中最常见的线路连接方式。从设备的启动方式上来看，最典型的方式是采用具有自保持(联锁)功能。在 PMC 上可以实现多路直接启动控制，其数量仅受 I/O 点容量限制，是实现两地及以上控制的基础。更重要的是，这种控制方式不但可以启动外部设备，还可以控制内部中间变量，是实现顺序控制的重要基础。

【例 3】 试在 PMC 设备上实现直接启动控制功能。

【解】 图 1-14 所示是直接启动控制的信号时序图。其含义是：当按下启动键 X6.0 时，输出设备 Y2.0 立即启动；为按下停止键 X6.1 时，设备 Y2.0 立

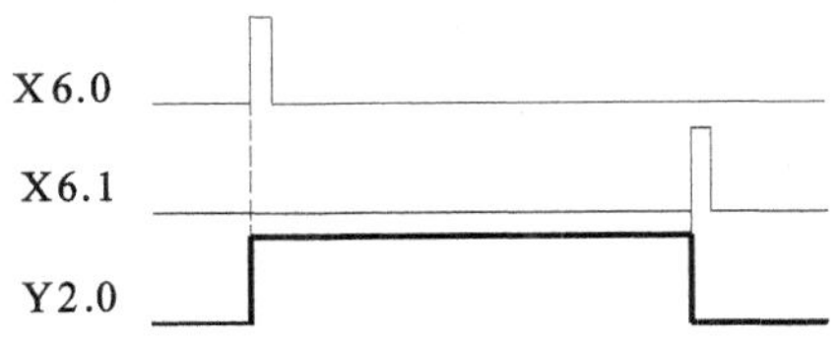

图 1-14　直接启动信号配置与时序图

即停止。时序图是表达输入/输出信号控制要求的一种严格的方法，与一般文字描述相比，在工作任务描述方面不会产生歧义，遵循严格的时间顺序关系。

直接启动控制的梯形图如图 1-15 所示。这个梯形图的形式与电气原理图的表达是一致的，因此它基本上可以按照电气原理图的思路去理解。当X6.0按下瞬间，电流从左母线开始流经 X6.0 的常开节点、X6.1 的常闭节点、Y2.0 线圈并到达右母线，形成回路 1，线圈得电；当 X6.0 松开后，Y2.0 线圈的同名常开节点闭合，形成回路 2，这实际上是一条续流回路，这样 X6.0 按键虽然已经松开，但是通过续流回路可以保持 Y2.0 线圈继续得电；如果要使设备 Y2.0 停止，只要按下 X6.1 即可，这样 Y2.0 线圈就瞬间失电了，这是联锁电路的主要工作原理。另一方面，该逻辑过程同样具有失压保护的功能，也就是系统断电又恢复来电后，Y2.0 并不会自行启动，必须重新按启动按钮 X6.0 才能启动 Y2.0 线圈。

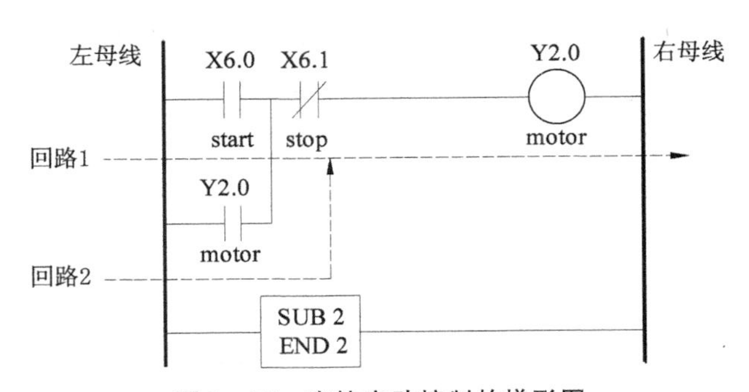

图 1-15　直接启动控制的梯形图

另一需要注意的是输入节点 X6.0 和 X6.1 的连接形式问题，显然，前者在外部是接常开点的，后者在梯形图中是接常闭节点的，但是在外部接线仍然应该接常开节点。为了弄清楚这个关系，PMC 外部接线方式与梯形图内部节点形式比较见表 1-5。以表格中左边的电气原理图为例，如果希望编制出来的梯形图与原理图一致，则梯形图中的常闭节点 X6.1 在 PMC 外部接线方式中采用常开节点接入法；反之，如果希望电气原理图中的按钮(SB1，SB2)与 PMC 外部节点(X6.0,X6.1)接线方式一致,则电气原理图中的常闭节点 SB2 在梯形图对应位置的 X6.1 是常开的。为了统一起见,建议一般情况下都将输入信号全部设置为常开信号,这样电气原理图与梯形图在形式上是一致的;如果一定要将输入设置为常闭,则梯形图中的相应符号要转变为常开。总之,对于常闭节点来说,梯形图符号与 PMC 外部接线方式是相反的,其本质可以从“电流”的走向去理解。

表 1-5　PMC 外部接线方式与梯形图内部节点形式的比较

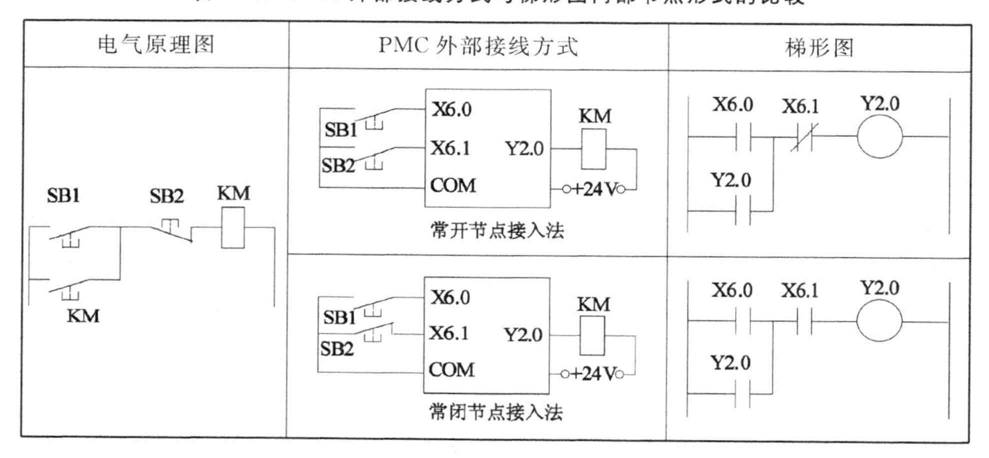

【例 4】 试在 PMC 设备上实现设备与指示灯同步控制功能。

【解】 图 1-16 所示是设备与指示灯同步控制信号的时序图。在工厂的流水线设备控制中,人们不但要启动和停止设备,许多情况下还要安装配套指示灯。例如,用绿灯表示某个设备在运行,用红灯表示该设备处于停止状态,这样便于操作人员从操作面板上观察设备的运行情况。

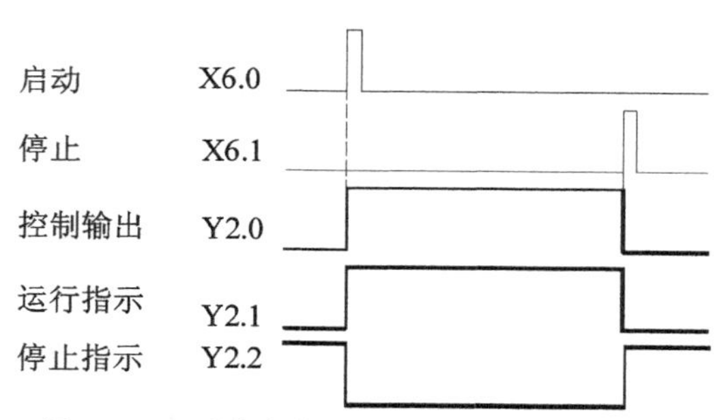

图 1-16　设备与指示灯同步控制信号时序图

根据时序图的要求我们编写梯形图如图 1-17 所示,现在对该梯形图作一简单说明。对于 B1 电路块,按下启动按钮 X6.0,Y2.0 主线圈得电并自锁;对于 B2 电路块，通过主线圈的同名常开节点 Y2.0 的闭合使 Y2.1 运行指示灯亮；对于 B3 电路块，按下停止键 X6.1，Y2.0 主线圈失电，通过该线圈的同名常闭节点 Y2.0 的闭合，使 Y2.2 停止指示灯亮，表示设备处于停止状态。通过这个例子我们可以看出，我们要控制的主线圈是 Y2.0，其同名的辅助常开和常闭节点分别用于控制设备的运行和停止指示灯，这种做法在程序设计中是常见的手法，而且这些辅助节点的个数是没有限制的，这对于我们今后编写更为复杂的程序中需要传递较多的中间变量是非常方便的。

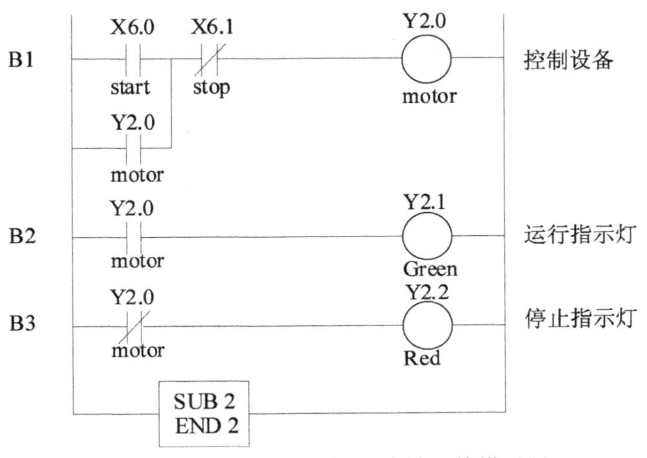

图 1-17　设备与指示灯同步控制的梯形图

仅仅编写一个能够工作的梯形图程序是远远不够的，我们还要注意自己或别人在阅读程序时的语言舒适度，尤其在使用于编写大型程序的时候要引入符号变量。在梯形图中，引入变量表达通常有两种方式，其一是地址变量，它表示的是变量在控制器中的存储属性；其二是符号变量，其对应的是一个符号，或者说是一个助记符号，用这个符号可以表达该地址变量的含义。在该梯形图中，X6.0 为启动按钮，在该节点之下我们写上 start，这个英文单词就说明了地址变量的具体含义，以后相继出现了 stop，motor，Green 和 Red 单词，我们在阅读程序的时候就可以知道这些节点或线圈代表了停止、马达绿色和红色信号灯等含义。因此，这个梯形图就不仅仅是一段可以执行的程序，也是一篇接近自然语言的短文了，在这样的环境下编辑、调试或者修改程序比抽象符号具有更生动的意义。

【例 5】　试在 PMC 设备上实现点动与长动控制。

【解】　在电动机直接启动-停止控制中，有一类控制需要点动和长动结合的控制方式，如在电动葫芦吊车中，通常用点动来微调设备的移动距离，用长动来进行长距离移动控制。点动—长动控制时序图如图 1－18 所示，其电气控制电路如图 1－19 所示。

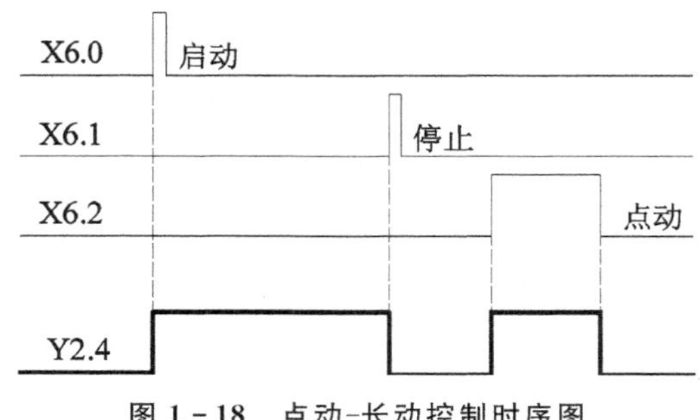

图 1－18　点动-长动控制时序图

我们分析这个电气控制回路：从能源供给来看，该操作回路可以看成是 380 伏交流供电，当按下启动按钮 SB3，能流顺序经过以下元件：L11 接线柱→FU1 熔断器→FR 热继电器→SB1 停止按钮→SB3 启动按钮→KM 接触器线圈→FU2 熔断器→L31 接线柱，当 SB3 松开后，接触器 KM 形成续流回路，此时属于长动的运行状态；当按下 SB1 停止按键时，线圈 KM 失电，长动运行停止；当按下 SB2 时，我们从图中可以看出，SB2 有两组节点，其中 SB2－1 是常开节点，该节点使 KM 线圈得电，而 SB2－2 是常闭节点，该节点断开，使得 KM 常开节点无法闭合，因此此时的续流回路无法实现，当 SB2 松开时，线圈 KM 迅速失电，从而形成点动控制。因此，该电路巧妙地将常动和点动控制组合在一个电路中。

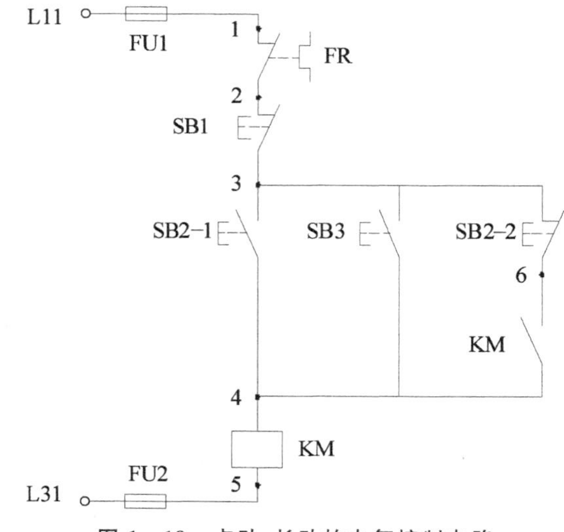

图 1－19　点动-长动的电气控制电路

由于 PMC 梯形图在形式上与电气控制图非常近似，如果把这个电气控制回路“等效”成 PMC 程序，如图 1－20 所示。注意，这里将电气原理图中的热继电器节点省略了，其他元件的位置是与电气控制回路是一样编制的，如果执行这段程序，你想会发生什么情况呢？首先，长动方式下的启动和停止是正常的，这一点你可以自己在机器上调试出来；现在我们分析一下点动的情况，从图中我们可以看出，点动按键是分别由 X6.2－1 和 X6.2－2 组成的，按下点动 X6.2－1(与 X6.2－2)时能够启动 Y2.4 的，但是松开 X6.2－1(与 X6.2－2)则 Y2.4 继续吸合，无法释放。通过屏幕对信号监控的情况看，松开 X6.2－1 时其常开节点是断开了，但是其同名的常闭节点 X6.2－2 并没有竟然与 Y2.4 的常开节点形成了续流回路，这样 Y2.4 线圈在点动仍然得电，松开点动按钮时却不能失电，这是为什么呢？现在我们作如下分析：

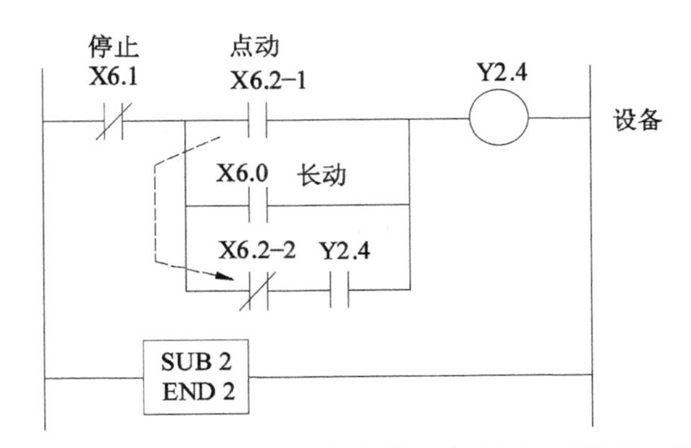

图 1－20　用 PMC 梯形图转换的点动-长动电气控制电路

在电气控制情况下，当按下点动按钮时，SB2－1 闭合，SB2－2 断开，KM 线圈得电；当点动按钮松开瞬间，由于开关的断开和闭合状态之间是有一段行程的，此时 SB2－1 刚断开，而 SB2－2 未完全闭合，这时 KM 线圈能够可靠失电，以后 SB2－2 闭合，但是已经无法形成续流回路了。由于硬件制作上的原因，SB2－1 和 SB2－2 两个节点在动作时有一个比较长的“过渡”时间。

在 PMC 程序控制下，当按下点动按钮时，X6.2－1 闭合，X6.2－2 断开，Y2.4 线圈得电；当点动按钮松开瞬间，X6.2－1 断开，但是由于程序处于扫描非常快，此时 X6.2－2 的节点马上闭合，这时 Y2.4 线圈能够继续得电并维持续流回路，尽管 X6.2－1 完全断开，但是 Y2.4 线圈已经形成自锁回路了。由于程序处于扫描上的原因，X6.2－1 和 X6.2－2 两个节点在动作的“过渡”时间非常短。

这样，即使松开了 X6.2－1 节点，而 X6.2－2 节点迅速闭合了，Y2.4 线圈已经快速吸合并通过 Y 2.4 的常开节点自锁了，这就使得在电气上可以很容易实现的功能而在 PMC 上反而无法实现。

因此，如果要使得这个功能在 PMC 梯形图上实现，主要应该在自锁回路上想办法。其基本思路是：当点动按钮按下时，应设法消除自锁节点的影响。

根据控制要求编写梯形图程序如图 1-21 所示。这是一个可以在 PMC 上正确执行的点动-长动控制程序，针对前述点动情况下出现的问题，在这里引入了一个中间变量 R10.0。其工作过程：在按下 X6.2-1 时，Y2.4 线圈得电，由于 X6.2-2 同时被按下，R10.0 线圈迅速得电，R10.0 的常闭节点迅速断开，阻止了 Y2.4 的自保持；当松开 X6.2 时，由于程序扫描的原因，Y2.4 线圈首先失电，Y2.4 常开节点断开，此时尽管 R10.0 常闭节点闭合，但是已经无法形成续流回路了，这样就实现了预期的点动控制。长动状态下的启动-停止功能也是同样的道理，这里不再赘述。这样就用 PMC 程序正确地实现了点动-长动控制，由此也可以理解中间变量的使用方法。

这个例子说明，一些在电气回路看似合理的控制逻辑在 PMC 中却未必能实现，其根本原因在于电气回路中的同名线圈和节点是“同时”作用的，这与它的电磁机构特性是有关系的，而 PMC 是基于“逐行扫描”方式下工作的，因此会产生排列在后面的节点在动作上“滞后”前面同名节点的现象，而且扫描的速度很快，当后面的节点还没有扫描到，前面的同名节点所产生的动作已经引起了相应的结果了。

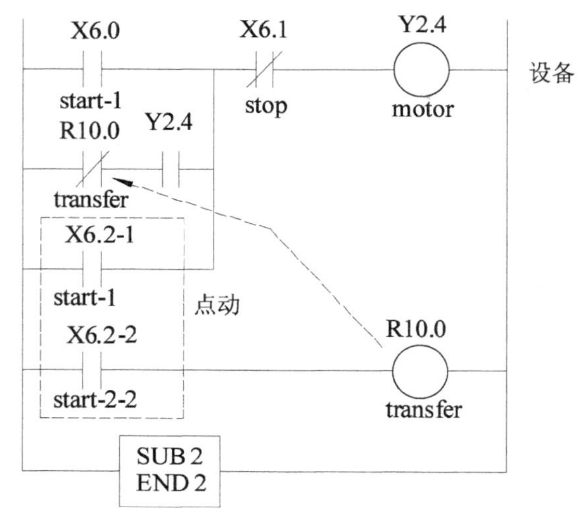

图 1-21　点动-长动控制的梯形图程序

1.8 工程项目设计

1.8.1 投票表决器的设计

1. 项目概述

为了减少人工计票的工作量、差错率或者舞弊行为，提高投票表决的速度，在一些会议室通常装有投票表决器。当会议主持人要求大家投票表决时，与会人员可以按动桌面上的按钮或支持、反对或弃权等，速度快，隐蔽性好，当场可以获得投票结果。本项目设有 4 个投票按钮，一个投票结果显示器，有 3 人及以上投赞成票的则表决通过，表决通过时指示器常亮，表决未通过时指示器闪亮(闪亮周期为 1s)，并考虑以下几种情况：

(1) 4 个投票员以平等身份投票。

(2) 1 号投票员具有否决权。

(3) 2 号投票员具有否决权。

请按照此工作要求设计投票表决器。

2. 项目分析

根据项目概述提出的工作要求，这里需要对每一个环节进行分析，并把它们归纳到 PMC 的输入和输出系统中。本投票器允许 4 个人同时投票，这些信号属于输入信号，其名称可以表示为 1 号投票按钮、2 号投票按钮和 3 号投票按钮等，这些名称的定义是为了使程序设计人员与投票器使用人员之间进行信息沟通，它们所占用的输入节点分别是 X6.0、X6.1、X6.2 和 X6.3，这些符号是给程序设计人员使用的，然而使用这些位号看起来比较抽象，因此我们可以在位号旁边加入注释符号，这样在编程序的时候更容易明白你所接触的符号的含义，以使程序获得更好的可阅读性。一段好的程序不仅是一段可以正确执行的代码，还应该有确切的注释，这对于你在工作中更好地发挥创造力，给以后修改程序提供必要的信息以及优美程序给人的启迪都是非常有帮助的。

在这个任务中还设置了两个否决权的席位。尽管否决权的使用在一定的程度上是有悖民主的精神，但是在一些特殊的场合，合理的否决权也有其自身的理由。在这里，一次有效表决中，最多只允许一个人有否决权：1 号或 2 号投票员。否决权的使用是这样的，如果 1 号投票员具有否决权，尽管 2、3、4 号都投赞成票，只要 1 号投的是反对票，此项动议也遭到否决。同样 2 号投票员也具有相同的地位。当然，也可以关闭否决权，这样 4 个人是平等投票的。

关于投票结果的显示，这里采用的是指示灯。指示灯属于输出信号，所占用的位号是 Y2.0，表决决议得以通过，Y2.0 指示灯常亮；表决决议遭到否决，Y2.0 以 1s 周期进行闪烁。

根据这样的项目分析，为下一步的程序设计做好准备，我们写出投票表决器输入与输出信号分配列表，见表 1－6。

表 1－6　投票表决器的输入与输出信号分配列表

输入信号			输出信号		
名称	注释符号	输入节点位号	名称	注释符号	输出节点位号
1 号投票按钮	Voter1	X6.0	投票结果指示灯	Result	Y2.0
2 号投票按钮	Voter2	X6.1			
3 号投票按钮	Voter3	X6.2			
4 号投票按钮	Voter4	X6.3			
1 号否决权启用	Reject1	X6.6			
2 号否决权启用	Reject2	X6.7			
关闭否决权	Close	X6.5			

3. 设计梯形图并调试

经过严格的项目分析并确定了每一个输入和输出变量的作用与逻辑关系后，我们可以编写程序并进行调试了，四输入投票表决器的梯形图如图 1－22 所示，这是本章第一个看起来比较长的程序，为了使程序具有比较好的阅读性，代码中还添加了一些注释。这里涉及了两类注释，第一类只针对单独的变量，如 X6.0～X6.3，其注释分别写成 Voter1～Voter4，表示 1 号投票者～4 号投票者，建议采用 8 个以内的 ASCII 字符；第二类是针对一个电路块来写的注释，建议采用英文句子来书写，语句要精练，要能够确切地概括本电路块的整体含义，本注释行允许写入 30 个以内的 ASCII 字符。不同的变量应使用不同的注释，不允许重复。

图中给出的程序将变量和对应注释已经写在一起，这看起来是很自然的，在 PC 计算机上，我们只要把显示方式设置为地址/符号方式，这两者是可以同时看到的。但是如果将这段程序装入到数控单元中去显示，则我们只能看到其中一种方式，也就是说，我们将显示方式设置为地址方式时只能看到变量单元，如 X6.6；如果设置为符号方式，则只能看到变量的注释符号，如 Reject1。这里我们当然知道 Reject1 是 X6.6 的注释符号，由于数控机床上的屏幕面积设计得比较小，因此信息的显示量也受到了限制。

在程序中还增加了 B1～B4 以及虚线框的注释，这个注释是 PC 开发环境和数控单元中没有的，这里主要是为了说明程序模块的作用由作者添加上去的，其目的是进一步增加程序的可读性，便于理解编程者的思路。

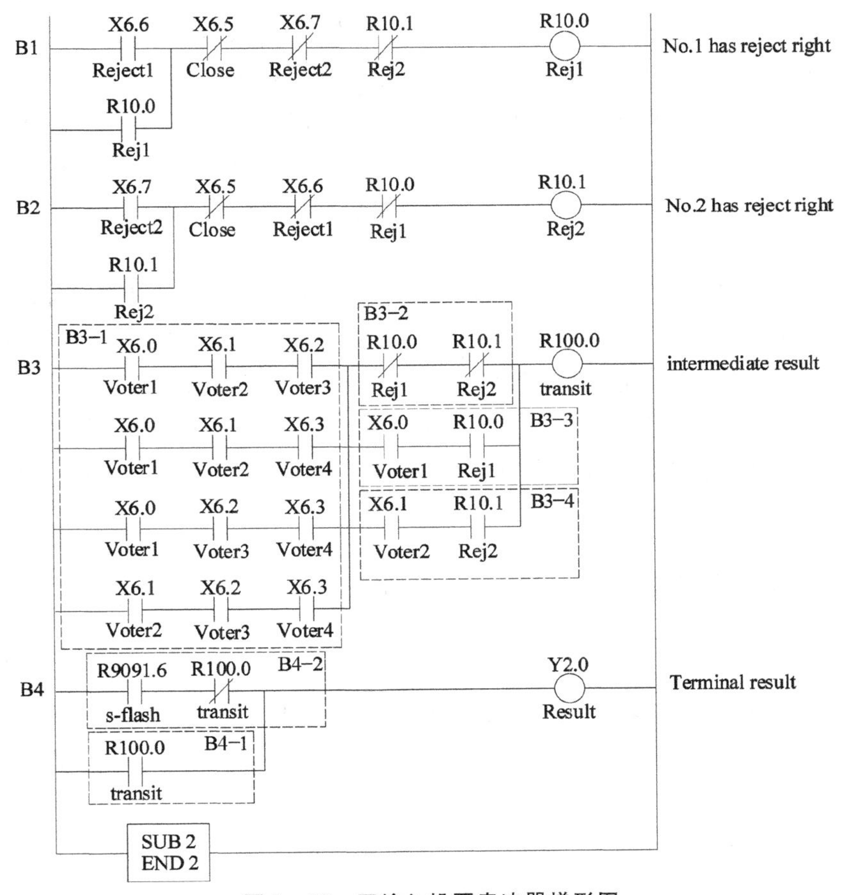

图 1－22　四输入投票表决器梯形图

现在以模块为单元对这个梯形图进行说明：

B1～B2 确定投票者的否决权设置问题，如果按下 X6.6，则意味着 1 号投票者具有否决权，由于 B1～B2 模块是互锁的，这里插入了按钮互锁和继电器互锁，所以 2 号投票者自动失去否决权，反之亦然；如果按下 X6.5，则关闭否决权的设置，四个人以平等身份投票。

关于B3模块，这里将其看成是中间结果单元，因为投票的结果有两种，投票通过，则R100.0输出为“1”；决议遭受否决，则R100.0输出为“0”。B3－1模块为四人投票表决器，这里采用枚举法，四个人中只要有三个人投赞成票则该模块整体输出逻辑“1”信号；B3－2是一个四人以平等身份投票的逻辑允许单元，其中R10.0和R10.1是否决权的授权变量，如果未进行否决权的授权，这两个节点是通的，这样B3－1模块的表决信号可以顺利通过该节点到达R100.0线圈；B3－3模块是1号投票者具有否决权的信号通道，也就是说，如果1号投票者被授予否决权，则R10.0节点是接通的，而“否决”的关键在于与之串联的X6.0节点上，如果该节点由于否决而打开，则B3－1模块中的其他三人都投赞成票，该逻辑信号也无法到达R100.0，这就形成了否决的条件，当然如果该投票者投了赞成票，则也满足简单多数的原则；B3－4模块的原理同前，只是否决权转移到了2号投票者。

关于B4模块，这是一个表决的最终结果的现实模块，如果投票通过，则R100.0线圈得电。B4－1模块中的R100.0常开节点闭合，这样就可以使Y2.0指示灯常亮，表示投票通过了；如果决议遭到否决，则R100.0线圈无电，B4－2模块中R100.0常闭节点是闭合的，通过R9091.6发出系列秒脉冲信号使指示灯闪烁，表示投票没有通过。R9091.6是系统提供的周期为秒的脉冲信号发生器，可以直接引用。

1.8.2 四电机联锁启动-停止控制

1. 项目概述

在现代生产流水线中，有一些设备的启动和停止是需要按照特定的工艺流程顺序执行的，如果设备顺序搞错，则会引起生产线发生严重事故。图1－23

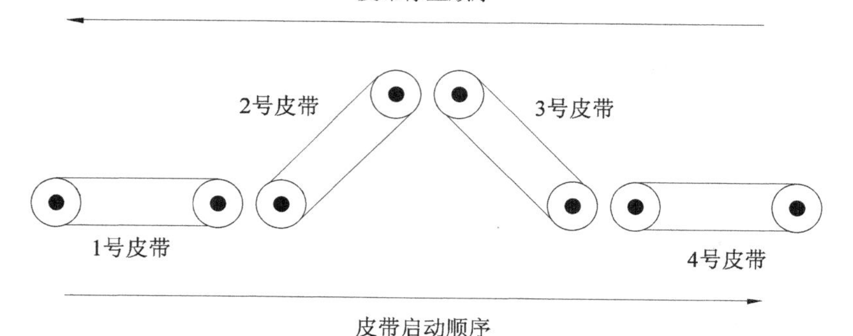

图1－23　四条皮带组成的物料传送系统流程图

所示是由四条皮带组成的物料传送系统流程图，其工艺规定的设备启动顺序是：1 号皮带→2 号皮带→3 号皮带→4 号皮带，前一设备的启动是后一设备运行的前提条件；停止顺序是：4 号皮带→3 号皮带→2 号皮带→1 号皮带，前一设备的停止是后一设备停止的先决条件，设备的启动和停止顺序是相反的。请根据此工艺规定的设备动作流程，在 PMC 设备上编制并调试梯形图程序。

2. 项目分析

该工作任务将项目概述和工艺流程图同时提交给用户，这是一种非常好的方式。因为实际的工艺设备种类繁多，工艺流程的要求也很复杂，仅仅通过简单的项目概述是无法呈现给程序设计者足够信息的，这时最好的方法就是需要技术部门提供设备动作的工艺流程图。通过流程图来观察和分析设备的动作顺序，统计设备的启动点、信号检测点以及受控的电机数目等，有的时候，如果设备的动作有严格的时序关系，则最好绘制一张设备的启动与停止的时序图，这张图应该是需求方提供的工艺流程的重要补充，它更多体现的是项目实施的方法，而且在实际工作中，这些图纸都应该妥善保存，可以作为工程验收和竣工的依据。如果在工程施工中设备的工艺动作顺序发生了改变，则相应的时序图也要作相应的调整，这些属于项目的变更，这些与变更相关的资料也需要及时归档处理。

现在根据这些信息来编制输入与输出(I/O)信号配置表，见表 1－7。编制时请把输入/输出信号的顺序尽可能与时序图一致，这样检查和调试程序时会很方便，形式也会很工整。电机顺序启动—停止信号时序图如图 1－24 所示。

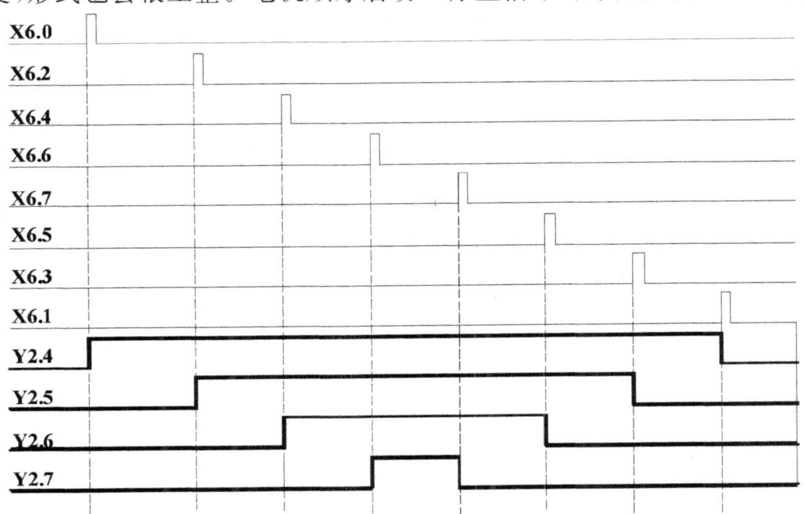

图 1－24 四电机顺序启动-停止信号时序图(启动方向与停止方向相反)

表 1-7　四电机顺序启动-停止的输入与输出信号配置表

输入信号			输出信号		
名称	注释符号	输入节点位号	名称	注释符号	输出节点位号
1 号皮带启动	Start1	X6.0	1 号皮带电机	Motor1	Y2.4
1 号皮带停止	Stop1	X6.1			
2 号皮带启动	Start2	X6.2	2 号皮带电机	Motor2	Y2.5
3 号皮带停止	Stop2	X6.3			
3 号皮带启动	Start3	X6.4	3 号皮带电机	Motor3	Y2.6
3 号皮带停止	Stop3	X6.5			
4 号皮带启动	Start4	X6.6	4 号皮带电机	Motor4	Y2.7
4 号皮带停止	Stop4	X6.7			

3. 设计梯形图并调试

经过项目分析,我们可以看出这是一个顺序流程控制,而且后一台设备的启动是与前一台设备的运行状态有关,不能够越级启动。根据这个思路,我们编写了四电动机顺序启动-逆序停止梯形图,如图 1-25 所示。

为了便于读者理解,本案例继续沿用了同时显示地址和符号的方式来说明梯形图程序的编写思路。该梯形图由 B1 、B2、B3 和 B4 共四个模块组成,每个模块的作用都是控制电机的启动和停止。由于电机的启动方向和停止方向刚好相反,所以尽管每个模块在形式上非常类似,但是却分别串入了条件控制节点。当按下 X6.0 启动按键时,Y2.4 线圈得电并自锁,其同名的常开节点就作为下一级电机 Y2.5 的启动条件,以下过程类似,因此启动顺序是沿着图中虚线 ST12、ST23 和 ST34 方向进行的;在进行停止操作时候,首先应先按下 X6.7,这时 Y2.7 线圈失电,其 B3 模块中的同名常开节点打开,为按下 X6.5 停止键做好了准备,显然,这是一个方向停止过程,由于联锁关系,停止操作也不允许越级操作的,其停止顺序是遵循图中 SP43、SP32 和 SP21 虚线的顺序进行的。

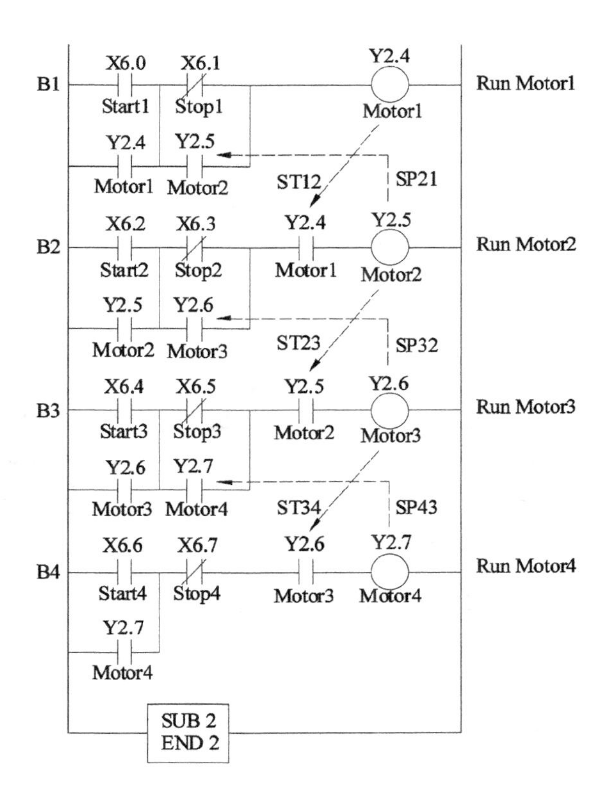

图 1－25　四电机顺序启动-逆序停止的梯形图

4. 问题的进一步讨论

尽管我们按照时序图的要求设计并调试好了梯形图，但是由于工艺现场要求的复杂性，现场有时会提出另一种电动机的启动和停止方案。例如，将启动和停止的顺序按图 1－26 所示的要求编写程序，这时你会看到，电动机的启动方向和停止方向是同一个方向，也就是先启动的设备必须先停止，图 1－27 所示是根据新的时序图要求编写的梯形图，这个梯形图在形式上比之前看起来复杂一些，请读者自行分析其原理。

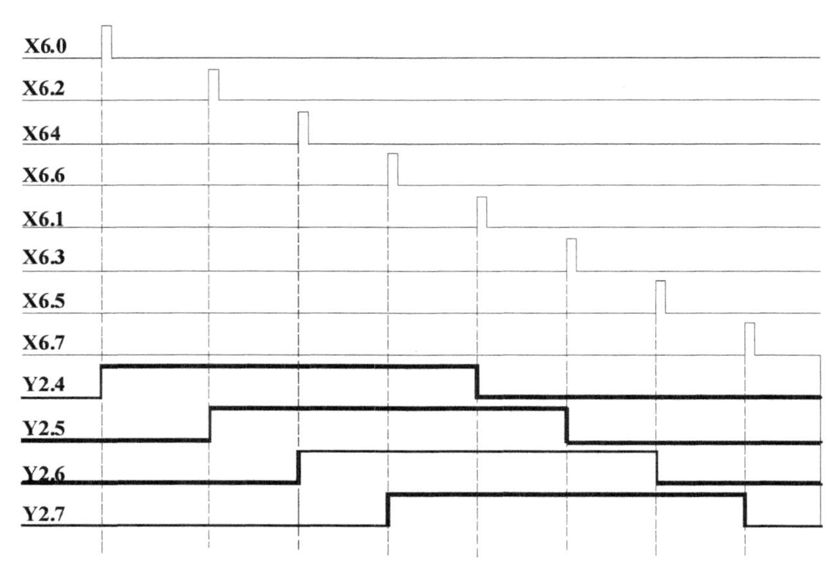

图 1－26 四电机的顺序启动-停止时序(启动方向与停止方向相同)

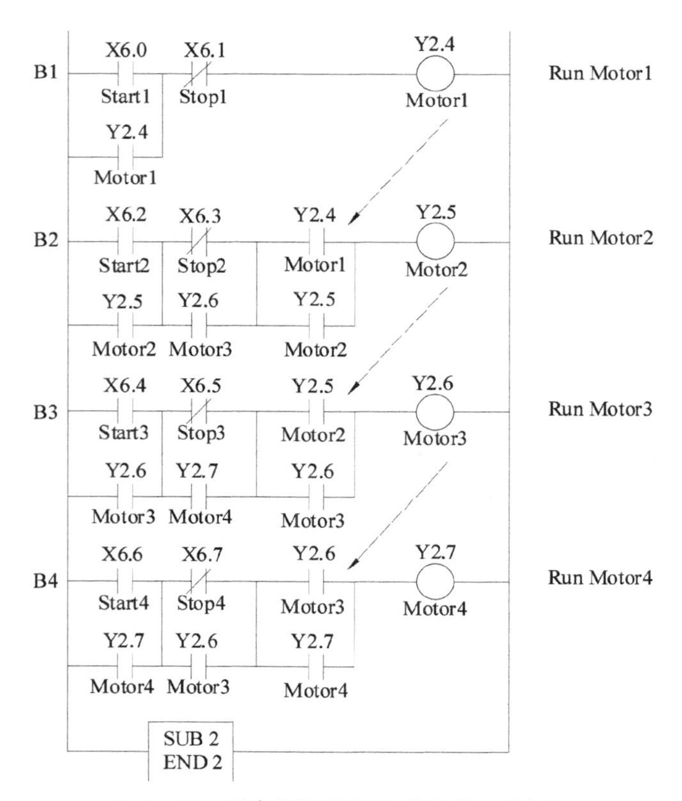

图 1－27 四电机顺序启动-顺序停止梯形图

这个案例还应该引起我们进一步的思考，在许多工业现场，设备的动作流程经常由于工艺的要求而改变。本案例中，前者是一个正向启动、反向停止的作业方式，后者则是正向启动、正向停止的作业方式，遇到这种情况，虽然我们可以根据当前的工作流程给用户编写并调试好程序并交付给用户，然后应客户要求再修改成另一种动作方式，对于专业人员来说，做这样的程序设计也许并不难，但是由于工艺流程改变而重新设计程序会大大延误生产过程，重新编写的程序还需要进行调试，这些都是需要时间的。所以，比较好的方式是把这两个看似不同的程序一起编写在同一个控制器内，通过设计一个外部转换开关来确定到底使用那个方案。例如，设计一个 X5.0 开关，当该开关断开时，执行第一种方案；当该开关闭合时，执行第二种方案。可见，将所有可能的流程方案写在一个程序里是比较好的方式，这样可以以最快的方式来改变工艺流程。

5. 功能的改变或扩展

实际的启动和停止顺序会有多种要求，如果将控制顺序改写为如图 1－28 所示，请读者自行编写相应的梯形图程序并上机进行调试。

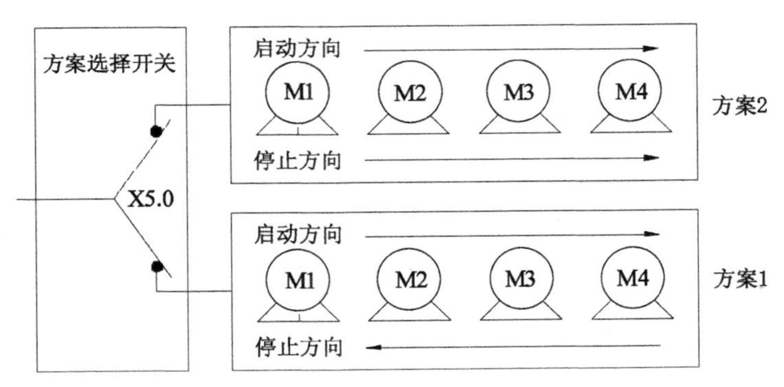

图 1－28　带有选择功能的四电机顺序控制要求

第2章

时间和脉冲信号测量

定时器广泛应用于控制系统中,大型电机启动超时判断、工件在流水线上行走时间判断以及数控机床刀架电机反转时间等都与时间控制有关,因此熟练掌握定时器的特性和使用方法是使用好 PMC 工具的很重要的一步。

FANUC 系统中的定时器与电气控制系统中的时间继电器有类似之处,同时由于这是一个可编程元件,所以它在数量上、参数设置和信号传输方面比起硬件方式的时间继电器具有更大的优势。现在我们通过一些典型案例来分析和认识定时器的一些特性。

2.1 定时器的分类

在 FANUC 数控单元中,为了适应机械运动对于时间刻画的多重要求,该系统提供了四种定时器。在 PMC 程序设计中,读者应根据工作任务的要求而选用不同的定时器。其中,功能号和关键字对于一种定时器是唯一识别的,其目的是为了程序的调用。定时器的触发方式分为上升沿和下降沿;时间设置方法分为程序写入和通过数控单元进行外部写入,这两种方式的区分对于数控机床是有意义的。前者适合固定时间的写入,一旦时间值写入,不允许一般客户修改(授权者除外);后者适合可变时间的写入,如某些设备的动作时间需要根据现场情况才能确定,显然,这样的时间值需要进行若干次调整才能确定下来,或者这个时间需要经常改变,为了避免用户在更改时间参数时无意中破坏原厂 PMC 的代码,因此在不打开原有 PMC 程序的条件下,只要在数控单元外部修改指定单元的定时器参数就可以了。对于数据访问方式来说,以程序方式写入的都是常数值,最小分辨率为 1ms;通过外部方式写入的,其分辨率有 1ms、8 ms、1min 甚至 1h 等,其使用方式非常灵活。表 2-1 是根据《梯形图语言编程说明书》相关内容总结而成的,目的是将该系统中提及的 4 种定时器的功能号、关键字、触发方式、时间设置方法以及数据访问方法归纳在一张表格中，便于对比和根据情况进行合适的选用。本章将以 SUB24 和 SUB3 为例对定时器的使用进行举例讲解，从中帮助大家分析在一些特定环境下使用合适的定时器来编写控制程序。

表 2-1 定时器分类

序号	功能号	关键字	触发方式	时间设置方式	数据访问方式
1	SUB24	TMRB	上升沿	程序写入	常数写入
2	SUB77	TMRBF	下降沿	程序写入	常数写入
3	SUB3	TMR	上升沿	外部写入	T 地址写入
4	SUB54	TMRC	上升沿	外部写入	D-R 地址写入

2.2 固定式定时器

《梯形图语言编程说明书》对于功能号 SUB24 的定时器进行了如下的描述：

ACT：定时器控制端。ACT＝0 时，复位定时器；ACT＝1 时，启动定时器。

SUB24：功能号。便于在编辑文件时根据该功能号进行调用。

TMRB：关键字。说明采用固定式定时器。

定时器号：整数值。不同的 PMC 型号其数值范围不同，0i-Mate-D 的范围为 1～100，该数值在编程时不允许重复，建议使用自动分配功能，这样不会发生重复编号错误。

设定时间：整数值。范围：1～32767000，单位：ms。

W1：设定时间到的输出信号。实际使用时可以用一个内部继电器 R 来输出节点，或者直接输出到 Y 型设备中去。图 2-1 所示是根据《梯形图语言编程

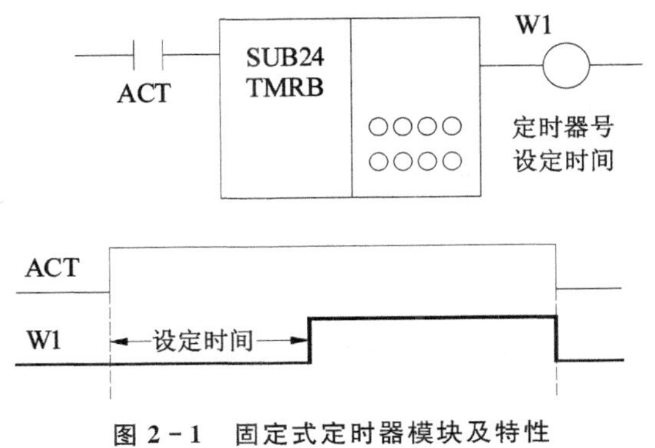

图 2-1 固定式定时器模块及特性

说明书》绘制的固定式定时器的引脚和特性图，以后出现的同类型的定时器功能模块均来源于此。

为了让大家对该定时器有一个完整的认识，现在通过一个具体的工作任务来说明这种定时器的用法。

【例 1】 按下按钮 X6.0，持续 20s 后使设备 Y2.4 产生输出，松开 X6.0，设备 Y2.4 立即停止。

【解】 图 2－2 所示为根据控制要求的时序图，由时序图编辑的梯形图程序如图 2－3 所示。

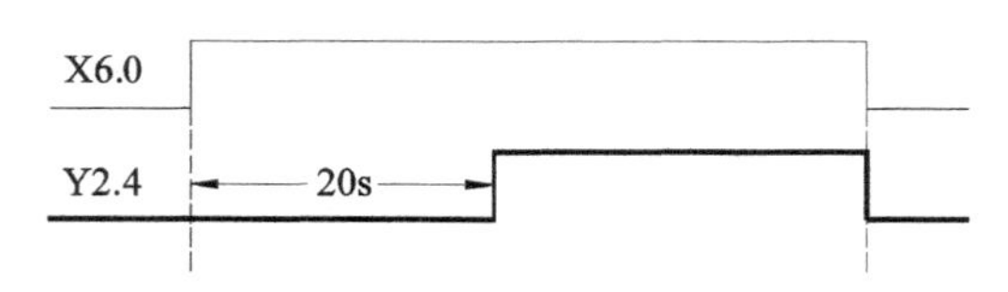

图 2－2　控制要求时序图

从梯形图实现过程中可以看出，这里使用了中间变量 R10.0 来传递信号，这对于定时器数量多，输入/输出信号复杂的情形是比较好的用法。在这个特例中，也可以直接将定时器"时间到"信号输出到 Y2.4 线圈中去。

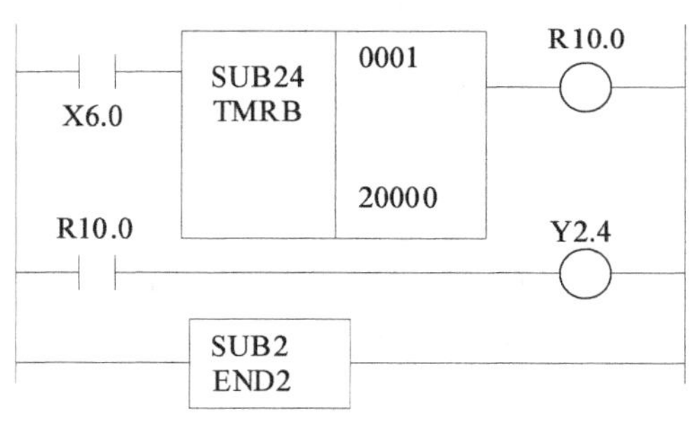

图 2－3　梯形图程序

定时器性能分析：

在数控系统单元中运行该程序，从屏幕上可以观察到定时器的工作状况：X6.0 节点闭合 20s 后，SUB24 模块会输出"时间到"信号到 R10.0 线圈，通过数控单元中的"性能设定"功能，可以看到定时器时间的跳动过程，这对于我们认识定时器的性能是非常有帮助的。图 2－4 所示为在屏幕上对定时器工

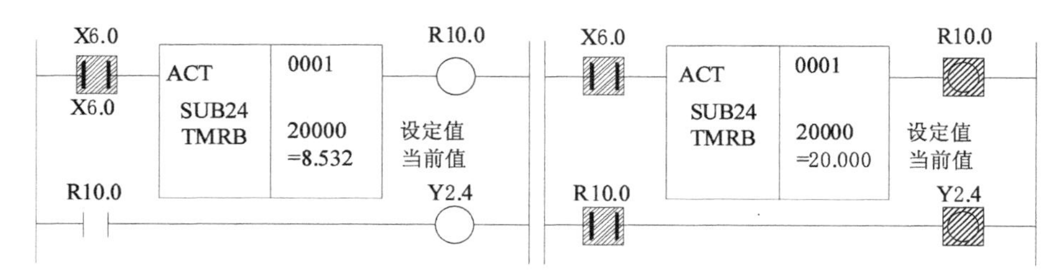

图 2－4　定时器的屏幕监视

作过程的监控情况，其左边图形表示 X6.0 按下过程中，定时器显示当前的计时时间为 8.532s，由于没有到达 20s 的设定值，故 R10.0 线圈没有得电；此时，时间会继续往前走，当到达 20s 时，R10.0 线圈得电，通过其同名常开触点的闭合，使 Y2.4 设备输出，可见右边图形的情况，图中阴影部分表示节点或线圈已经接通。

针对观察到的现象，我们可以用时序图来精确地表达这种定时器的工作特性，如图 2－5 所示。

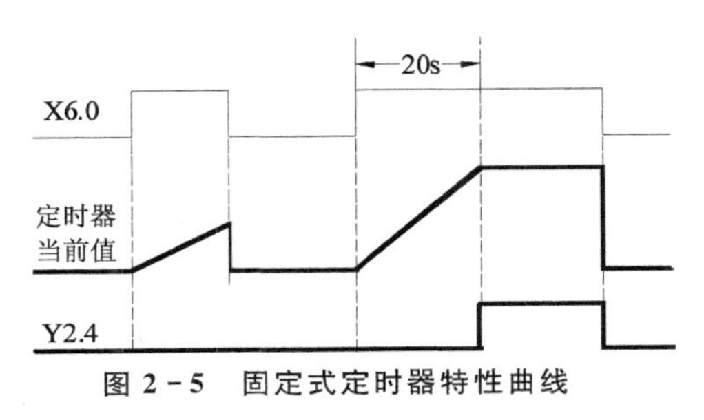

图 2－5　固定式定时器特性曲线

(1) 节点 X6.0 闭合，定时器线圈得电，定时器开始计时，如果在设定时间内断开控制节点 X6.0，则定时器复位，也就是当前计时数值回零。

(2) 如果 X6.0 继续闭合，当时间大于(或者等于)设定值(20s)后，定时器的当前值不再增长，定时器输出逻辑“1”，线圈 R10.0 得电。如果此时控制端断电，定时器将复位。

定时器的这两个特点使其在工业中得到大量的应用。

2.3　延时式定时器

上一节介绍的固定式定时器，其延时时间是写在 PMC 程序中的，在数控机床进行加工作业中，这个时间一般是不允许一般工作人员打开梯形图程序来改动的。但在有些场合下，有些时间参数应该允许用户进行现场修改，同时这种改动又不应该影响源程序的安全，因此 FANUC 系统提供了一种允许在 PMC 程序之外进行时间参数修改的定时器，这就是所谓的延时式定时器。其最大特点是修改时间时不必打开 PMC 程序画面，而只在参数设定画面针对所需要的定时器修改参数，这样可以保证程序的安全。

《梯形图语言编程说明书》对于功能号 SUB3 的定时器进行了如下的描述：

ACT：定时器控制端。ACT＝0 时，复位定时器；ACT＝1 时，启动定时器。

SUB3：功能号。便于在编辑文件时根据该功能号进行调用。

TMR：关键字。说明采用延时式定时器。

定时器号：整数值。不同的 PMC 型号其数值范围不同，0i－Mate－TD 的范围是 1～40，建议使用自动分配功能，这样不会发生重复编号错误。

图 2－6 所示为根据该《梯形图语言编程说明书》绘制的延时式定时器的模块和特性图，以后出现的同类型的定时器功能模块均来源于此。

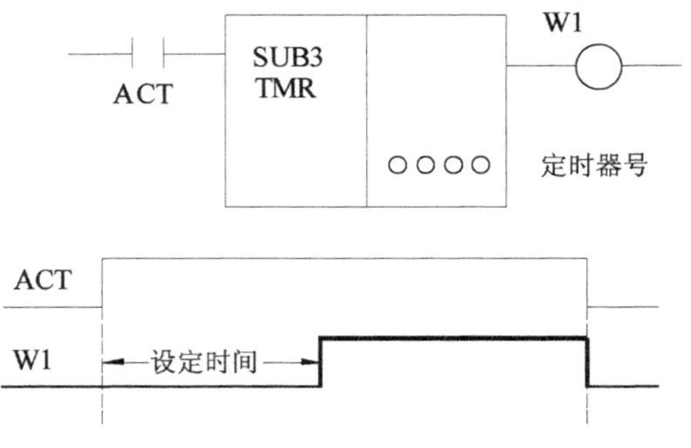

图 2－6　延时式定时器模块和特性

《梯形图语言编程说明书》对其的介绍是简要的，然而从使用角度，我们需要作进一步的说明，时间的设定要考虑两个因素：其一是精度控制，实质上是最小分辨率的设置，设定参考值为：1ms、10ms、100ms、1s 和 1min 等，此外对于 1～8 号定时器还有一个缺省分辨率为 48ms，9～40 号定时器还有一个 8 ms 的缺省分辨率。其设定方法为：system→PMCCNT→定时→操作→精度，屏幕下方会出现：1ms，10ms，100ms，1s，1min 和初始化共六个按钮，其中初始化按钮要按下扩展键才可以看到，移动“↑”“↓”箭头可以选择定时器号，0i－Mate－TD 的选择范围为1～40，按下不同的按钮就确定了这个定时器的精度值。其二是写入延时的时间。在定时时间栏目内写入所需要的定时器时间，注意其单位是 ms，同时要注意其合理性，不合理的数据将无法输入。

例如，选择 1 号定时器，确定精度为 1ms，设定时间栏目内写 1000，则表示该定时器延时 1000ms，打开梯形图参数显示，你可以看到时间是按照 1ms 分辨率来跳动的，这似乎很容易理解。但是如果你把时间精度改为 100ms，设定时间栏目仍 1000，这时的延时时间是多少呢？还是 1000ms。但是，从屏幕监视上可以看到，时间的跳动是按照 100ms 单位跳动的。同样道理，如果你把时间精度改为 1min，在设定时间栏目内试图写 1000 时，你会发现该栏目内数值仍然为 0，因为此时的最小分辨率已经是 1min 了，合理的写入应该是 60000(ms)的整倍数，余数将被自动舍去。8ms 和 48ms 的定时器也有同样规律的用法。

W1：设定时间到的输出信号，实际使用时可以用一个继电器 R 来输出节点，或者直接输出到 Y 型设备中去。

【例 2】 按下按钮 X6.0，持续 15s 后使设备 Y2.4 产生输出，松开 X6.0，设备 Y2.4 立即停止。

初看起来，该工作任务同[例 1]非常相似，只是设定的时间不同而已。但是，图 2－7 所示的控制要求时序图使用的是延迟式定时器，其功能号与前者是不同的。根据控制要求时序图编辑的梯形图程序如图 2－8 所示。在程序中无

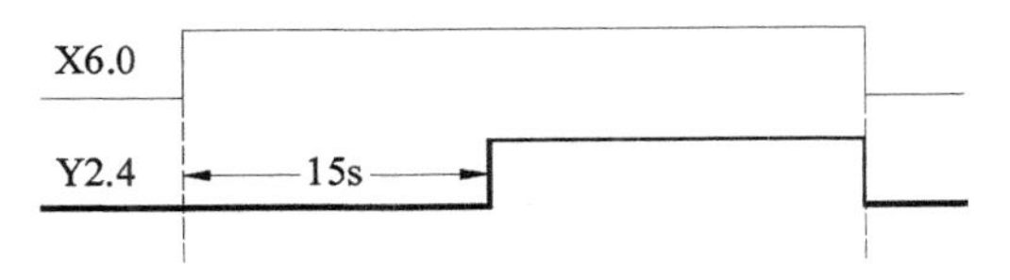

图 2－7　控制要求时序图

法看出定时器的设定时间，在程序编写完以后，应该随即设定其定时精度和时间。通过屏幕操作，在定时器参数设置中找到 1 号定时器，当然设定时间的方法有很多种，这里以精度选择为 100ms、设定时间写为 15000ms 为例，其他情形依此类推。我们通过屏幕监视的方法来直观了解该程序的执行过程。

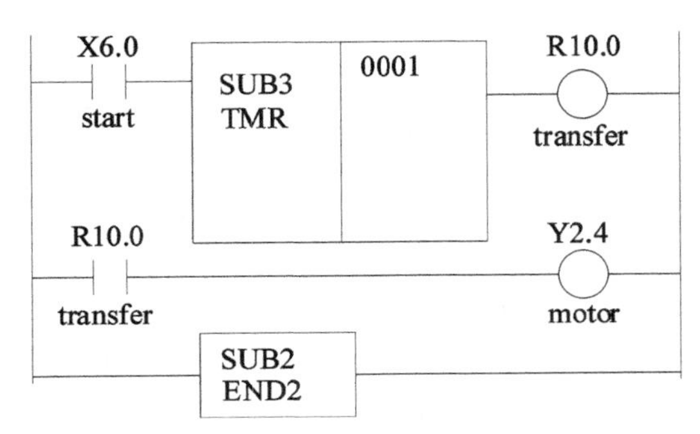

图 2－8　延迟式定时器组成梯形图

【解】 通过图 2－9～图 2－12 所示的 4 个步骤，我们可以清晰地看到延迟式定时器的设定和编程方法。这是一种典型的将程序和数据实行分离的工程方法，在这里用户可以根据设备厂家提供的定时器编号信息修改所需定时的时间，而不需要打开机器中的程序，这样可有效保护程序的安全。

PMC维护　　执行...

PMC参数（定时器）　　（页　1 / 5 ）

定时器号	地址	设定时间	精度
1	T0000	15000	100
2	T0002	10000	48
⋮		⋮	

图 2－9　步骤 1：设定定时器精度 100ms，设计定时间延迟时间 15000ms

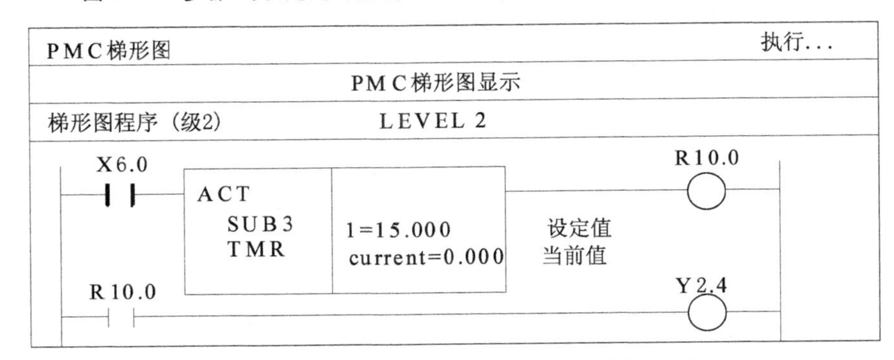

图 2－10　步骤 2：观察定时器运行之前的画面

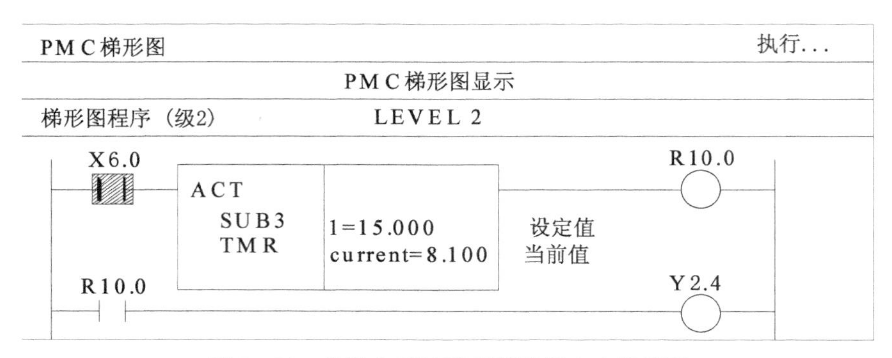

图 2-11　步骤 3:观察定时器运行之中的情形

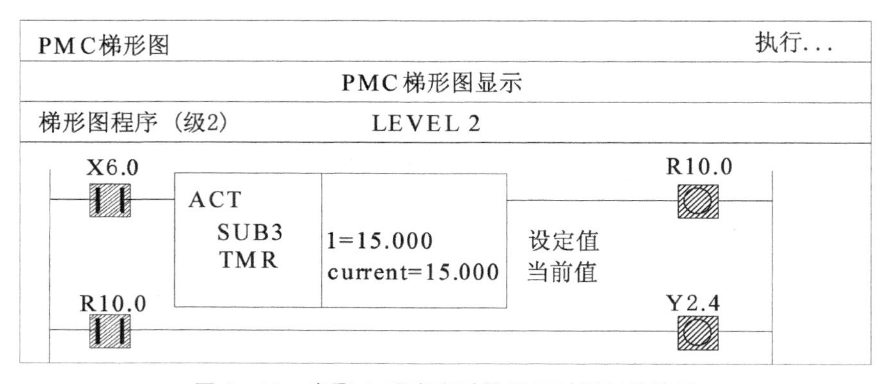

图 2-12　步骤 4:观察定时器延迟时间到的情形

2.4　单个定时器的编程

定时器应用广泛，使用灵活，它的启动或停止在许多情况下是依赖于时序图的控制要求。时序图中曲线的微妙变化可以引起程序设计方法的丰富和灵活的变化，下面我们通过一些典型例子来进一步理解定时器的使用规律。

【例 3】 根据图 2-13 所示的控制任务时序图编写梯形图程序。

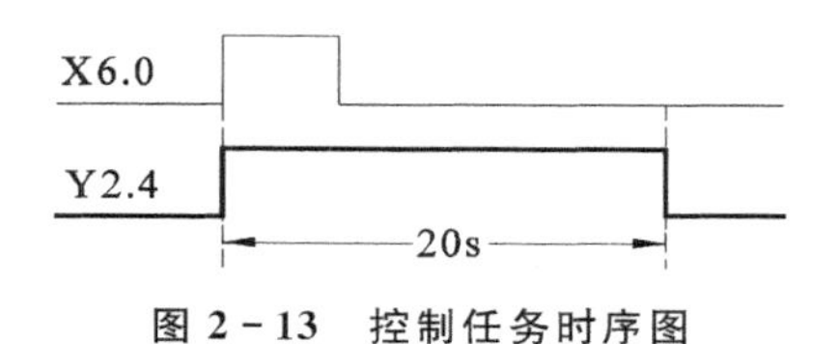

图 2-13　控制任务时序图

【解】 从所提供的时序图可知，启动键 X6.0 按下后，设备 Y2.4 瞬时启动，延迟 20s 后设备停止。而且 X6.0 是一个“按下-抬起”的动作。因此，启动过程应包含基本“启动-保持-停止”的典型环节。

根据控制任务编制梯形图程序如图 2-14 所示，B1 是一个具有启动和停止功能的控制模块，按下 X6.0，R10.0 线圈得电，其同名常开节点闭合，Y2.4 设备瞬间动作；B2 为时间延迟模块，由于 R10.0 常开节点的闭合也使 1 号定时器得电并开始延时，20s 时间到后 R10.1 线圈得电，一方面使 B1 模块 R10.1 同名的常闭节点打开，R10.0 线圈失电，同时使 B3 模块的 R10.0 常开节点断开，Y2.4 设备停止运行。同样的，R10.0 常开节点断开，也使 1 号定时器失电，定时器复位，以等待下一次的启动。

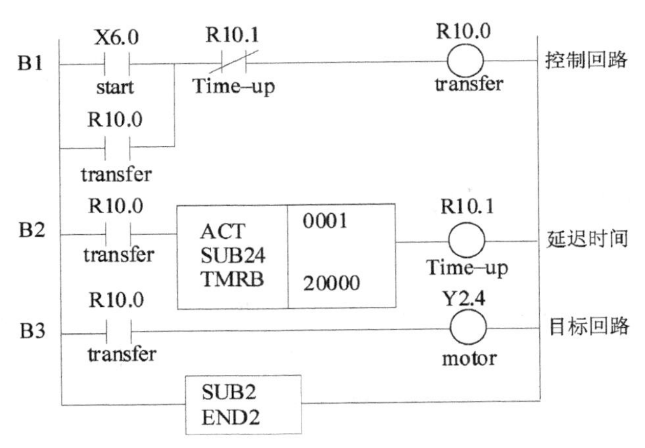

图 2-14　瞬时启动、延时停止的梯形图程序

在原有基础上，把控制要求作适当修改成图 2-15 所示的控制任务时序图，可见与图 2-13 所示控制时序图的差异，前者的延时时间与按键何时松开没有关系，而这个问题的关键点是只有当按键 X6.0 松开后才可以启动 20s 定时器。根据控制要求，编写的梯形图程序如图 2-16 所示。该程序使用了 X6.0 的一对共轭节点，以此来达到“按下”不启动延时，而“抬起”时启动延时的控制要求。

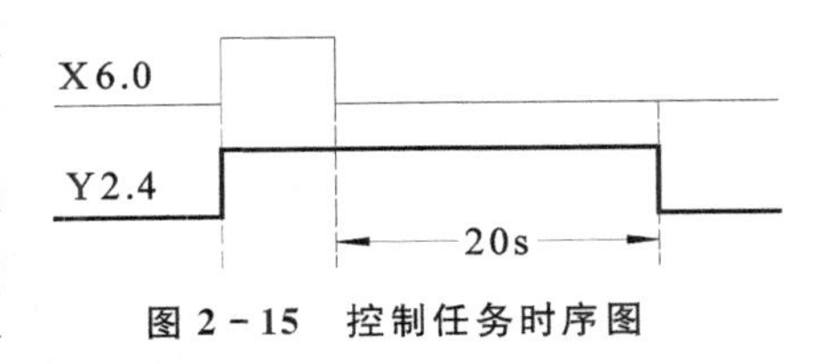

图 2-15　控制任务时序图

通过这个形式相似又有着本质区别的例子，我们可以知道定时器的使用具有很大的灵活性。为了增加程序的可阅读性，这里也提供了地址和符号两种变量，以达到见名识意、疏通思路的作用。

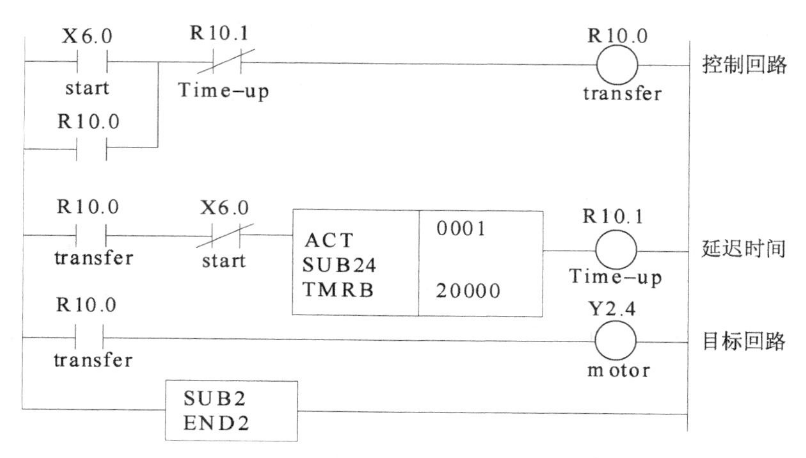

图 2-16　瞬时启动、延时停止的梯形图的另一种实现方法

2.5　若干个定时器的编程

实际工作中，我们可能会遇见 2 个或 2 个以上的定时器同时使用的情况，一方面，我们可以采用多个定时器实现多个时间的相加；另一方面，我们可能还会遇见时间计算上的“重叠”要求，这种情况要比单纯的时间相加要复杂一些。图 2-17 所示为具有时间“重叠”特征的时序控制图，我们首先分析这个时序图：按下 X6.0，设备 Y2.5 瞬间启动，延时 3s 之后，设备 Y2.4 启动，两个设备共同运行 4s 后，设备 Y2.5 停止，以后设备 Y2.4 再单独运行 3s 后停止。显然，中间这个阶段具有时间的“重叠”性特点。

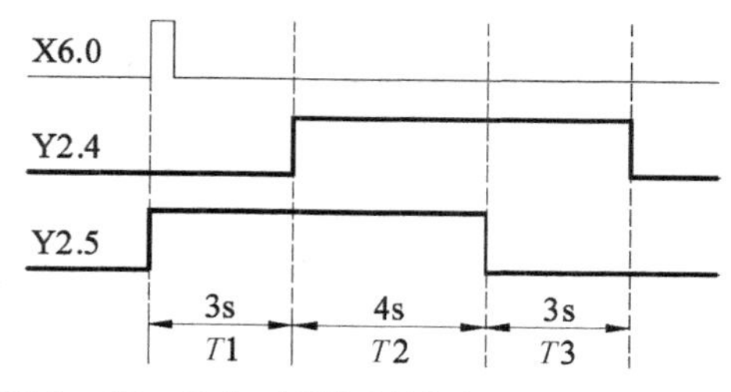

图 2-17　具有时间“重叠”特征的时序控制图

在根据这个时序图编写程序时首先要考虑使用几个定时器。如果以某设备总的运行时间为依据，则 Y2.5 是由 $T1$ 和 $T2$ 时间段组成，设备延时时间为 7s；Y2.4 是由 $T2$ 和 $T3$ 时间段组成，设备延时时间也是 7s，这样这个程序可以

采用 2 个 7s 的定时器。就这个时序图的要求而言，这样的定时器选择方案似乎没有问题。另一方面，如果我们设想这个工艺控制流程可能会发生变化并引起时间的重新修正，如仅仅修改 $T2$ 时间段，将其由 4s 改为 8s，这样我们就要在两个定时器中同时修改定时器的设定值，还要考虑到计算问题，这对于程序维护来说是不合理的。所以，在这个时序图比较明确的情况下，建议采用 3 个定时器比较合理。

图 2－18 所示为采用 3 个定时器的具有时间“重叠”特性的时序控制的梯形图，其中 B1 是具有启动和停止功能的控制模块；B2～B4 分别代表 T1～T3 时间段；B5 和 B6 是设备的执行模块。在梯形图的右母线进行注释时，这里采用的是简略中文，其目的是疏通原意。本数控系统目前只能采用英文注释，而且字符的个数是有限制的，尽管如此，这些有限的字符空间还是允许你写出独特的注解，而且写出的注解要符合英文表达习惯，注意前后关键字的统一，这对于编写大型程序是非常有帮助的。

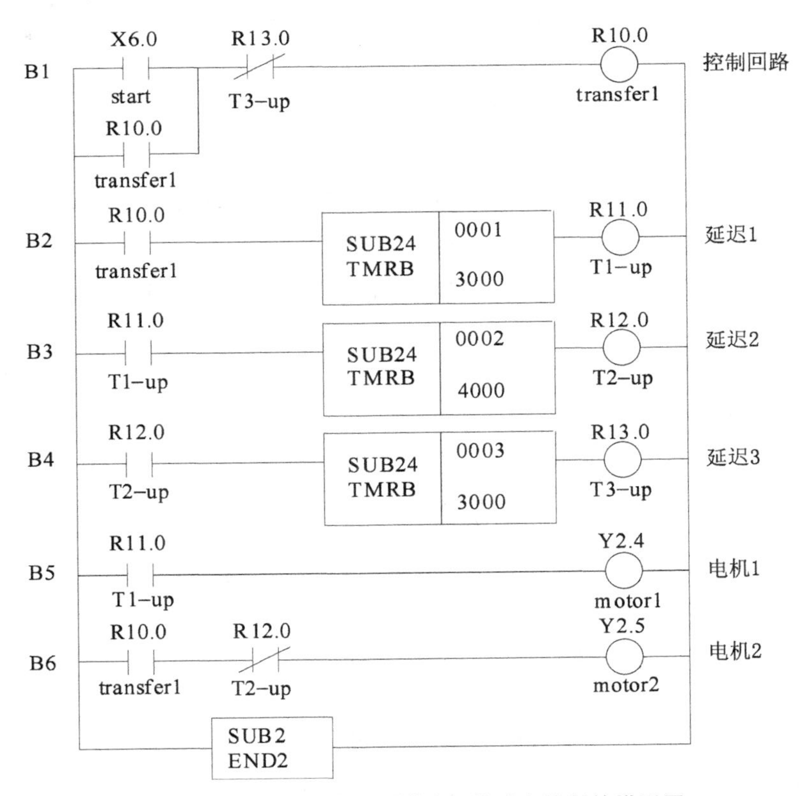

图 2－18　具有时间“重叠”特征的时序控制的梯形图

2.6 固定式计数器

计数器是一种广泛使用在控制系统中的一个重要元件，其应用包括：流水线上工件的计数、车轮转速测试中的可逆计数以及高速计数等，特别是高速计数比起实际流水线上工件计数的要求更高，如频率更高，有些需要特殊接口处理等。在传统的电气行业一般不使用硬件形式的计数器，而在仪表行业中也有使用独立式的硬件计数器，但是其性能远不如 PMC 中的计数器优越。本数控系统中有多种类型的计数器，这里首先从固定计数器入手来了解其基本特性。

《梯形图语言编程说明书》对于功能号 SUB56 的计数器进行了如下的描述：

CN0：计数器的初始值设定。0：表示从 0 开始计数，1：表示从 1 开始计数。

UPDOWN：可逆计数方向设定。0：表示加计数，1：表示减计数。

RST：计数器复位端。加计数时，复位成 CN0 设定的初始值；减计数时，复位成计数器的预设值。

ACT：计数器信号输入端。当收到上升沿信号时进行加 1 计数，并更新计数值。

计数器号：使用第几号计数器。不同的数控系统其计数器个数是不同的，0i - Mate TD 的计数器个数为 1～20 个。

预置值：使计数器产生控制动作的数值。数制形式为二进制数，数值范围为 0～32767。

图 2 - 19 所示为根据这些特性绘制的引脚分布图，以后出现的同类型的计数器功能模块均来源于此。

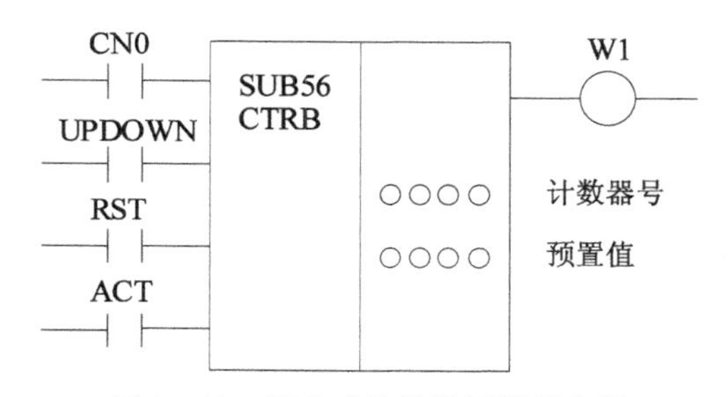

图 2 - 19 固定式计数器引脚分布图

这里通过几个例子来说明固定式计数器的使用方法，并理解它的相关特性。

【例 4】 通过 X6.2 进行计数，到达关键值 8 时设备 Y2.4 产生输出，通过 X6.1 使计数器复位。控制任务的计数器时序图如图 2-20 所示。

【解】 根据控制任务所要求的时序关系编制梯形图如图 2-21 所示。CN0 端接的是 R9091.0，表示计数器从 0 开始计数；UPD（UPDOWN）端也接 R9091.0，表示正方向计数；X6.2 接入计数器输入端，通过外部钮子开关的“合上-断开”动作可以产生计数脉冲，当到达计数器关键值“8”时在 Y2.4 设备上会得到一个输出信号。请注意：当计数脉冲大于关键值“8”以后，当前计数值会从 0 开始重新计数；在计数关键值之内，接通 X6.1 可以使其复位。另外，其中的“1”表示 1 号计数器，“8”表示计数关键值。

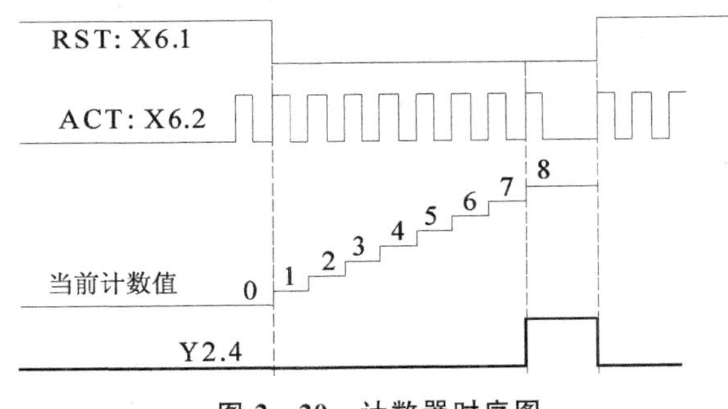

图 2-20　计数器时序图

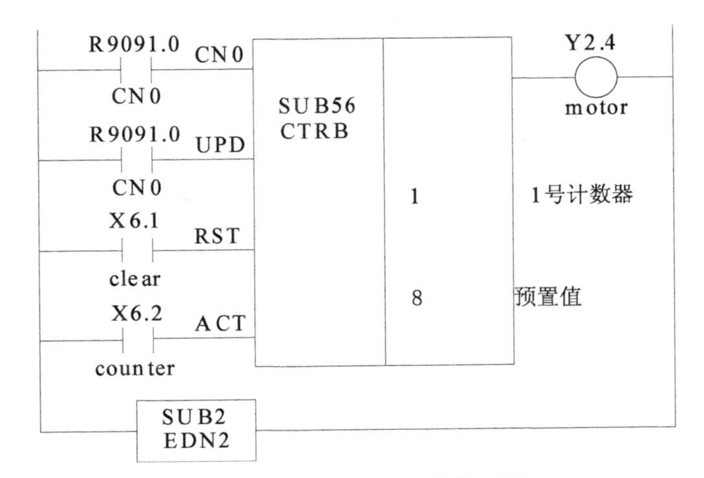

图 2-21　固定式计数器梯形图

这个计数器除了能够接受来自钮子开关、接近开关外以及流水线工件计数开关信号外，它还有一个非常优良的特性，可以接受宽度持续非常窄的脉冲并正确计数，也就是说。它具有高速计数器的特性，下面这个例子可以说明它在这方面的用途。

【例 5】 根据图 2－22 所示窄脉冲序列编写梯形图程序。

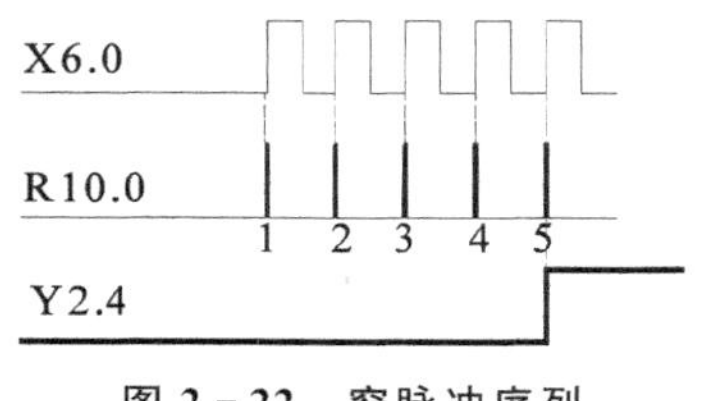

图 2－22 窄脉冲序列

【解】 窄脉冲产生的方法有许多种，常见的可以通过信号发生器来产生，这里通过按钮扫描方式得到宽度非常窄的脉冲序列。根据图 2－22 所示的窄脉冲序列现编制的梯形图如图 2－23 所示。

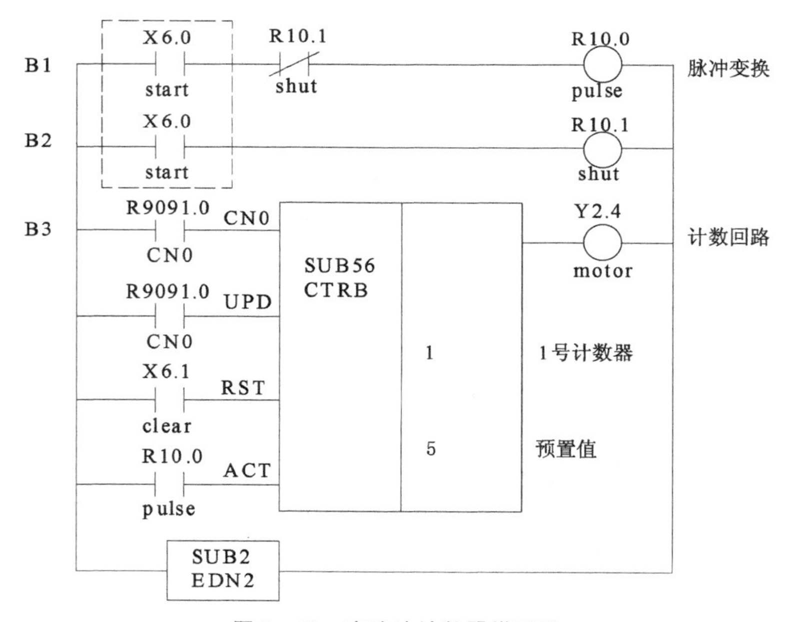

图 2－23 窄脉冲计数器梯形图

在该梯形图中，在 B1 和 B2 模块中均有 X6.0 语句，当按下该键时，它们同时闭合，由于语句的执行是按照扫描方式进行的，在扫描到第一行语句时，R10.0 线圈迅速得电，而在扫描到第二行语句时，由于 R10.1 线圈和常闭节点的作用，R10.0 线圈又迅速失电，而“得电-失电”所持续的时间仅仅是系统从第一行扫描到第二行的时间，这个时间间隔是非常短的，R10.0 的常开节点接入计数器输入端 ACT，在这样窄的时间宽度内，计数器依然能够正常计数而不产生丢失，因此该计数器具有非常好的工作特性。

2.7 外置式计数器

《梯形图语言编程说明书》对于功能号 SUB5 的计数器进行了如下的描述：

CN0：计数器的初始值设定。0：表示从 0 开始计数，1：表示从 1 开始计数。

UPDOWN：可逆计数方向设定。0：表示加计数，1：表示减计数。

RST：计数器复位端。加计数时，复位成 CN0 设定的初始值；减计数时，复位成计数器的预设值。

ACT：计数器信号输入端。当收到上升沿信号时进行加 1 计数，并更新计数值。

计数器号：使用第几号计数器。不同的数控系统其计数器个数是不同的，0i - Mate D 的计数器个数为 1～20 个。

注意：计数器关键值需要在 PMC 画面的计数器栏目中显示并设定，这点与固定式计数器是完全不同的。固定式器所使用的序号和计数器值都是在程序中的同一个模块中设定的，而外置式计数器在程序中仅可以确定计数器序号，也就是，计数器序号与关键值是分离的。这样设置的目的也是考虑到修改参数而不用打开程序文本，可以保护程序的安全。图 2 - 24 所示为外置式计数器根据上述信息绘制的模块各引脚分布图。

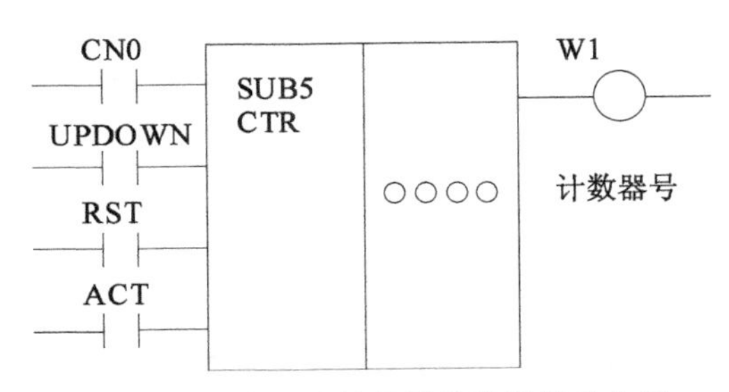

图 2 - 24　外置式计数器模块引脚分布图

下面通过一个例子来说明外置式计数器的使用方法。

【例 6】 根据图 2 - 20 所示的控制任务的计数器时序图，试用外置式计数器编制该梯形图程序。

【解】 根据工作任务编制的梯形图如图 2-25 所示。该梯形图与固定式计数器相比，其功能号由 SUB56 变为 SUB5，功能名称由 CTRB 变成 CTR，计数器号为 19，程序中则看不到计数器关键值。

由于该计数器功能的特殊性，这里还要说明计数关键值的设置方法。通过屏幕操作命令，进入到 PMC 维护画面中的参数设置栏，将光标移动到第 19 号计数器，用键盘命令将设定值写成“8”，而分配地址为 C0072～C0075，共占用 4 个字节，其最大的计数值是 $2^{32}-1$。当然，这个数值是很大的，当前已经接收到了计数值为 5，由于未到达设定值，故计数器还未输出。图 2-26 所示为该参数设置的情况，其他不同序号的计数器设置方法相同。

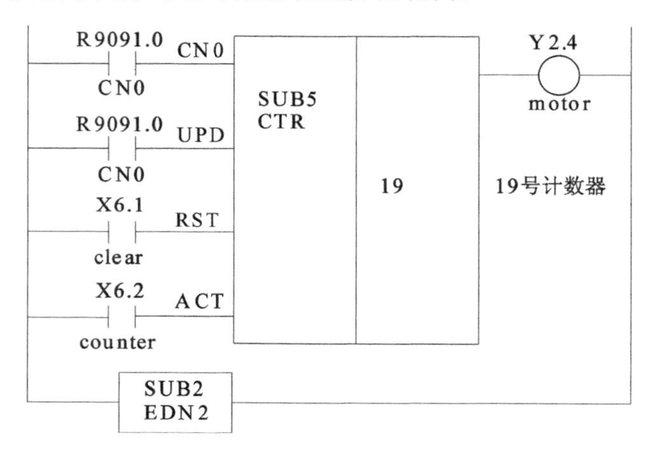

图 2-25 外置式计数器梯形图

PMC维护			执行...
PMC参数(计算器)二进制			
计数器号	地址	设定值	现在值
17	C0064	0	0
18	C0068	0	0
19	C0072	8	5
20	C0076	0	0
⁝		⁝	

图 2-26 外置式计数器参数设定画面

2.8 典型处理方法

定时器、计数器和脉冲信号处理在数控机床 PMC 程序设计中应用非常广泛，一方面，我们可以阅读别人书写的一些 PMC 程序来扩展我们的思路；

另一方面，我们在阅读别人书写的代码基础上做一些总结，这样可以归纳出一些具有规律性的处理方法，以便于我们更好地理解别人编写程序的特点。更重要的是，作为机床维修和升级改造，我们将不可避免地要重新编写原有的梯形图程序，基于这个原因，下面我们对机床梯形图设计中的一些典型处理方法进行讨论。

2.8.1 双计数器之间的关系与处理

单个计数器的使用看起来并不复杂，但是 2 个及以上的计数器共同使用，并且计数器之间还具有进位关系，这时编制程序时就要考虑周到。下面我们通过一个例子来说明 2 个计数器同时使用的方法，根据图 2－27 所示的双计数器工作时序图编制梯形图程序。

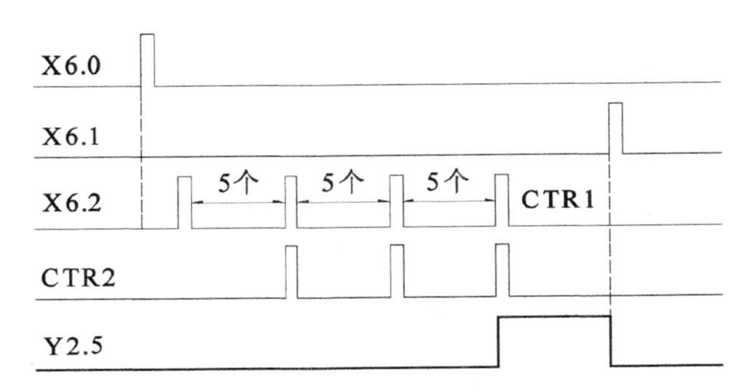

图 2－27 双计数器工作时序图

根据所提供的工作时序列图，先分析工作过程：X6.0 为启动键，启动后的任何时刻，从 X6.2 端输入计数脉冲，内部计数器 CTR1 开始计数，每计数 5 个，另一个计数器 CTR2 累计 1 个，当 CTR2 累计值为 3 时，Y2.5 产生输出，按下 X6.1 键，Y2.5 停止输出。

图 2－28 所示为实现该功能的梯形图程序，其中 B1 为功能启动模块；B2 为 5 进制计数器，在 RST 端，X6.1 为启动并强制复位端，R10.1 为计数设定值到达复位端，这两者的复位条件满足“或”的条件；B3 为 3 进制计数器，R10.2 为计数值到达时的逻辑输出端；B4 为输出执行模块，条件满足时 Y2.5 输出信号。

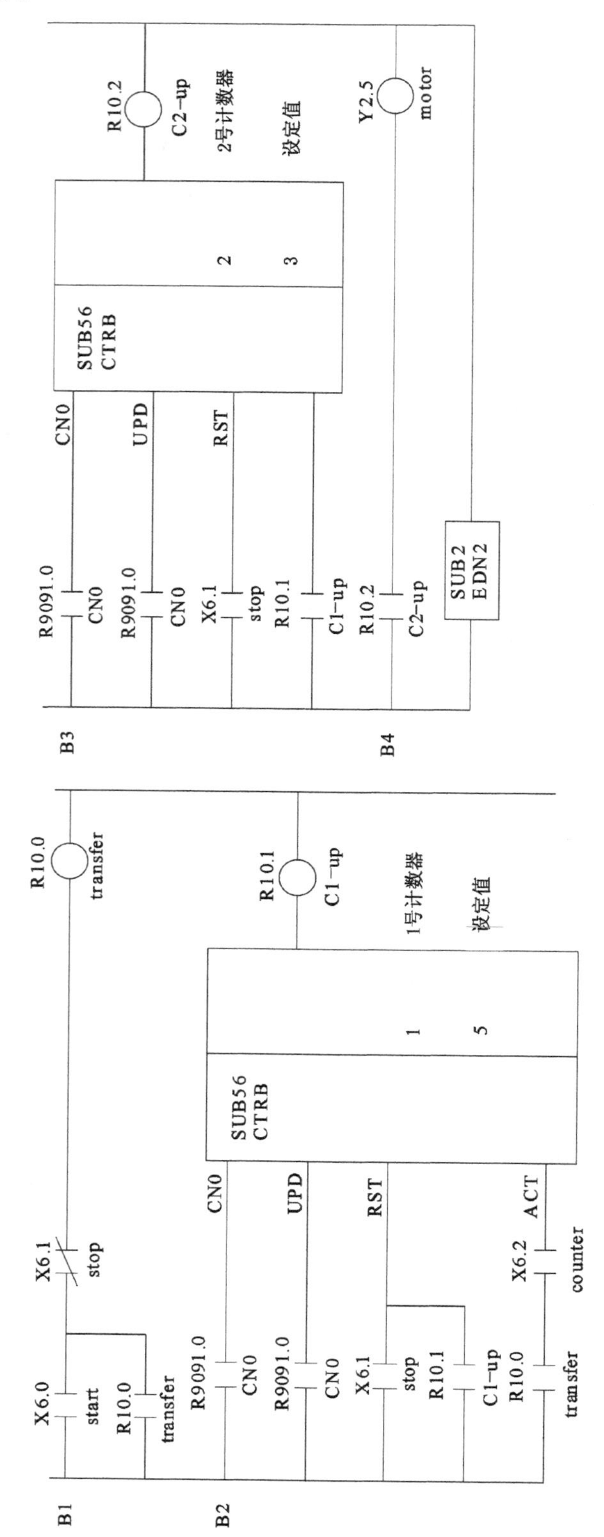

图 2-28　双计数器工作的 PMC 梯形图程序

2.8.2 先延迟后计数的处理

在一些流水线控制中，通常会将设备运行时间和工件计数混合使用，以满足后续工序的要求。图 2－29 所示为先延时、后计数的时序图，按下启动按键，瞬时启动设备，延迟 7s，然后测量计数器值为 5，计数满足后关闭设备。

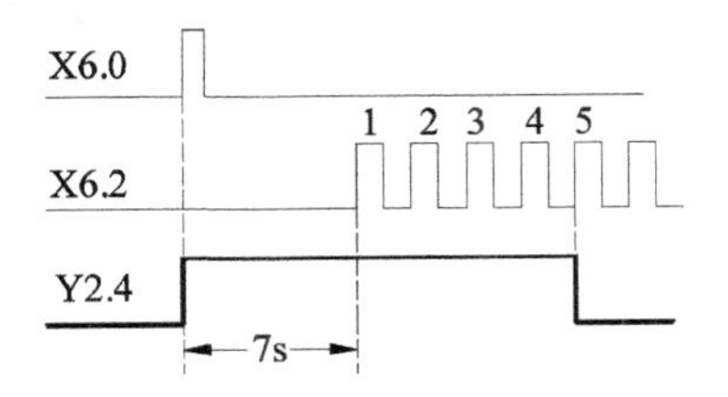

图 2－29　定时器和计数器混合时序图

图 2－30 所示是图 2－29 所示的定时器与计数器混合时序图的梯形图程序，其中 B1 为启动和停止模块；B2 为延迟 7s 模块；B3 为计数器模块。这里的

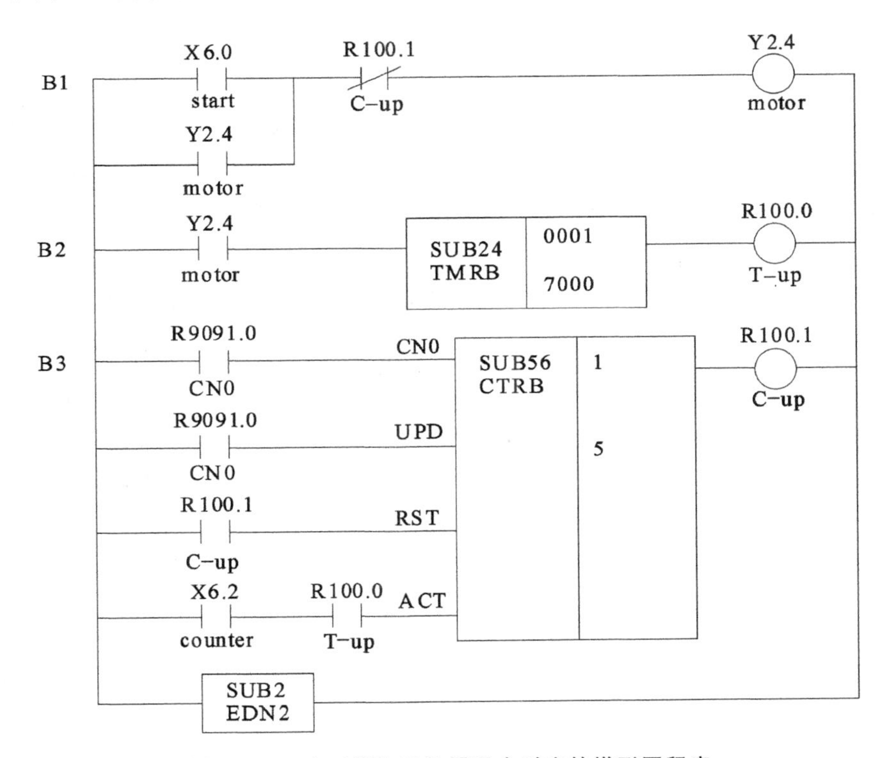

图 2－30　定时器和计数器混合时序的梯形图程序

计数器输入端采用外部开关信号，其复位信号来自 R100.1，也就是设定值到达后即复位计数器。

2.8.3 自动脉冲的读取与截断

计数器除了能够接收系统外部的脉冲信号之外，也可以接收窄幅很小的脉冲信号，这种信号可以由各种方法来产生。本例采用单个定时器来产生窄脉冲，通过自激振荡产生窄脉冲计数，其工作任务的窄脉冲时序图如图 2－31 所示。

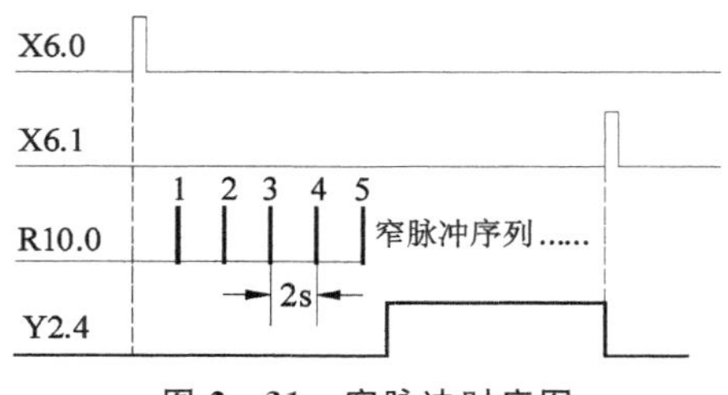

图 2－31 窄脉冲时序图

图 2－32 所示为窄脉冲时序图的梯形图程序。现在对该梯形图作一个简单的说明：其中，B1 为功能启动和停止模块；B2 为窄脉冲发生器，其工作原理如下：在 B1 模块有效的情况下，R10.0 常闭节点首先处于闭合情况，这样 1 号定时器启动延时，2s 之后，R10.0 线圈瞬间输出一个高电平，同时 R10.0 节点迅速断开，定时器失去电能而复位，R10.0 的线圈输出也立即变为零电平，R10.0 的常闭节点再次闭合，形成下一轮的延时，在这个周而复始的变化过程中，输出的高电平时间是非常短暂的，相邻两个脉冲之间的时间为 2s；B3 为计数器单元，其中 ACT 是计数器输入端，它接收的是 R10.0 的信号；B4 为设备启动与停止模块，当计数器到达设定值时，R10.1 节点闭合，设备 Y2.4 线圈闭合，这样就满足了本题目的启动要求，而当按下 X6.1 时候，Y2.4 线圈就失去电能，同时 X6.1 也使计数器清零，以便下一次执行这个程序。

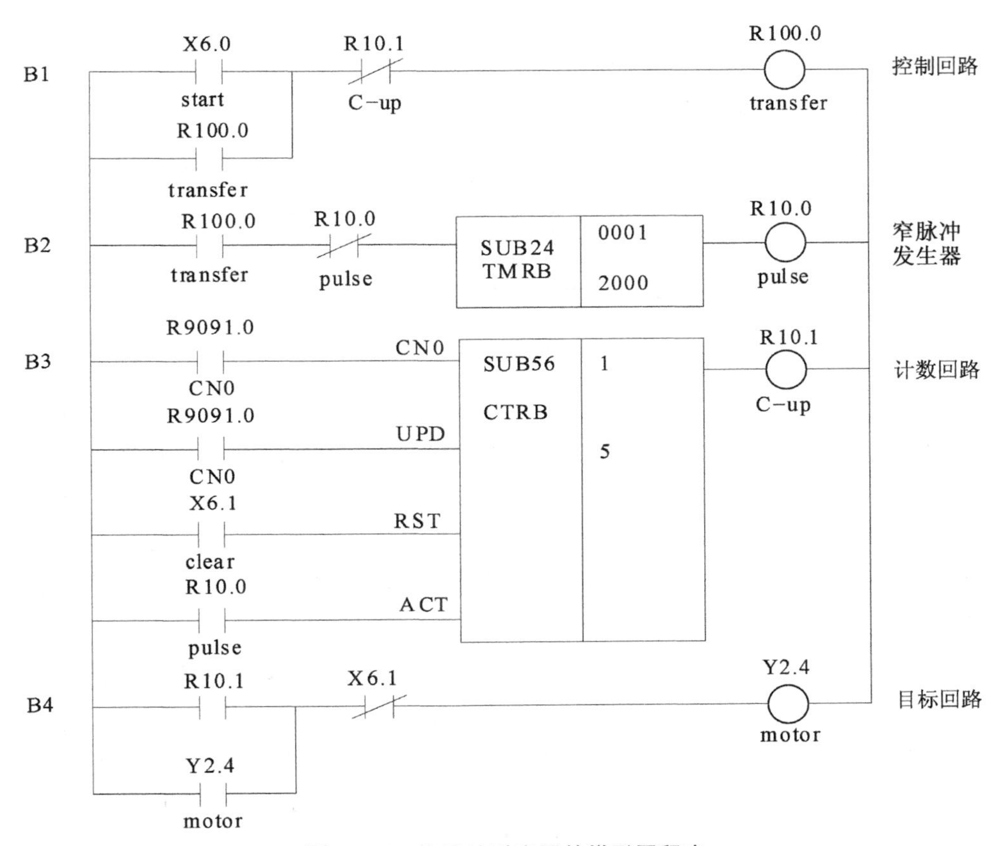

图 2－32　窄脉冲时序图的梯形图程序

关于多余脉冲的截断问题。在 B3 模块中，当计数器的当前值到达设定值 5 的时候，其 R10.1 线圈得电，它使 B1 模块中的 R10.1 常闭节点断开，这样就使得 B1 模块处于停止状态，这时 B2 模块中的 R100.0 常开节点断开，使得振荡器停止，R10.0 线圈也不再输出周期变化的脉冲信号，这个过程就是脉冲的截断。脉冲的截断使得计数器模块不再接受多余的脉冲，有效地防止了计数器的误动作。当然，计数器数值的截断有许多种方法，这里只是提供了一种解决问题的方法，读者也可以考虑其他更好的方法来解决多余脉冲的截断问题。

2.8.4　混合时序的一种实现方法

在流程工业中，各种设备的启动或停止顺序都要受到流程图的制约。这种流程图通常采用时序图的方式提供给梯形图的编程者，用户单位也是依据时序图来确认或验收该工作程序是否符合工艺要求。图 2－33 所示为一种典型的混合时序流程图，现在对该时序图作一分析。

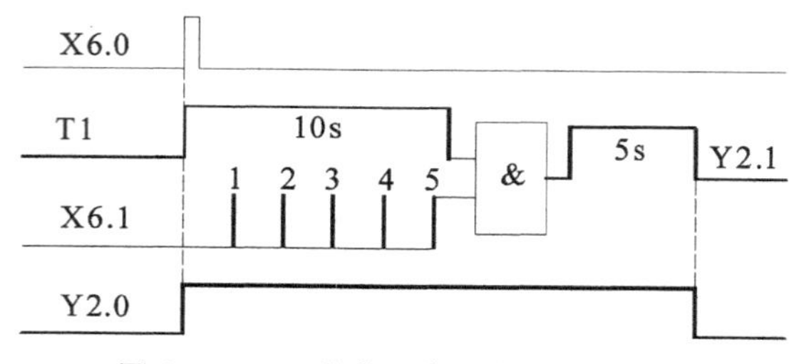

图 2-33 一种典型的混合时序流程图

按下 X6.0 启动键，设备 Y2.0 瞬时启动，而该设备的停止要受到时序图中间两个条件 T1 和 X6.1 状况的约束。从图中看，这里可能有三种可能的情况出现，情况 1 可以理解为：在 10s 中内收到由 X6.1 发出的 5 个脉冲，这两个条件同时满足后，Y2.1 启动 5s 后并停止，此后 Y2.0 也停止运行；情况 2 可以理解为：在 10s 钟内 X6.1 并没有发出规定的脉冲信号，这时后续的动作是不会继续执行下去的，这时也就出现了等待现象，只有“与”逻辑完全满足后才能进入下个环节；情况 3 可以理解为：在 10s 开始之前，X6.1 已经发出计数脉冲，显然，在 10s 之前发出的脉冲应该是无效的，这一点应该在程序中通过条件加以制约。

图 2-34 所示是根据混合时序流程图编写的梯形图程序，其中 B1 为启动与停止模块；B2 为 10s 延时模块；B3 为在规定的 10s 内的计数器模块；B4 为规定时间内并且计数器设定值到达的“与”逻辑判断模块；B5 和 B6 为逻辑“与”满足后的短脉冲形成模块，脉冲发出点为 R20.0；B7 为由脉冲 R20.0 启动的模块，对象为 Y2.1；B8 为一个 5s 延时模块，时间到达后使 Y2.1 和 Y2.0 设备同时停止。

当然，这个程序本身还有一些不足。其一，时序图的原始含义是在 10s 内接受 5 个脉冲，如果超过时间，脉冲应当视为无效，这一点可以作为“异常出口”处理；其二，本程序没有对可能多余的脉冲进行“截断”处理。显然，如果把这两点加以完善，这个程序也会变得很复杂了，目前将程序处理成这个样子，主要还是为了从程序的主干功能来考虑的，在实际的工作中应该尽可能考虑完善。关于“异常出口”问题在下一章中会专门针对这个问题进行处理。

总体而言，这段程序写得比较长，比较容易理解，但是还是有优化空间的。你可以把有些过程进行简化，如 B4 和 B5 模块就可以去掉，同时一些传递变量若进行修改，可以使程序变得简短。实际应用中，程序过于简短会增加阅读的难度，因此这需要进行综合考虑。

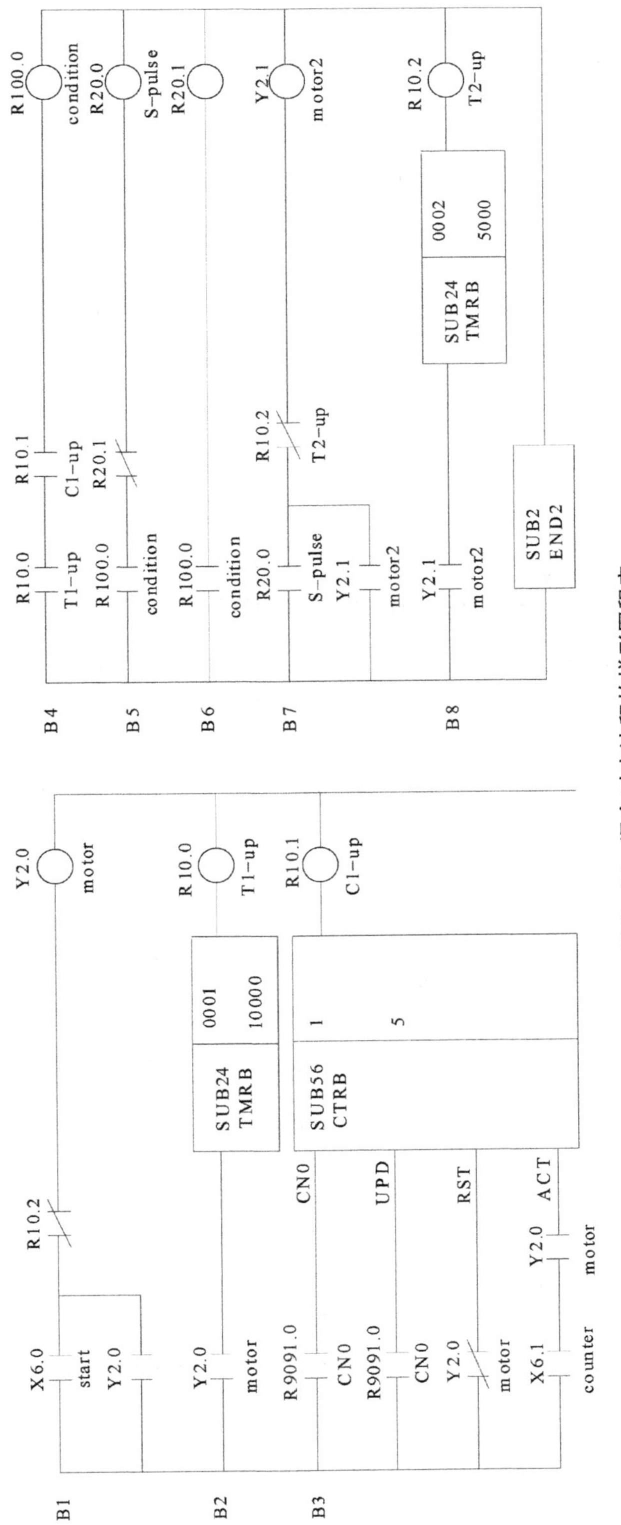

图 2-34　混合时序流程的梯形图程序

2.8.5 周期控制

在一些机械装置运行过程中，通常需要周期性地加入润滑液以减少运行中的摩擦阻力，即润滑电机的启动和停止的时间间隔应根据要求进行改变，这个工作就可以通过程序来实现。图 2－35 所示为周期性润滑控制信号时序图，从所提供的时序关系来看，按动 X6.0 启动键后，Y2.3 的输出呈现周期性的变化：5s 时间内为低电平，1s 时间内为高电平，以后呈现周期性的变化，按下 X6.1 后动作停止。

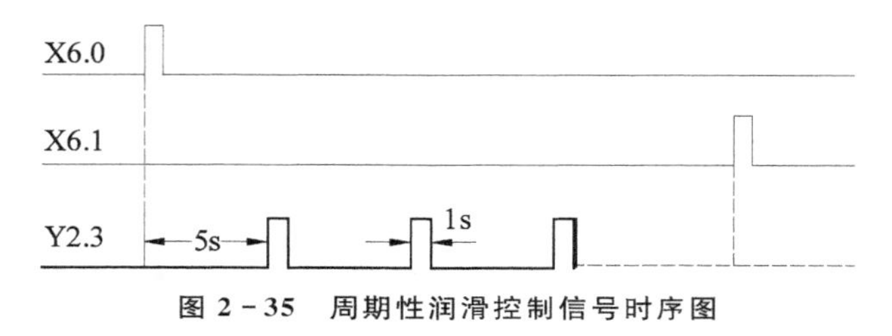

图 2－35 周期性润滑控制信号时序图

根据控制要求编写的梯形图程序如图 2－36 所示，从图中可以看出，这里采用了两个定时器，分别用于表示 5s 和 1s 的时间值，两个定时器的输出分别通

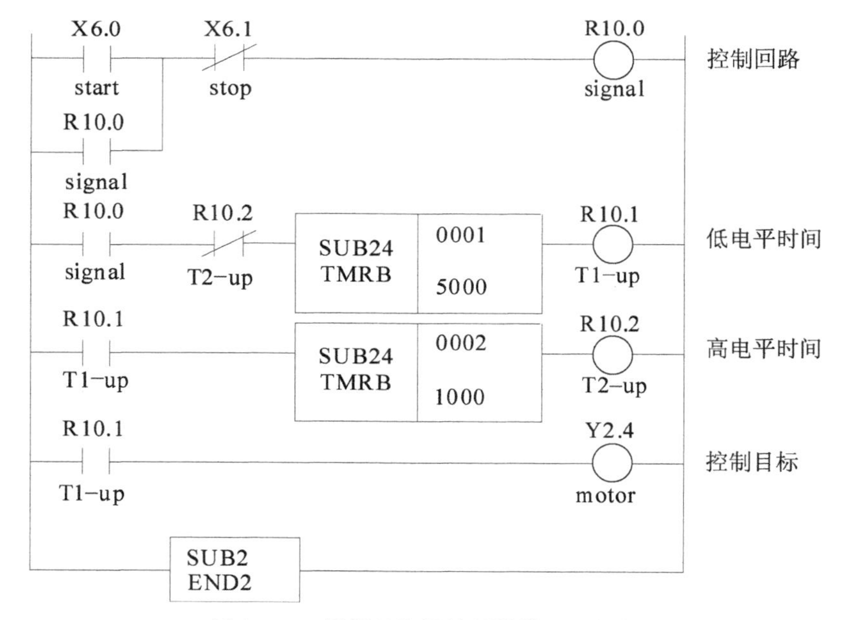

图 2－36 周期性润滑控制的梯形图程序

过中间变量R10.1和R10.2进行信号传递，以构成两定时器的交叉使用。特殊情况下，如果把定时器的设定值都改成相同值，则润滑输出的启动和停止时间是等长的。在实际使用中可以根据情况对这两个值进行任意设定，以满足实际工艺的要求。

上述的控制特点是按下启动按钮后延时5s才启动润滑控制，现在将工作任务改成启动瞬间立即启动润滑控制，以后的周期控制同前。其控制任务时序图如图2-37所示，你会发现，尽管整体的程序结构基本不变，但是具体的控制节点情况会发生相应的变化，请读者自己动手完成这个程序设计吧。

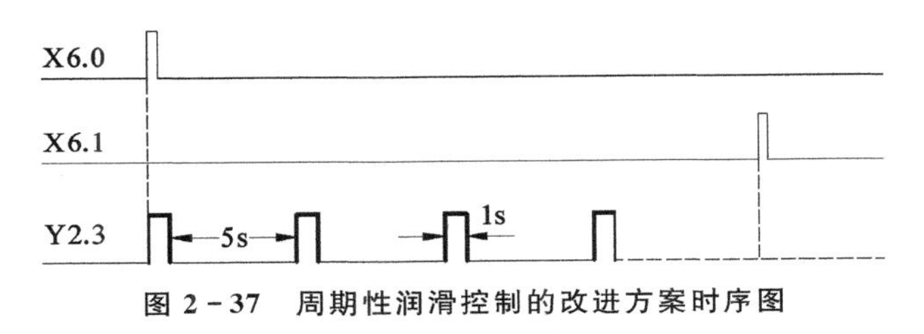

图2-37 周期性润滑控制的改进方案时序图

2.8.6 开机脉冲的引用

数控机床从冷态开始加电后PMC程序首先将执行一段例行程序，这段例行程序通常用于对外部端口进行测试或者启动一些信号灯闪烁程序，表明机器已经正式启动了，而引导这段程序执行的就是人们称之为开机脉冲信号，它是一段经典的程序。

图2-38所示为开机脉冲引导指示灯进行3次闪烁的时序图，开机后在R100.0继电器上将出现一个非常短的脉冲，然后绿色指示灯执行周期为2s的闪烁操作。

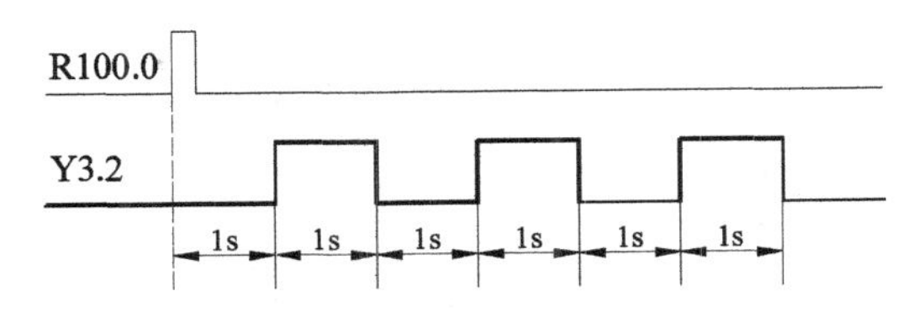

图2-38 开机脉冲引导指示灯3次闪烁的时序图

图2-39所示为开机脉冲引导指示灯实现3次闪烁的梯形图程序，图中B1和B2就是开机脉冲的经典表达形式。其中，R9091.1是系统提供的一个常“1”信号节点，开机后程序首先扫描B1模块，致使R100.0瞬间产生高电平，接着程

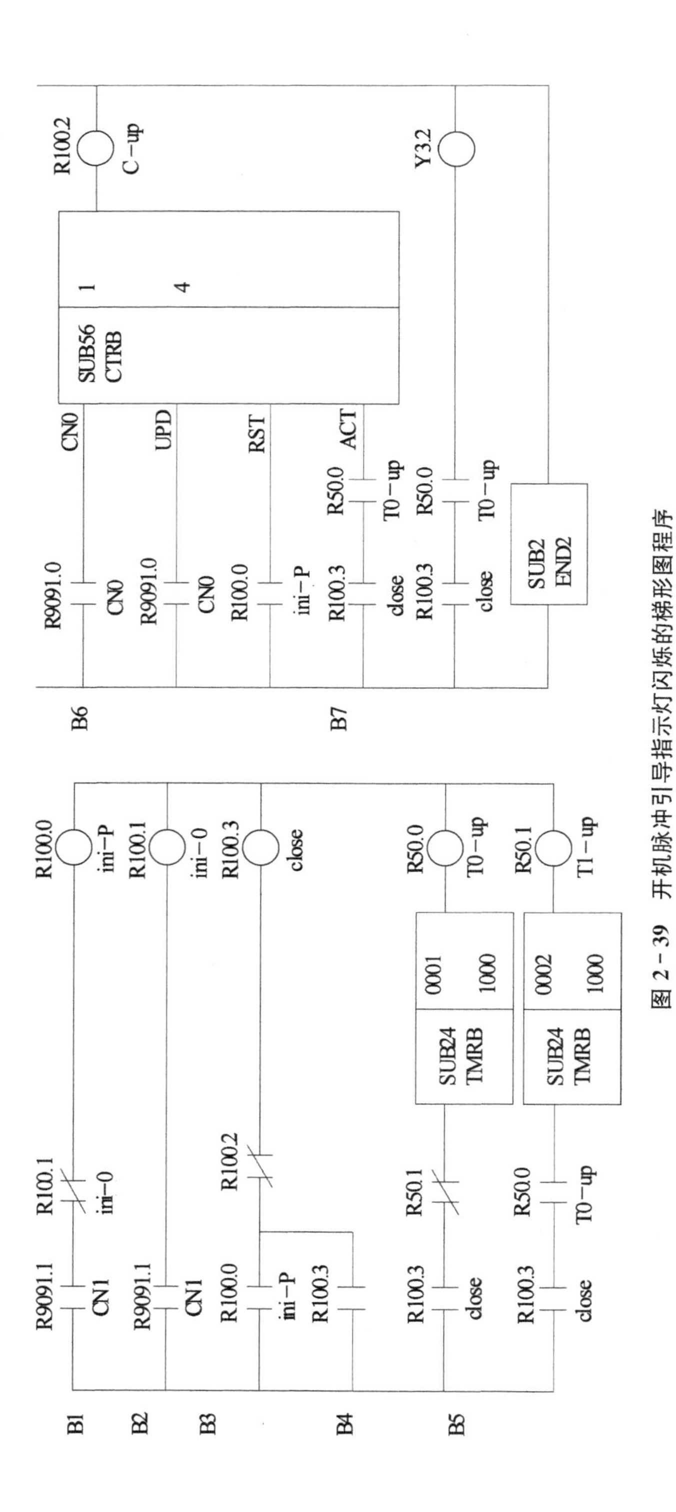

图 2-39 开机脉冲引导指示灯闪烁的梯形图程序

序扫描 B2 模块，R100.1 线圈得电，使得 B1 模块的同名常闭节点断开，则 R100.0 失电。所以，程序从 B1 到 B2 模块的扫描，就在 R100.0 线圈上产生了一个快速变化的脉冲信号，这个脉冲信号有些类似于人们用手去进行键盘的按下和抬起的动作，只是这个动作由程序来完成，用这个信号可以启动 B3 模块中的 R100.3 线圈并使之稳恒得电，其后多次用到这个线圈的同名常开节点，它实际上是起一个传递信号的作用。B4 和 B5 是由两个定时器组成的推挽式振荡器，在 R50.0 线圈上输出周期为 2s 的周期信号；B6 为计数器，这里将计数器设定为 4，这样可以保证指示灯闪烁 3 次，第 4 次是执行一个停止指示灯输出的控制信号，这个信号由 R100.2 线圈输出，从而使 B3 模块中的 R100.3 失电；B7 是在启动信号 R100.3 有效的情况下指示灯的执行回路。

这个程序段在开机情况下只执行一次，如果你想在系统有电的情况下执行这段程序，则需要在程序中再插入一些语句，如你可以用 X6.0 这个按键来启动这个程序段，这段程序可以由读者自行完成。

2.8.7 一键启动和停止

在一般工业设备中，一台电动机的运行通常是由两个按键来完成的，即一个启动和一个停止按键。在数控机床面板上，由于按键比较多，如果都用两键式排列，按键数量会非常庞大，所以数控机床通常采用一个按键来起到两个作用，即启动和停止。图 2－40 所示为一键启动与停止的时序图，按下 X6.0 时，设备 Y2.0 启动，当再一次按下 X6.0，设备 Y2.0 停止。

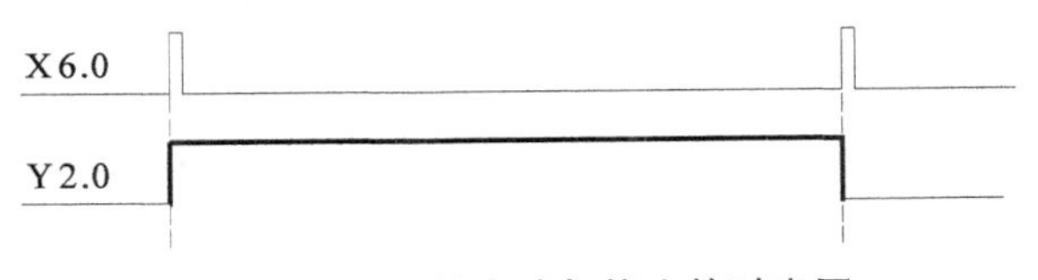

图 2－40　一键启动与停止的时序图

图 2－41 所示为根据时序图设计的梯形图程序，当按下 X6.0 按键时，程序指针首先扫描 B1 模块并使 R100.0 线圈得电；当程序指针扫描到 B2 模块时，R100.1 线圈得电，它使 B1 模块中的同名常闭节点断开，这样就使 R100.0 失电。程序指针扫描完这两行之后，R100.0 线圈上就会有一个快速变化的脉冲，这个脉冲信号就由它的同名常开节点 R100.0 在 B3 模块中形成图中的 L1 启动回路，使得 R100.2 得电。因 R100.2 得电后，使得 L2 回路中的同名常开节点闭合，同时 R100.0 的常闭节点此时也处于闭合状态，启动后形成 L2 的联锁回

路，因此 R100.2 也可以看成是起一个联锁作用的元件。此时 Y2.0 设备启动；如果要使该设备停止，则可以再次按下 X6.0，L2 回路中的 R100.0 节点瞬间断开，Y2.0 和 R100.2 也相应断开了。这就是该程序的基本原理，这段经典程序在现代数控机床程序中引用非常广泛。

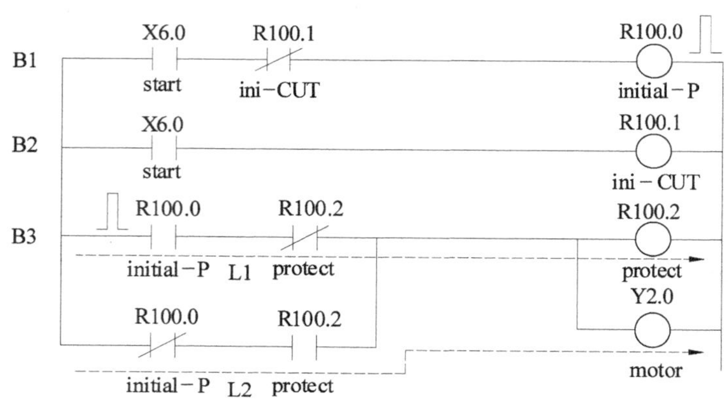

图 2-41　一键启动与停止的梯形图程序

2.9　工程项目设计

2.9.1　电动机的 Y/Δ 启动控制

在电气控制技术中，当电动机的容量大于 7.5kW 时，如果采用直接启动会对当地电网产生很大的冲击，因此这些容量超过一定等级的电动机通常要根据情况采用降压启动，比较典型的方式包括星形-三角形、转子串电阻或者定子串电抗等启动方式。现在以星形-三角形启动方式为例作一说明。

图 2-42 所示为电动机采用星形-三角形启动的一种电气连接方式，其电源电压为交流 380V，前端的熔断器和空气开关已经略去，这里假设 L1、L2 和 L3 已经带电，第一种情况，当定子接触器 KMS 和电动机尾部接触器 KMY 均接通时，电动机处于星形运行方式，每相绕组(U—U′, V—V′, W—W′)得到的电压是交流 220V，我们称为轻载启动；如果此时仍然保持 KMS 接触器的接通，但是断开 KMY 接触器，然后合上 KMΔ 接触器，这时我们看到电动机的三相绕组的连接方式发生了重要的变化。在线路中，标注有 * 号的表示这三相绕组的同名端，也就是它们具有相同的绕向，我们称之为“头”，另一端没有标注符号的

一端称之为“尾”，这里要采用“头-尾”相接的方式对绕组进行重新连接：第一相的“头”与第二相的“尾”相连，第二相的“头”与第三相的“尾”相连，第三相的“头”与第一相的“尾”相连，这就是所谓的“三角形”连接方式，这时每相绕组可以得到 380V 的交流电压，我们称为全压运行。

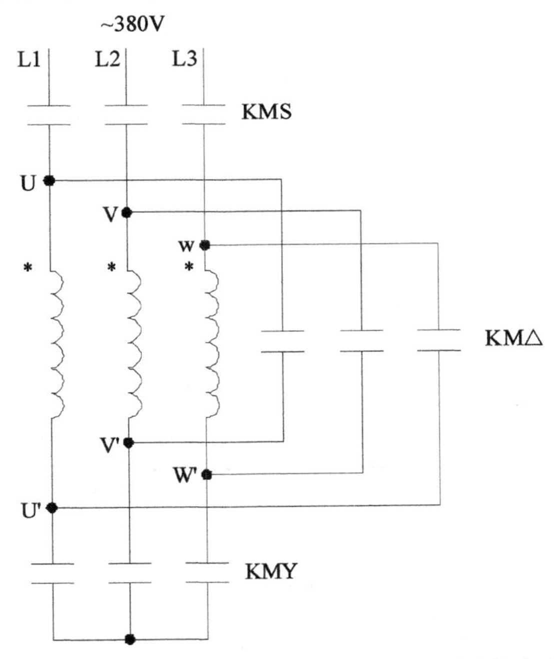

图 2-42　三相异步电动机星形-三角形启动连接方式

上述我们以三相异步电动机为对象，以 3 个接触器为工具，实现了电动机从星形到三角形方式的连接，这个过程既可以采用传统的接触器和时间继电器来实现，也可以采用可编程序控制器来实现。如果采用可编程序控制器，则需要通过编程器中的微型继电器来控制接触器的动作，表 2-2 给出了电气与可编程序控制器之间信号的对应关系。对于可编程序控制器来说，电动机的启动

表 2-2　电气与可编程序控制器之间信号的对应关系

输入信号			输出信号		
名称	设备代号	输入节点编号	名称	设备代号	输出节点编号
电动机启动与停止	SB1	X6.0	电动机定子接触器	KMS	Y2.0
			星形连接接触器	KMY	Y2.1
			三角形连接接触器	KM△	Y2.2

与停止按钮是输入信号，这里采用一键启动和停止的控制方式，位号为 X6.0，输出信号有电动机定子、星形连接和三角形连接的接触器，其位号分别为 Y2.0、Y2.1 和 Y2.2。我们可以根据刚才的分析来写出严格的时序关系图，如图 2－43 所示的电动机采用 Y/Δ 启动控制时序图，当按下 X6.0 键时，定子 Y2.0 迅速得电，1s 之后，星型接法回路也得电，这时电动机采用星形方式运转，每相绕组得到的是 220V 的交流电压，此时，虽然电动机已经启动了，由于绕组电压比较低，所以其带负载能力比较低，经过 5s 钟之后，星形接法的 Y2.1 设备停止输出，然后再延时 0.5s，代表三角形接法的 Y2.2 设备接通，此时电动机绕组上的电压是 380V，也就是电动机处于全压运行状态。

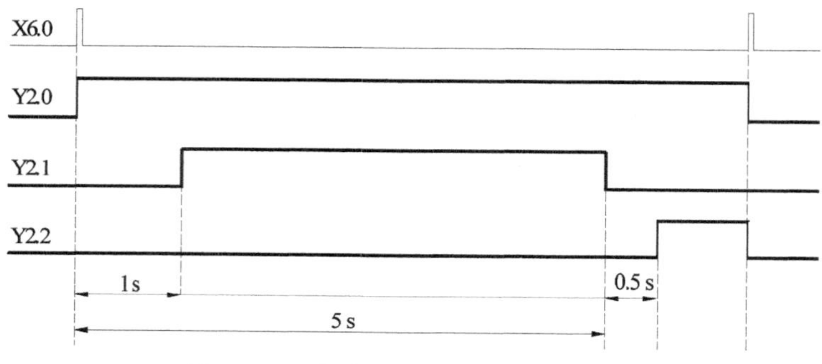

图 2－43　电动机 Y/Δ 启动控制时序图

图 2－44 所示为电动机 Y/Δ 启动控制的梯形图程序，B1 和 B2 模块实现按键扫描，当 X6.0 按下时，程序指针首先扫描 B1 模块，使 R100.0 得电，接着程序指针扫描 B2 模块，并使 R100.1 线圈得电，这使得 B1 模块中的 R100.1 常闭节点松开，R100.0 由刚才的得电状态变成失电，于是在该线圈上产生了一个变化的脉冲信号，这个信号使得 B3 模块中的 R100.0 瞬间闭合并断开，这实际上是一个启动信号，该信号首先使 Y2.0 线圈得电，使电动机的定子通上三相交流电；R100.2 线圈也得电，在 B3 模块里它起到一个联锁作用，而在 B4 模块里，它又起着信号传递作用，也就是使 1 号定时器产生 5s 的延时，同时使 B5 模块中的 2 号定时器产生 1s 的延时，1s 后 B7 模块中的 R9.1 节点闭合，其后的 R9.5(时间未到)和 Y2.2(三角形未启动)均处于闭合状态，Y2.1 线圈得电，电动机处于星形连接状态，实现降压启动；随着时间的推移，B1 模块中的 1 号定时器的 5s 延时到了，R9.5 线圈得电，这使得 B7 模块中的 R9.5 常闭节点断开，这样星形连接断开了，同时 B6 模块中的 3 号定时器启动了，延时 0.5s 后 R9.7 线圈得电，使得 B8 模块中的 R9.7 节点闭合，由于之前的星形连接已经断开，所以Y2.1常

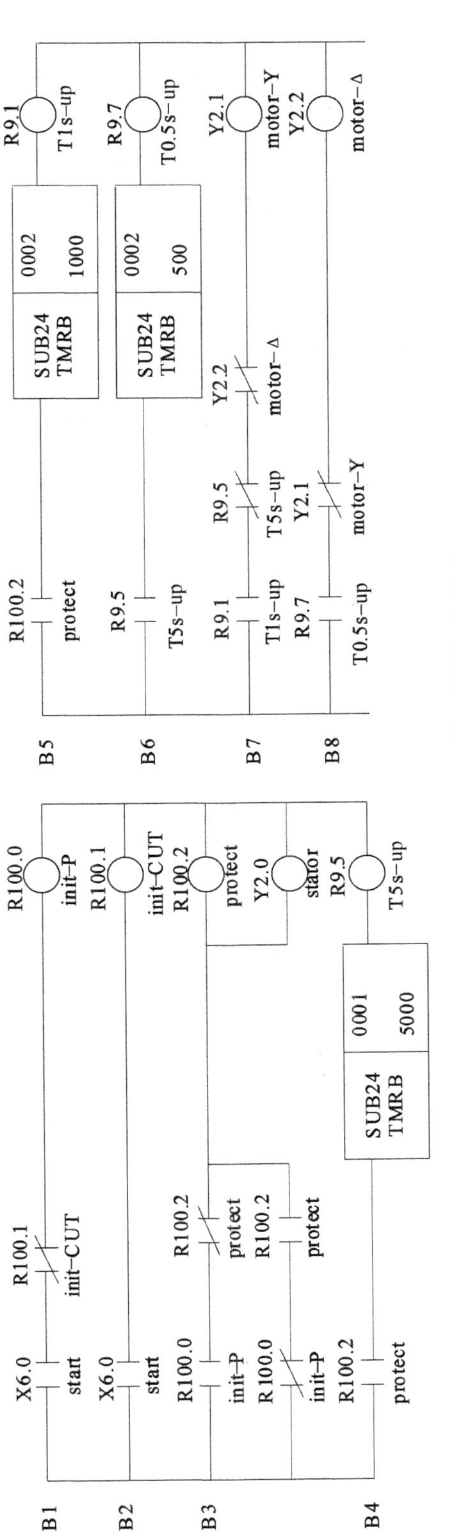

图 2-44　电动机 Y/Δ 启动控制的梯形图程序

闭节点恢复闭合，这样 Y2.2 线圈闭合，电动机处于三角形运行中，三组绕组得到 380V 交流电，电动机处于全压运行中。

在这个控制过程中，当电动机启动由星形转换成三角形时，之所以要先断开星形，目的是使后面的三角形运行与之前的星形运行有一个明显的断开点，避免造成三相电路之间的匝间短路，所以采用 0.5s 的延时，而这个时间内电动机以惯性方式运行。

2.9.2 三电动机连续启动/停止控制

多台电动机的启动与停止控制在工业流水线运行中具有重要意义。图 2-45所示为三台皮带运输机设置布置图，主要的应用背景是长距离地运送货物。其控制特点包括两个方面，其一是按照一定的顺序进行启动和停止，如启动顺序为 1 号、2 号和 3 号，停止顺序为 3 号、2 号和 1 号，或者相反，这个是根据货物运输方向来设定的；二是延迟时间的设定，由于这些电动机的容量都比较大，尽管这里设定了启动和停止的顺序，但是我们还是希望每台电动机能够按照设定的时间规律逐台启动和逐台停止，以减少同时启动给电网带来的冲击。

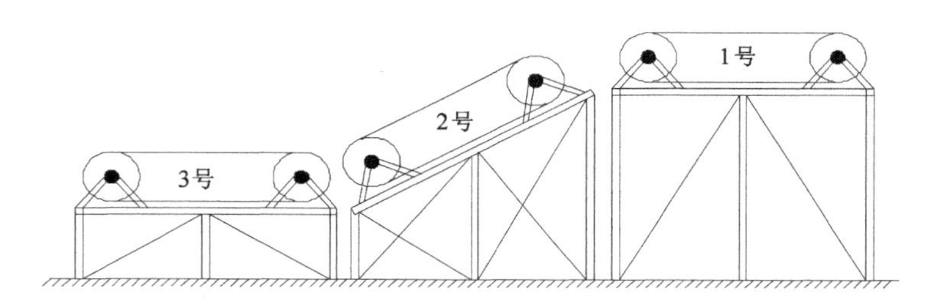

图 2-45 三台皮带运输机设备布置图

根据工艺要求设计动作时序图，如果我们希望将货物从左边运送到右边，则比较合理的启动顺序是启动 1 号、2 号和 3 号，停止顺序是 3 号、2 号和 1 号，其启动的延迟时间分别设计为 3s、4s 和 5s，停止的延迟时间分别为 5s、4s 和 3s，三台皮带运输启动和停止控制时序图如图 2-46 所示。

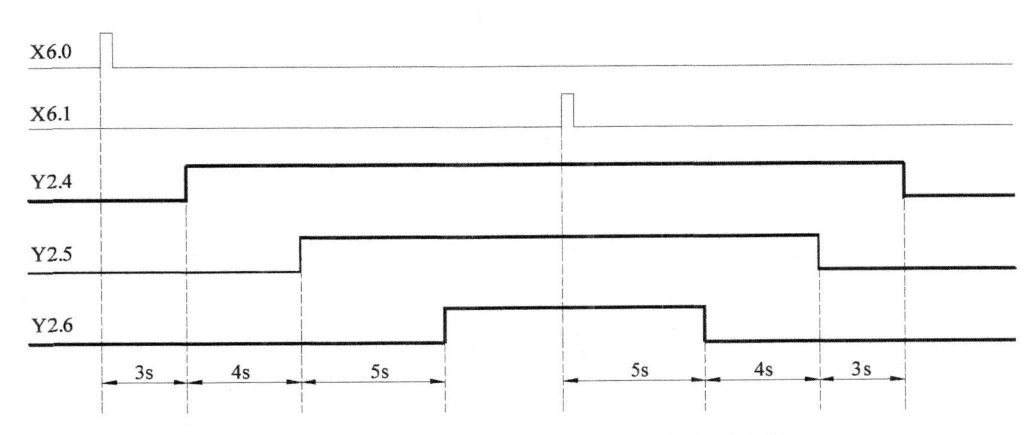

图 2－46　三台皮带运输机启动和停止控制时序图

根据时序图设计梯形图程序如图 2－47 所示。其中,B1 模块具有启动和停止作用,启动按键为 X6.0,停止按键由定时器控制 R11.4 来完成;B2、B3 和 B4 是 3 个依次启动设备的延迟时间继电器,其延迟时间根据时序图要求;B5、B6 和 B7 为设备驱动模块,R10.1、R10.2 和 R10.3 是启动三台电动机的控制节点,R11.2、R11.3 和 R11.4 是停止三台电动机的控制节点;B8 为手动停止运行模块,其按键为 X6.1,该按键按下后将执行电动机的顺序停止动作;B9、B10 和 B11 是 3 个依次停止设备延迟的时间继电器,当最后一个时间继电器作用完毕,其继电器 R11.4 将使 B1 和 B8 关闭,以等待下一个轮次的控制。

梯形图程序设计具有多样性,这里只是提出一种梯形图的设计方法,读者也可以根据自己的思路写出不同形式的梯形图程序,只是这些程序在执行过程中应该满足时序图的控制要求。另一方面,皮带机的启动和停止顺序也可以根据其他要求,如根据图 2－48 所示为另一种时序图的表达方式,只要对原来梯形图中的关键部分加以修改就可以实现这个功能。

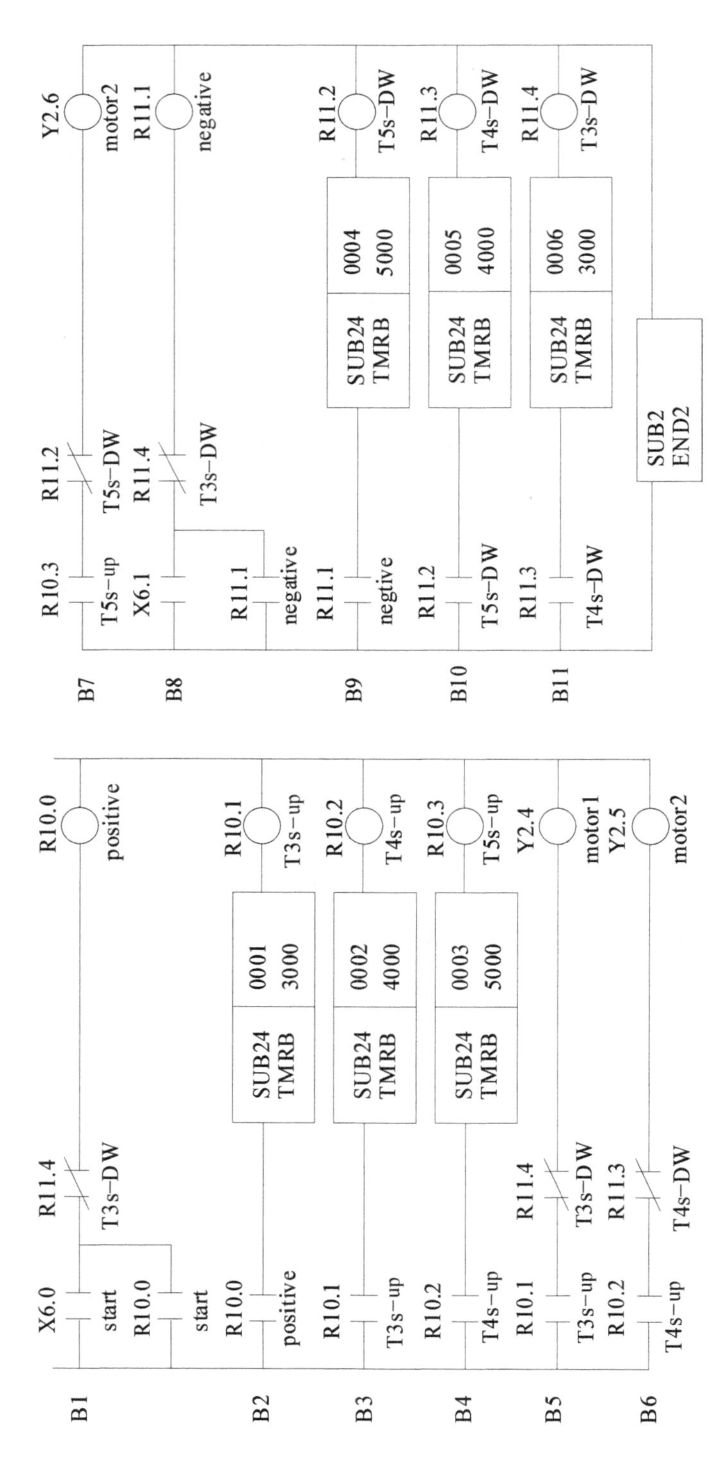

图 2-47　三台皮带运输机顺序控制梯形图程序

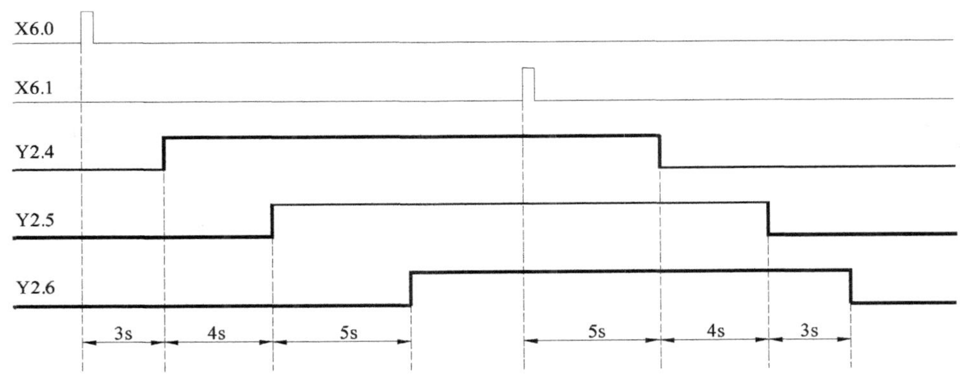

图 2－48　三台皮带运输机启动和停止的另一种时序图

2.9.3 电动机启动与测试

电动机在启动成功后，通常以主接触器吸合、定子线圈上达到规定的电压且转子以规定的速度做旋转运动为标志，但是并不是每次按下启动按钮后电动机都会启动成功，有时候，我们已经确认主接触器已经吸合，电动机并没有旋转。这个时候，比较好的方法是立即按下停止按钮，并且进行检查。若没有按下停止按钮，在检修过程中电动机可能会意外得电而转动，这时可能会对人身和设备的安全造成威胁。为了避免这种情况的发生，我们可以设计一个启动状况检测回路。

图 2－49 所示为电动机启动状态检测原理图，它主要由三部分组成，左边为 PMC 控制器，其作用是接受启动命令以及对外部发出控制指令；中间为微型继电器 REL 接口部分，主要是将 PMC 的逻辑控制关系转换成外部电气设备可以执行的信号；右边为电气主回路，其供电为交流 380V，QS 为电源开关，FU 为熔断器(起短路保护作用)，KM 为主接触器，FR 为热继电器(实现过载保护功能)，被控制对象是一台异步电动机 M。为了检测电动机旋转情况，我们在电动机的主轴上以同轴方式安装了一个速度继电器 KS，当电动机正常运转时，速度继电器中的一个检测节点就会闭合；否则，该节点断开，该节点连接到 PMC 控制器的输入接口，以便通过程序来判断该节点的状态。

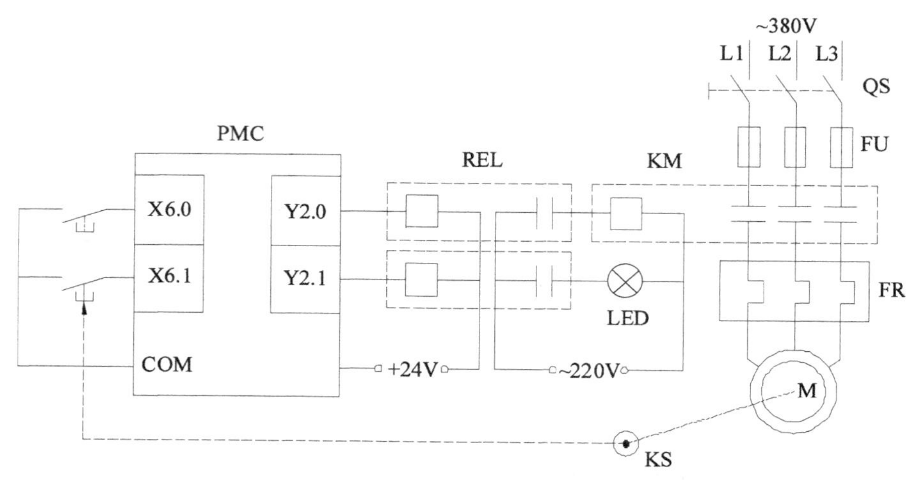

图 2-49 电动机启动状态测试原理图

正常启动状态分析：图 2-50 所示为电动机正常启动状态时序图，当按下 X6.0 启动按钮后，Y2.0 线圈瞬间吸合，通过如前所叙述的接口电路，主电机 M 实现转动；同样道理，线圈 Y2.1 吸合会使工作指示灯发光，以表明电动机处于运行状态，在电动机正常启动的 10s 内，X6.1 收到速度继电器吸合信号，表明电动机运转正常。再一次按下 X6.0 按钮，电动机停止运行。

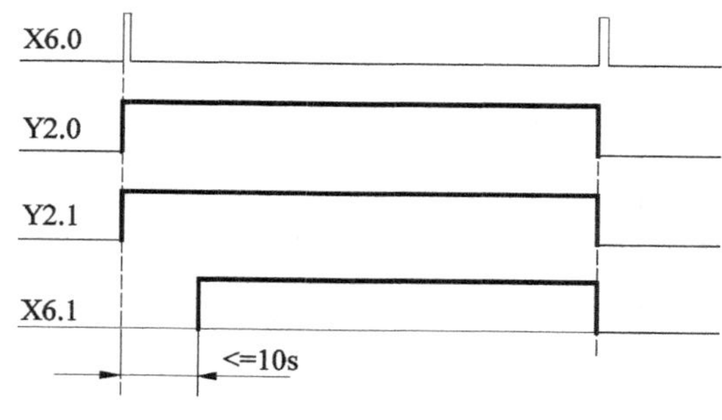

图 2-50 电动机正常启动状态时序图

非正常启动状态分析：图 2-51 所示为电动机非正常启动状态时序图，当按下启动按钮 X6.0 时，线圈 Y2.0 和 Y2.1 都得电，这表明系统发出启动电动机的信号，同时指示灯也应该会点亮，但是由于某种原因，如电源开关 QS 没有合上，或者熔断器 FU 断开若干相，此时尽管接触器也吸合了，但是电动机定子没有额定电压就无法转动，在系统等待 10s 后，由于速度继电器未发出电动机运行信号，PMC 指挥信号指示灯发出三次闪烁信号，通知现场人员电动机存在故障,之后将控制线圈 Y2.0 关闭,主接触器也释放。以下的工作就是检查故障并进行修复。

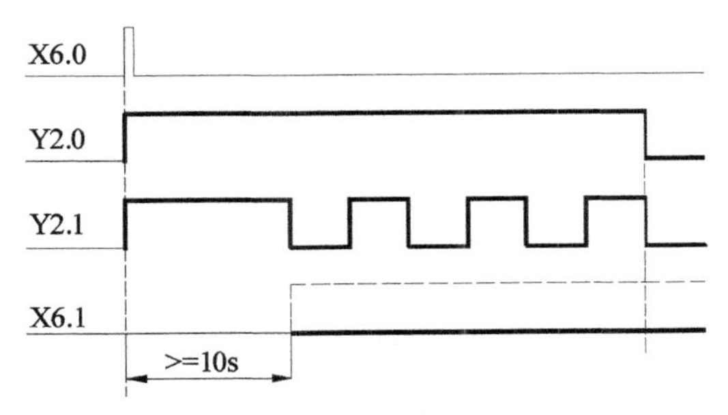

图 2-51　电动机非正常启动状态时序图

电动机的启动状态判断在实际工作中是非常有意义的,尤其在这些电动机属于系统中的重要动力设备时更应如此。例如,在液压系统中,我们不但要关心主油泵的启动方式,还要注意主油泵是否已经开启,如果已经发出启动指令,但是油泵电机没有启动,则应该迅速关闭启动状态,以免油泵的意外启动而造成人员和设备事故。除了采用速度继电器进行判断以外,我们也可以采用其他合适的继电器来判断电机的运行状态,如在液压系统中,可以在油泵出口处安装一个压力继电器,以此来判断油泵电机的运行状态,当然也可以在主电路中采用电流互感器与电流继电器形式来判断电机的运行状态。

程序结构的分析:图 2-52 所示为电动机启动状态检测梯形图程序,其中 B1～B3 是设备的一键启动和停止模块;B4 和 B5 是电动机运行状态的检测模块,其检测点为 X6.1,如果电动机在正常情况下启动并且获得速度继电器的运行确认点,则这个定时器是不会运行的,一旦该定时器启动成功,说明电机反馈信号未获取;B6、B7 和 B8 是定时器时间到的启动模块;B9 为指示灯控制模块,它分两种情况:正常运行时指示灯处于常亮状态,故障情况下指示灯处于闪烁状态,这里只闪烁 3 次后就结束了;B10 是故障状态下指示灯的计数器设置,这里的计数输入端由 R11.2 和 R9091.6 两个继电器组成,其含义是故障情况下的计数,计数器值到达后,通过 R11.3 使计算器清零,并使 B3 中的 Y2.0 失电。

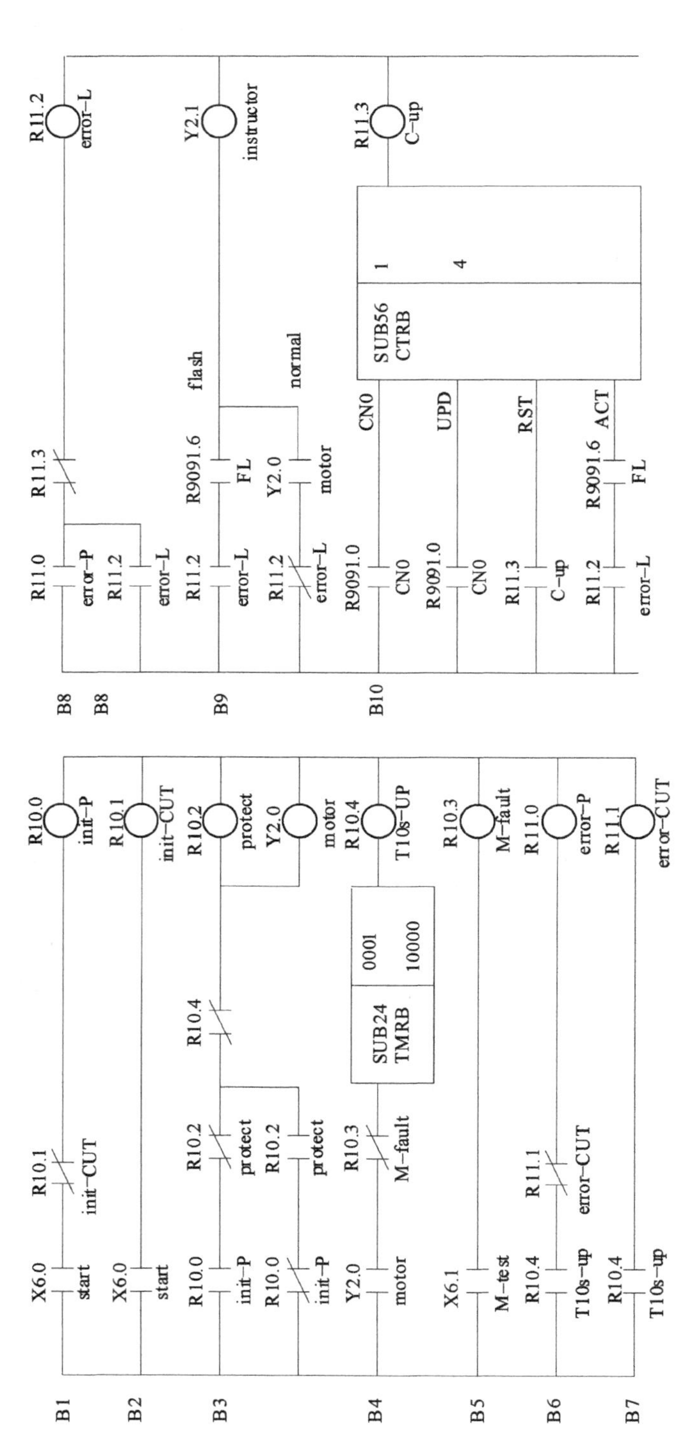

图 2-52　电动机启动状态检测梯形图程序

2.9.4 食品厂工作人员清洁流程

食品厂工作人员的个人卫生状况严重影响着食品生产的安全和消费人群的身体健康，因此当工作人员进入生产车间之前都要经过非常严格的清洁和消毒手续。我们这里以工作人员进入车间前的最基本的一个流程，鼓风清洁为例进行说明。图 2－53 所示是食品厂工作人员的一个清洁流程，工作人员从左边进入清洁室，如果前面有人，则请你等待。进入清洁室后，你首先踩在一个特殊的踏板上，踏板的下面安装有一套反力弹簧和微动开关，这样微动开关就在人体重力的作用下闭合，这个开关信号被送入可编程序控制器 X6.0 端口，通过适当的延时之后，控制器首先启动吹风电机 Y2.4 启动强力吹风程序，试图将工作人员身上的灰尘吹下来，这个时间是有限制的。例如，设定时间为 10s，时候一到，当你离开清洁室时，即在离开踏板的一瞬间，控制器立即启动强力吸风程序，试图将刚才吹落的灰尘吸出清洁室，这个吸风时间也是可以设定的，如设定 5s，这样对于一个工作人员的鼓风清洁流程就做完了，下一名工作人员的流程以此类推。

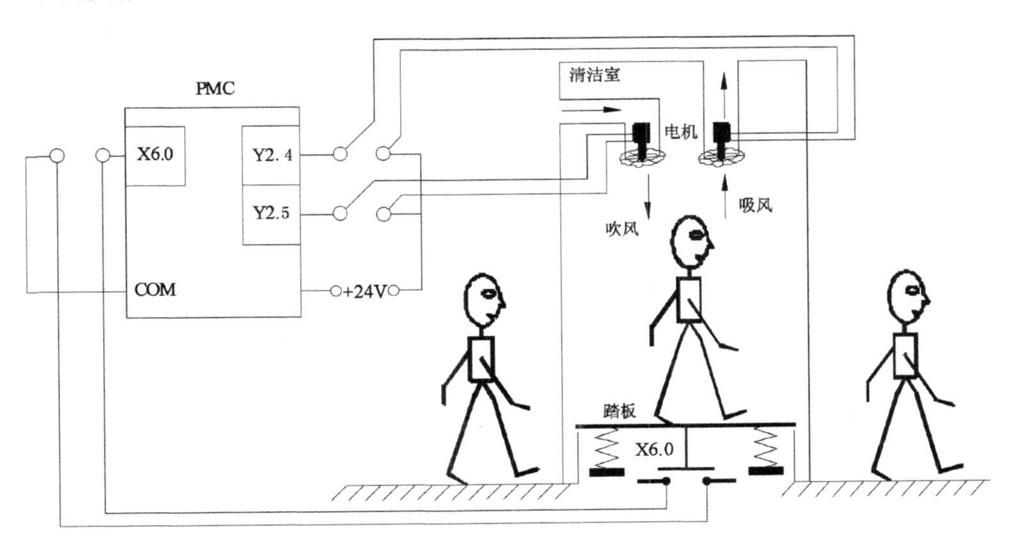

图 2－53 食品厂工作人员清洁流程

时序分析：图 2－54 所示为这个食品厂工作人员清洁流程的时序图，X6.0 为踏板采集信号，当刚踩上踏板时，要采集一个上升沿信号，并通过该信号启动 3s 等待时间，3s 后，吹风程序启动，时间设定为 10s。值得注意的是，吹风时间结束后，如果你不离开清洁室，则不会启动吸风程序，因此这里的时间 T 是任意的。其目的是允许工作人员在离开清洁室之前整理衣冠，而每个人所需要的时间可能不同，当工作人员离开踏板的一瞬间，X6.0 采集到了下降沿信号，根据这个信号程序启动了吸风动作，时间持续 5s。总之，这里的时间设定可以根据现场情况进行必要的调整。

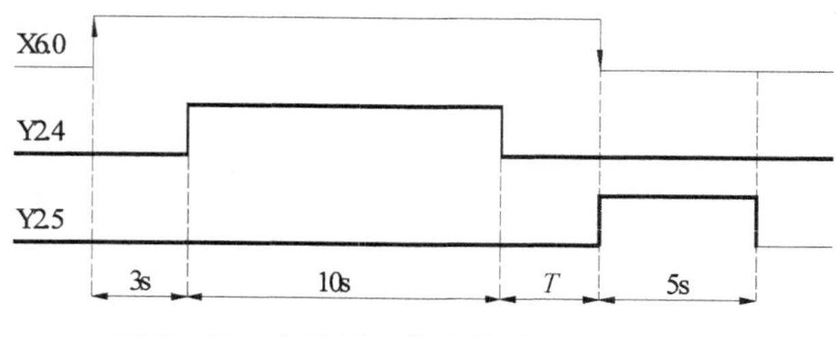

图 2－54　食品厂工作人员清洁流程时序图

梯形图程序分析：图 2－55 所示为食品厂工作人员清洁流程梯形图程序，B1 为踏板开关检测模块；B2、B3 和 B4 为踏板受力后上升沿脉冲启动模块，同时也启动吹风输出，见 B11 模块；B5 和 B6 为吹风延迟 10s 模块；B7 和 B8 为离开踏板检测模块，这里检测的是下降沿信号；B9 为吸风驱动模块；B10 为吸风延迟 5s 控制控制；B11 和 B12 为吹风和吸风执行模块。

2.9.5 活动密码设置

当人们谈及银行账户、个人邮箱或者需要登录个人信息的场合时，首先想到的是固定密码的记忆和输入，为了避免遗忘密码给输入信息带来麻烦，有些人的密码设置比较简单，因此也常有密码被窃取而造成损失的报道。实际上，固定密码无论如何设置，总是可以通过精心设计的试探算法最终解密的，这是固定密码的缺陷。今天，我们一起来设计一种基于算法判别的活动密码程序设计，由于密码的输入不是固定的，因此通过试探软件解密的困难就大大增加了。

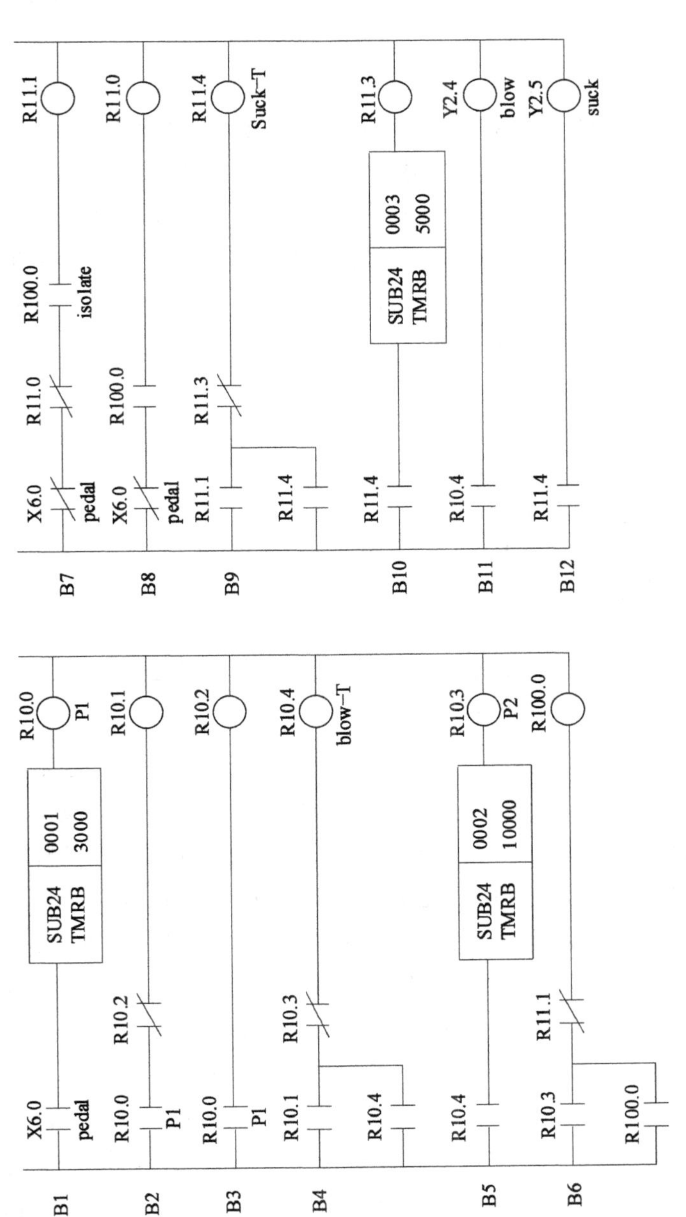

图 2 - 55　食品厂工作人员清洁流程梯形图程序

图 2－56 所示为活动密码的设置时序图，其中 X11.7 是启动解密程序的按钮；P1 是由机器自动产生的随机数，这个随机数的活动范围或者规律可以自由设计，这里为了说明原理的方便而采用了 1～50 的计数器规律产生随机数；P2 是人工输入密码的入口，其输入数据为 0～100，将机器产生的随机数和人工输入的数据同时输入到判别器进行甄别，这个判别器的算法也可以根据需要进行设计，在人工输入数据时要根据机器目前已经跳出的数据为参考，只有两者的数据之和为 100 时发出解密成功的脉冲，通过这个脉冲去启动红色信号指示灯。显然，由于不同时间其随机数是不同的，因此你输入的密码数字也不是固定的，如果不知道判别算法原理的人就无法解密。为了进一步提高解密的难度，其判别表达式也可以不做成固定的，如根据日期变化自动转换预存的判别表达式，以达到更好的密码保护效果。

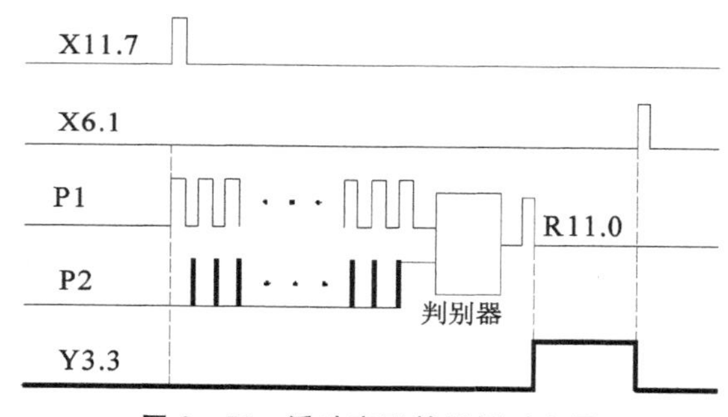

图 2－56　活动密码的设置时序图

图 2－57 所示为活动密码设置的梯形图程序，B1 模块是具有控制作用的程序段，X11.7 是启动解密过程的按钮，X6.1 是停止解密或者解密成功后关闭解密过程的按钮，R10.0 是解密允许启动信号，这个信号去启动 B2 的随机数产生模块；SUB5 为外置式计数器，其设置状态为从 1 开始计数，方向设置为加法计数，整个过程不复位，计数脉冲由系统提供的秒脉冲发生器 R9091.6 作为触发信号，这个信号来自该数控系统自己定义的专门信号，《FANUC Series O－MODEL C 维修说明书》有该信号定义的进一步信息。该计数器的设定值是存放在 C0000 单元，目前设定值为 50，而当前值是存放在 C0002 单元中，其数值范围在 1～50，以十进制数形式存放。B3 模块是将当前随机数由十进制转换成十六进制，其功能号为 SUB14，BYT 现在设置为逻辑“0”，表示待转换的数据长度为 1 个字节；CNV 设置为逻辑“1”，表示将十进制数转换成十六进制数；RST 设置为逻辑“0”，表示恒不复位；ACT 设置为逻辑“1”，表示该模块恒进行这样的

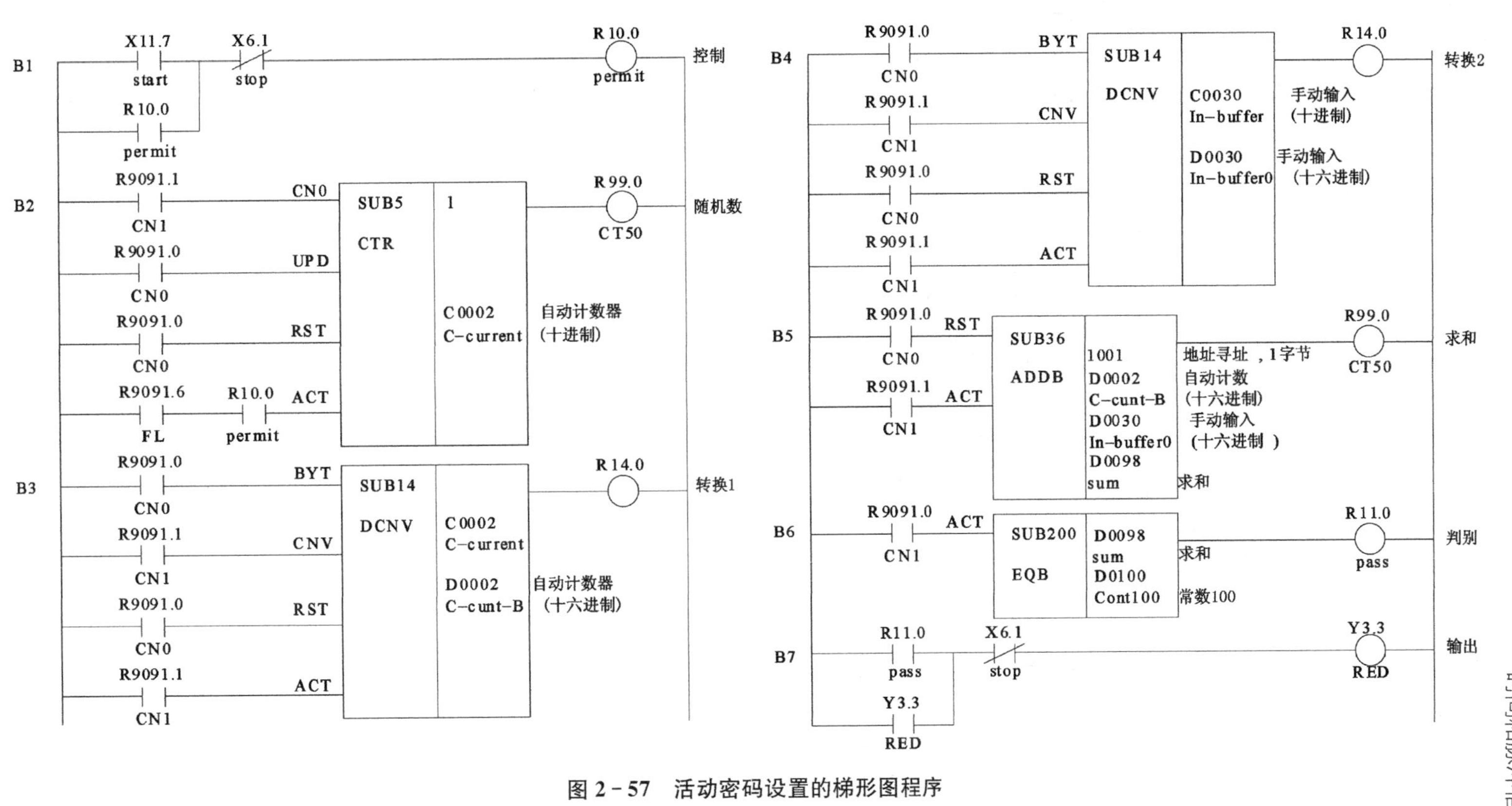

图 2-57 活动密码设置的梯形图程序

数据转换，被转换的数据存放在C0002单元，转换完的数据存放在D0002单元（数据为十六进制）；同样的原理，B4模块是将人工输入的十进制数据转换成十六进制并存放在D0030单元中。

B5单元将两个十六进制数进行求和计算，其功能代码是SUB36，其RST设置为逻辑“0”，表示恒不复位；ACT设置为逻辑“1”，表示加法运算恒有效，代码1001中，前面的“1”表示运算采用地址寻址方式设定，后面的“1”表示参加计算的数值的字长为1个字节，被加数存放在D0002单元中，加数存放在D0030单元中，计算的结果存放在D0098单元中，图中还标示相应的符号变量，以方便阅读。B6是对求和的结果进行判别的单元，即对两个十六进制数进行相等的判断模块，功能号为SUB200，其中ACT端设置为逻辑“1”，表示该模块恒有效，D0098为被比较数据，D0100为另一个比较数据，如果两者完全相等，则R11.0输出逻辑“1”信号。B7为结果输出单元，R11.0是来自上一模块的触发信号，在该信号有效的一瞬间，红色信号灯Y3.3被点亮，表示密码通过，按下X6.1解除信号灯，为下一次解密做好准备，同时随机计数器也停止计数，以防止计数器由于不断计数而产生误动作。

第3章 程序控制结构

结构是不同类别或相同类别的不同层次的事物按程度多少的顺序所进行的有机排列。结构具有普遍性，在物质世界和意识形态都有广泛应用，如建筑物结构、工艺装置结构、数据结构乃至一个人的知识结构等。合理的结构可以呈现事物的特征性、稳定性和规律性，便于我们进行理性的分析和解决问题。

一个功能完整的数控机床的 PMC 梯形图程序也具有一定的结构形式。当我们需要阅读这些程序的代码、调整某部分的功能或者重新编写其中的一部分程序时，我们首先要很好地理解程序的结构。阅读一个结构合理、功能完整和注释详尽的源程序代码时会有一种美的享受，同时也会激发你创作的冲动，如在合适的位置上插入你所需要的程序代码而不必担心整个程序结构的完整性，当然你要确保你所编写程序的正确性。有时，当你需要检修机床而阅读程序代码时，你也可以迅速地查找到某部分代码，通过键盘操作命令，使某部分设备运转，观察 PMC 代码中各变量的变化情况，从而判断所需检修设备的工作状况。

一个数控机床程序无论有多么复杂，总是由顺序、重复、选择、并行以及状态转换等结构组成。

3.1 顺序结构

顺序，指事件发生的先后次序，是以位置、时间和计数器数值为条件而呈现事件的先后关系。在 PMC 梯形图程序设计中，顺序过程是一种最基本的程序结构，大量存在于工业流水线、机电一体化设备与数控机床程序中。当我们需要描述某个设备的运动过程是由动作 1、动作 2、动作 3……按照位置、时间或计数等条件约束而进行时，则这个过程可以采用顺序结构来描述。

3.1.1 顺序结构的描述方法

对于顺序结构来说，应针对该特定的顺序过程先进行一系列尽可能详尽的文字描述，这些描述可以来自原始技术资料中提出的技术要求，也可以与现场工程技术人员共同起草并确认的技术文件，描述要准确，并绘制一个对应的工艺流程图，图 3-1 所示为一个说明小车在一个正三角形轨道上运行的示意图。

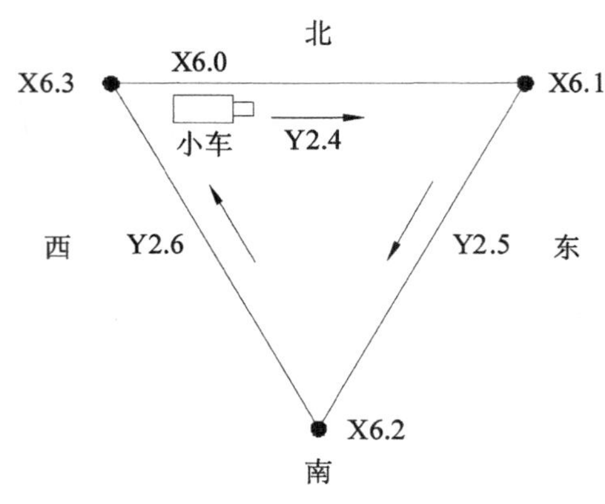

图 3-1 小车运行示意图

现在将小车的运动方式进行描述：首先将小车放置在西北角，按下启动键 X6.0，小车开始往正东方向运行，输出信号为 Y2.4，当遇到东端的限位开关 X6.1 时，小车改变原有方向开始沿着西南方向运行，输出信号为 Y2.5；当遇到南端的限位开关 X6.2 时，小车再次改变原有方向而向西北方向运行，输出信号为 Y2.6；当遇到限位开关 X6.3 时，小车停止运行，完成一个周期的动作。如果需要再次进行这样的周期运行，则需要按下 X6.0 键，重复动作如前所述。

在实际工作中，通过图 3-1 所示的小车移动示意图和相应的文字可以将工作任务基本描绘清楚，但是从形式上看，仅仅通过文字描述动作逻辑的前后关系看起来不够清晰。现在将这个工艺流程图转换成为图 3-2 所示的小车移动顺序功能图(Sequential Function Chart，SFC)，通过这张图可以更加明晰地将机器的初始化信号、启动信号、位置信号、动作内容以及周期返回的过程表达出来，而且这张图还有另外一个重要的作用：使梯形图程序编制人员与动作设计的工艺人员进行充分的信息交流，动作设计的合理性、可操作性以及编程的实现性都可以在这张图上进行充分讨论，动作设计者虽不一定能设计梯形图代码，但是他们理解动作的形成原理和要求，而程序编制人员应该能熟练地根据顺序功能图编制出所需要的程序代码并调试出正确的动作要求。

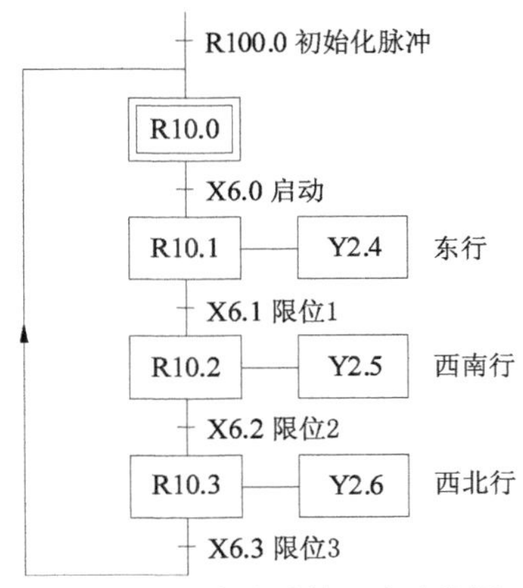

图 3-2　小车移动的顺序功能图

3.1.2 顺序结构程序的编制方法

尽管 SFC 在描述设备的动作过程具有非常清晰的特点，但是它并不能在 PMC 环境下直接运行。这里，通过 SFC 可以很有规律地编写出图 3-3 所示梯形图程序，将这些代码在机器上编辑、装载并进行调试，直到满足功能要求为止。

现在对该程序的作用进行描述：标识符 B1～B2 为初始化脉冲形成模块，其中继电器线圈 R100.0 输出脉冲形成信号；B3 为一个初始步，它有两层含义，机器首次上电，继电器线圈 R10.0 得电，它并不对外进行实质性的输出，仅仅为后面的启动做准备，另一方面，一个周期动作完成之后也从这里开始进入，所以 R10.0 也称为初始化步；B4～B6 为控制逻辑形成模块，主要是对内部继电器 R10.0～R10.3 形成正确的控制逻辑，所以 R10.1～R10.3 也称为动作步；B7～B9 为输出模块，由于输出的是 Y 类信号，因此可以驱动外部继电器及相应的设备实现规定的动作。

3.1.3 顺序程序结构的特点

顺序结构程序具有如下一些特点：

1. 初始化步

初始化步的作用是使系统在首次启动时激活一个特定的线圈，这个线圈通常称为初始化线圈，并通过同名的常开节点使之进行自锁，这实际是系统的一个准备步，为启动顺序过程做准备。在机器上电或编辑中的程序由停止状态转为运行状态，将一定会执行初始化步。

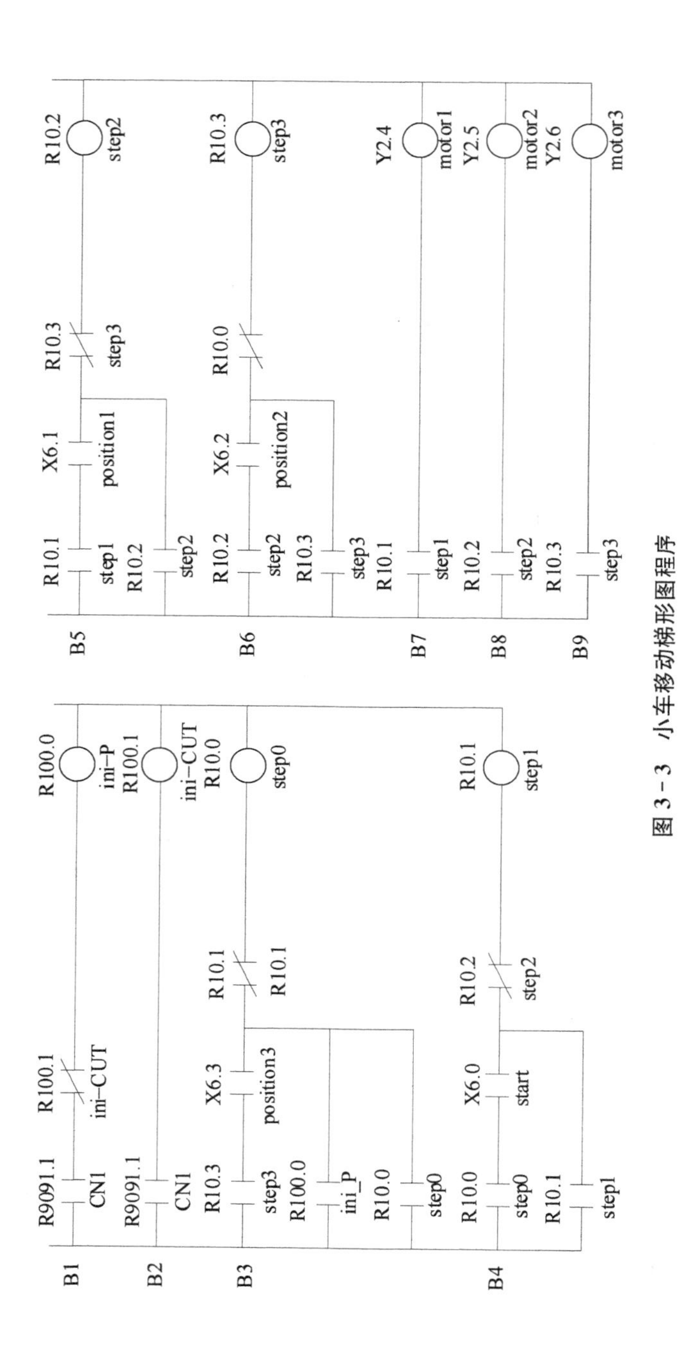

图 3－3　小车移动梯形图程序

2. 步与步之间的隔离性

步与步之间是通过转换条件的满足来实现的，条件满足，启动下一步，停止上一步。也就是，在一个瞬时时间段内只可能有一个动作步有效，这样便于在逻辑层面判断信号流程是否合理。

3. 程序具有返回性

当执行到最后一个动作步时，系统会自动引导初始化线圈再次得电并自锁，当再次按下启动按钮时，顺序过程会重复执行。程序的返回过程是通过第一步和最后一步的同名常开节点的同时闭合来实现的，它在 SFC 图中是一条带箭头的返回有向线段。

值得注意的是，这些特点也是其他结构类型的梯形图程序所共有的，只是其他程序结构还有着除此之外的另一些特点罢了。

3.1.4 转换条件的讨论

根据图 3－2 所示小车移动顺序功能图所编制的梯形图程序是以位置变化(X6.1～X6.3)作为转换条件来实现控制的，但是在实际运动过程中，除了采集位置信息以外，还可能采集时间信息，甚至可能是时间和位置信息的组合等。现在，单纯以时间为转换条件，每一步的动作时间分别设定为 8s、12s 和 15 s，以此作出顺序功能图如图 3－4 所示。在该图中，要正确理解动作和时间的关系，显然，Y2.4、Y2.5 和 Y2.6 的动作时间分别为 8s、12s 和 15s，请注意以位置为转换条件的 SFC 与时间为条件在表达上的差异。根据该图可以设计出图 3－5

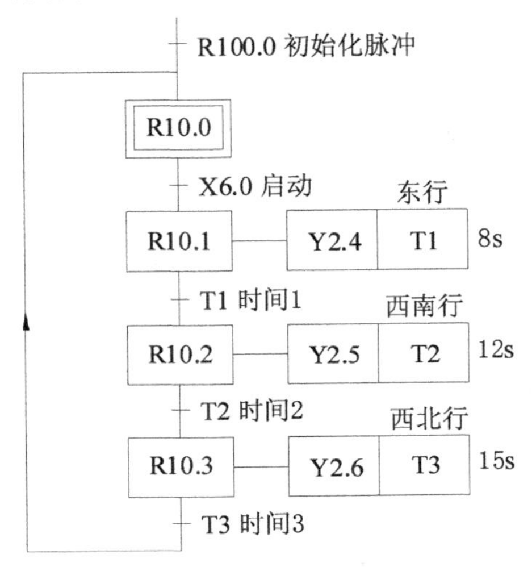

图 3－4 以时间为转换条件的小车移动顺序功能图

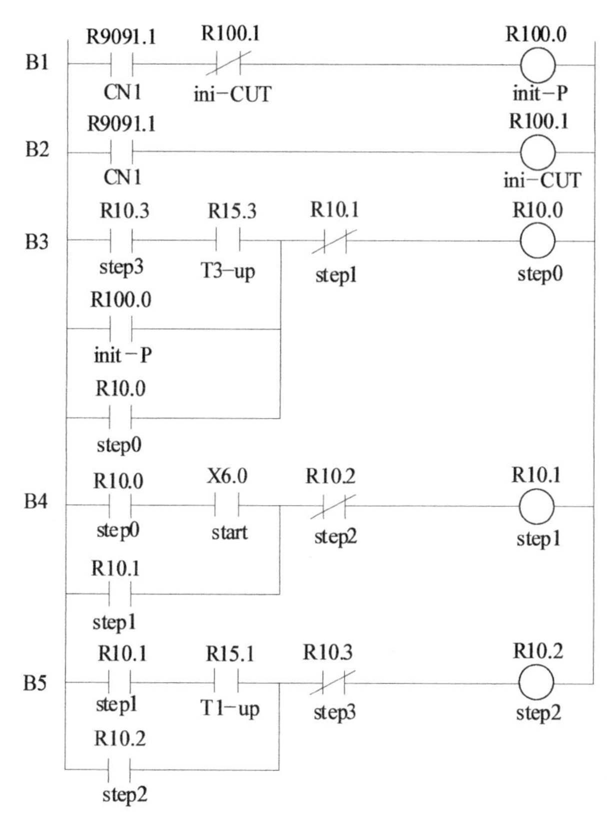

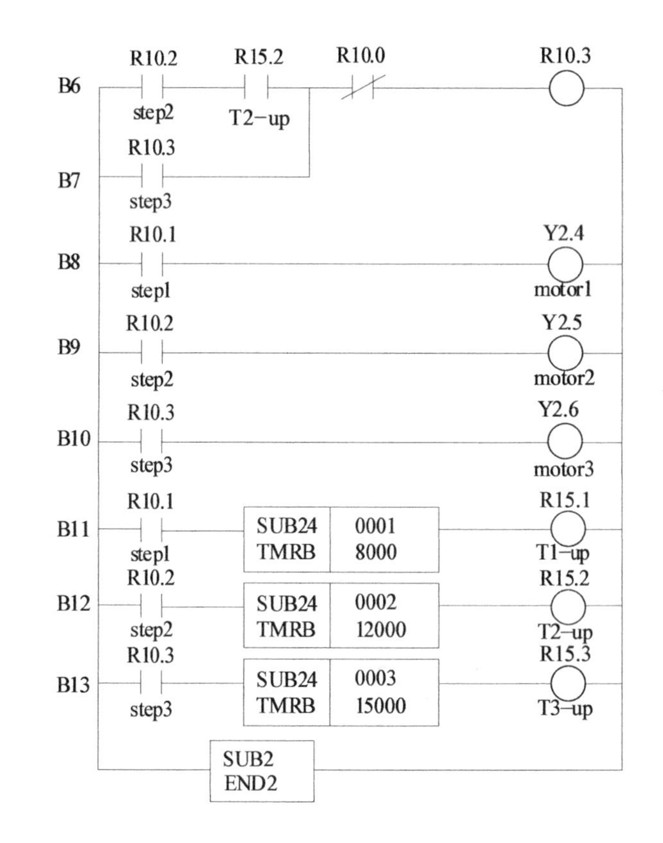

图 3－5　以时间为转换条件的小车移动梯形图程序

所示的梯形图程序，该图中 B11～B13 为定时器的程序编制方法。在这里，我们可以得出这样的结论：在保持顺序结构不变的情况下，通过改变转换条件来满足一类现场所需要的动作要求。

混合条件的引入，除了单纯以位置或者时间为转换条件以外，顺序功能图还允许将这些条件写成特定的逻辑表达式，以丰富程序在执行过程中对于复杂条件的判断手段。根据图 3－6 所示提供的顺序功能图可以编写出另一对应的梯形图。其中(T1·X6.1)和(T2＋X6.2)分别为逻辑“与”和“或”的关系，请注意在梯形图程序中的正确表达方法。

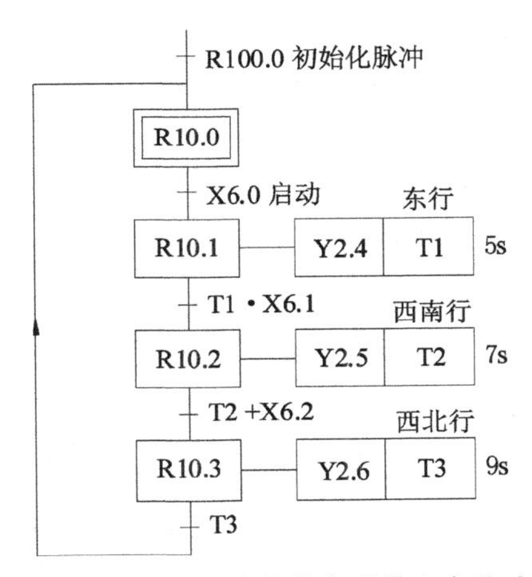

图 3－6　以时间和位置为混合转换条件的小车移动顺序功能图

3.2　重复结构

重复，指同样过程的再次出现。在现场设备控制中，有些动作过程并不是执行一遍就结束了，而是允许根据工艺的要求能够反复地执行一段程序，这种控制方式称为重复结构。重复过程的结束方式可通过条件设定进行控制，将其分为两类，第一类为简单重复结构，其特点是：一次启动后，只有当有人按下停止键，在本周期内自动结束，否则，恒周期运行；第二类为预置型重复结构，其特点是：一次启动后，经过若干次循环后自动停止，循环次数可以预置。

3.2.1　简单重复结构

我们还是以小车的三段式行走过程为例来看看如何实现这个过程。图

3－7所示为简单重复结构顺序功能图，从动作过程来看，原来小车在按下启动键 X6.0 后执行完一次完整的周期后自动停止，如要重复，必须再次按下启动按钮 X6.0 才可重复执行。而现在的方案是：按下启动按钮 X6.0，小车开始执行周期动作，当执行到最后一步时，查看结束标志 R10.7 的状态，如果结束标志 R10.7 为逻辑“1”，则继续原来完整的循环动作；如果结束标志 R10.7 为逻辑“0”，则循环周期停止。该图中还有一个输入变量 X6.7 就是停止按钮，该按钮按下时，R10.7 标志失电，与单纯顺序结构相比，其重复过程是自动的，只有判断到有人按下停止按钮，系统才会在这个周期执行完以后其动作停止，而不是马上停止所有正在执行的动作。

标志继电器 R10.7 的控制可以采用启-保-停的方式来实现。该顺序功能图中有两条向上的返回箭头线，请注意在程序中的实现方法。本例中采用的是置位语句，其优点是允许进行双线圈操作，实现方法比较简单。

转向是程序实现复杂表达和智能控制的基础。在一些高级语言中，常见这样的语句：if C then A else B。

其意思是，如果条件 C 满足，则执行 A 系列指令，否则就执行 B 系列指令。从形式上来看，这种表达方式比较符合大家的思维习惯。梯形图是为现场工程技术人员解决现场问题而设计的一种语言环境，它在处理程序转向时在表达方式上主要采取框图和方向线，在实现方法上采用的是线圈和节点，因此从形式上来看没有高级语言那样直观，但是其内在的本质是一样的，我们要逐渐适应这样的表达方式。

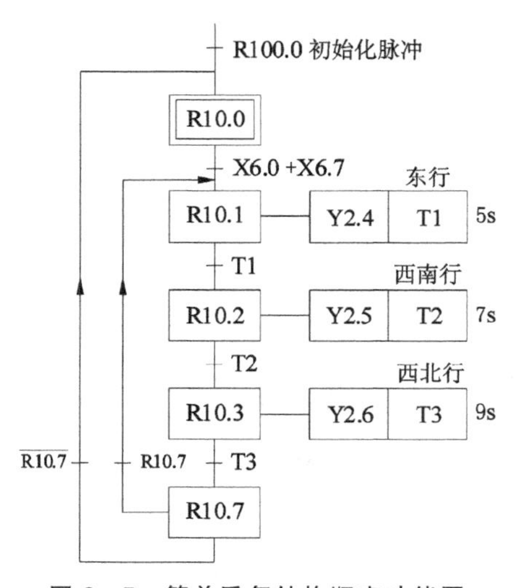

图 3－7　简单重复结构顺序功能图

根据顺序功能图编制出的梯形图程序如图 3－8 所示，为了便于读者理解，源程序中标注了部分汉字说明，以增加程序的可阅读性。与单纯顺序结构相比，该梯形图中增加了 B7～B9 模块，先看 B7 和 B8 模块，R10.3 表示已经到了周期的最后一步，如果之前没有按下停止键 X6.7，则 R10.7 的常开节点是闭合的，执行 B8 行语句，置位语句会使 R10.1 线圈得电，B4 行语句有效，重复进行下一周期的运行，以下动作同前；如果之前的时间内按下了停止按钮 X6.7，

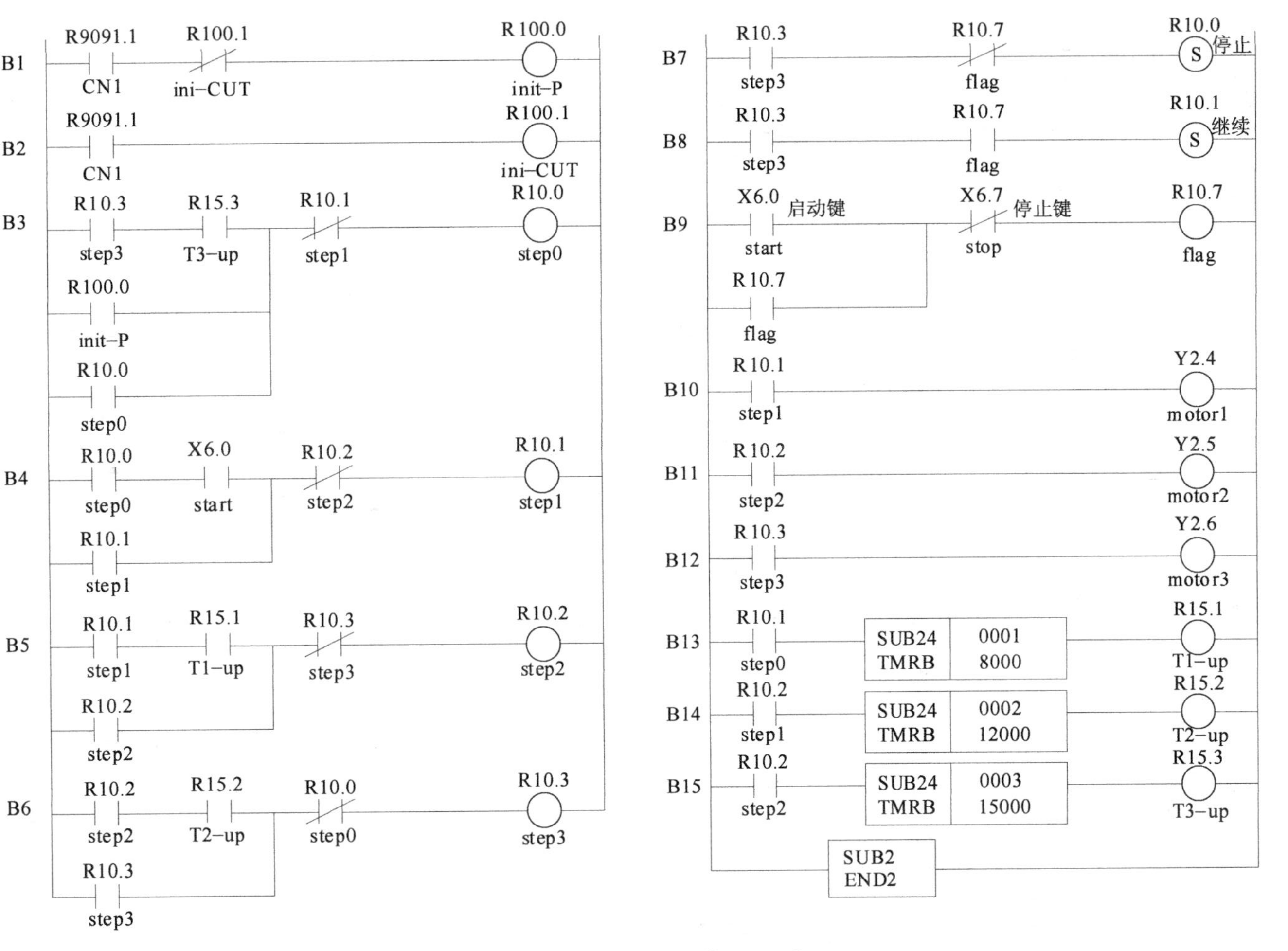

图 3-8 简单重复结构梯形图程序

则 R10.7 的常闭节点闭合，执行 B7 行语句，置位语句使 R10.0 圈得电，程序回到 B3 和 B4 行语句，也就是程序回到了最初的原始点，等待你按下 X6.0 重新启动。显然 B9 行语句为基本启动-保持-停止回路，R10.7 就是一个标志继电器了，它的作用就是使程序产生合理的转向。

X6.0 和 X6.7 是周期性启动和停止的关系。在操作过程中，如果先按下 X6.0 按钮，紧接按下 X6.7 按钮，这时会发生什么现象呢？实际上这样可以执行一个完整的周期后停止。这两个按钮虽然位于程序的 B9 行，由于其扫描机制的原因，尽管周期性过程还没有执行到动作的最后一步，但是该条语句还是能够执行到。

3.2.2 预置重复结构

如果希望一个顺序过程的循环执行次数是事先确定的，那么这个控制过程可以采用预置型重复结构。

在这种结构中，预置是指循环结束条件的数值设置。常见的条件设置包括计数器、定时器或者某种外部触发条件，在程序执行过程中，一旦到达预置条件，程序执行周期性停止。图 3－9 所示是以计数器为预置重复结构的顺序功能图。

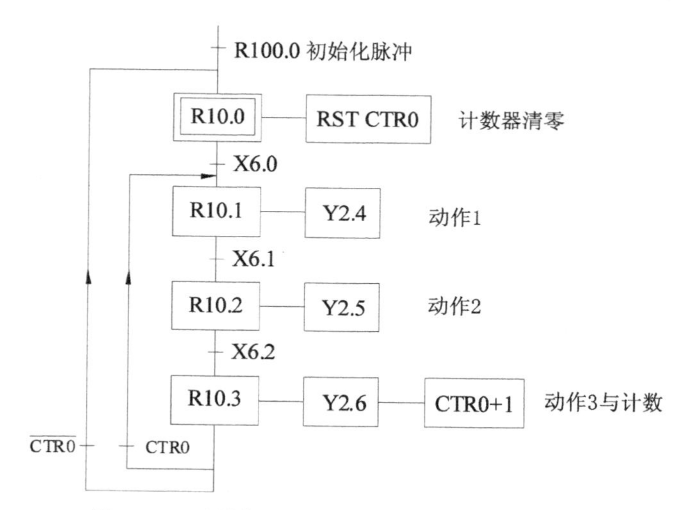

图 3－9　以计数器为预置重复结构的顺序功能图

由于这个重复结构的次数受计数器所控制，所以程序首次运行时就需要对计数器进行清零，在接受了 X6.0 的启动信号后，程序进入循环体，以后依次执行动作 1、动作 2 和动作 3。注意，当执行到动作 3 时，计数器进行一次累加，然后判断计数器是否达到计数关键值，如果计数器没有达到，则继续执行内部循环体；如果计数器达到设置的关键值，程序跳出循环体，回到程序的开始，并再次清零，以便进行下一个周期的重复执行。

图 3-10 所示是以计数器为预置重复结构的梯形图程序，请注意 B7～B9 模块与简单重复结构梯形图程序是非常相似的，只是这里的停止键并不是手动方式的停止，而采用计数器设定值到达作为停止信号，注意计数器在梯形图中的位置以及正确的连接方式。从该梯形图程序中可以看出，由于计数器设置为 5，所以这是一个重复 5 次的循环过程。

理想条件下，这段程序可以在正确执行 5 次循环后停止运行而处于待命状态，但是在现实情况中，有时候需要提前终止这个预置 5 次的循环，这样我们可以在停止回路中串联一个停止按钮，如图中的 X6.4，这个按钮可以称为紧急停止按钮。为了进一步提高性能，这个信号还应该再并联在计数器的 RST 端口上，其含义表示计数器同时也清零，为下次重新启动做好准备。

3.2.3 重复结构的进一步讨论

如果希望重复次数设置更加灵活，就可以采用更为复杂的条件来终止重复的次数。图 3-11 所示为一种多种条件判断的重复结构顺序功能图，图中可以重复执行的动作虽然还是动作 1、动作 2 和动作 3，但是结束条件由一个专门设计的“逻辑门”来控制，这样就可以实现比较复杂的综合条件判断。例如，判断位置、时间和计数等的条件是否达到，从而达到结束重复过程的目的。

单一顺序结构的功能是有限的，其环境的适应性也并非理想，如果在该结构的尾部增加各种条件判断之后，其程序结构对于环境的适应性迅速增加。因此，作为数控机床的程序设计者来说，首先要能够完整地理解和规划所需要的各类执行动作，把这些动作归纳到顺序结构中去，然后依据工艺要求的条件，以合适的方式继续或者终止该结构程序。通过这种方式写出来的梯形图代码具有条例清晰、可阅读性强、便于修改和扩充。这一段程序在理解上的难点是对于两条带方向的折反线在程序中的实现方式，实际上，这两条线在同一时刻只有一条是通的，这样就实现了条件的判断。

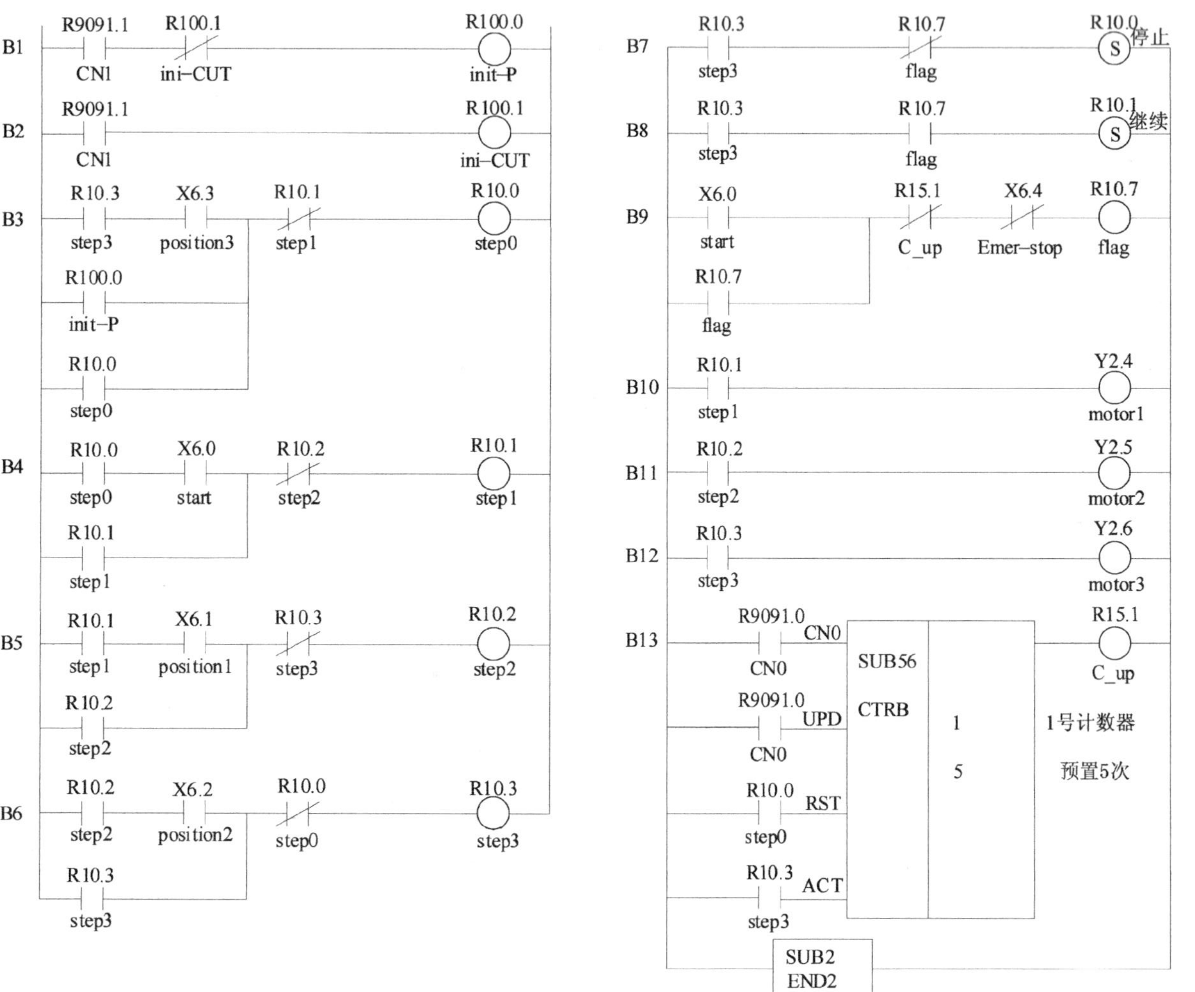

图 3-10 以计数器为预置重复结构的梯形图程序

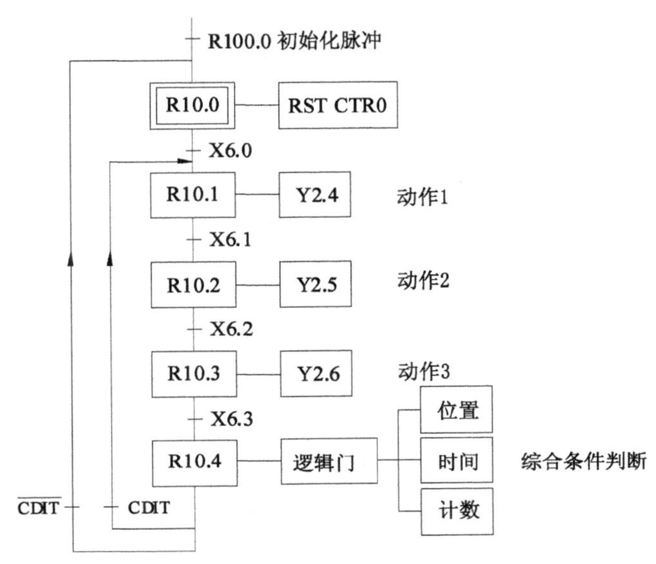

图 3-11　多种条件判断的重复结构顺序功能图

3.3　选择结构

选择，指事件在发展过程中，其后一组事件的发生是依赖前面某一种特定条件的出现，不同的条件将会产生不同的结果。选择结构的出现为解决动作执行过程中的智能控制问题提供了基础。例如，智能小车在行进过程中需要解决如下问题：避开障碍物体、道路寻迹以及远程遥控指令的变化等过程均涉及选择结构的使用。

3.3.1　一般选择结构

图 3-12 所示为一般选择结构图，在 R100.0 初始化脉冲的作用下，R10.0 线圈得电，此时出现了两个启动信号，一个为 X6.0，另一个为 X6.7，如果按下的是 X6.0，则依次执行动作 1、动作 2 和动作 3；如果按下 X6.7，则依次执行动作 2 和动作 3，而动作 1 则没有被执行。显然，由于条件（X6.0 或 X6.7）的不同，则动作结果（Y2.4、Y2.5 和 Y2.6）也不同。该图中，X6.7 所在的线段构成除主顺序结构以外的另一条支线结构。

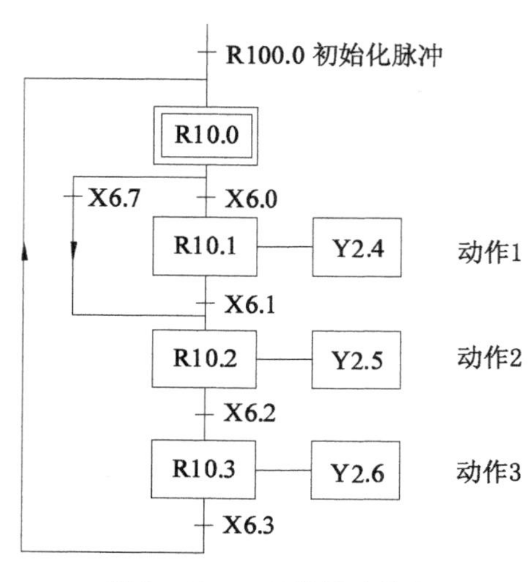

图 3－12　一般选择结构图

一般选择结构在转换成梯形图时应遵循先主结构图的转换原则，也就是说，先将主结构图转换成梯形图，这在顺序结构中已经详细描述，然后再在梯形图合适的位置中“插入”所需要的分支。“插入”的原则是依据选择结构图中出现选择变量的部位，在该部位之前的变量为共同变量，在梯形图中合适的位置编写该语句。

根据一般选择结构图编写出来的梯形图程序如图 3－13 所示，从图中的两个虚线框中可以看到，初始化完成后，R10.0 节点同时闭合时，节点 X6.0 和 X6.7 是可以选择性闭合的，这样就完成了选择结构的梯形图程序的编制工作。

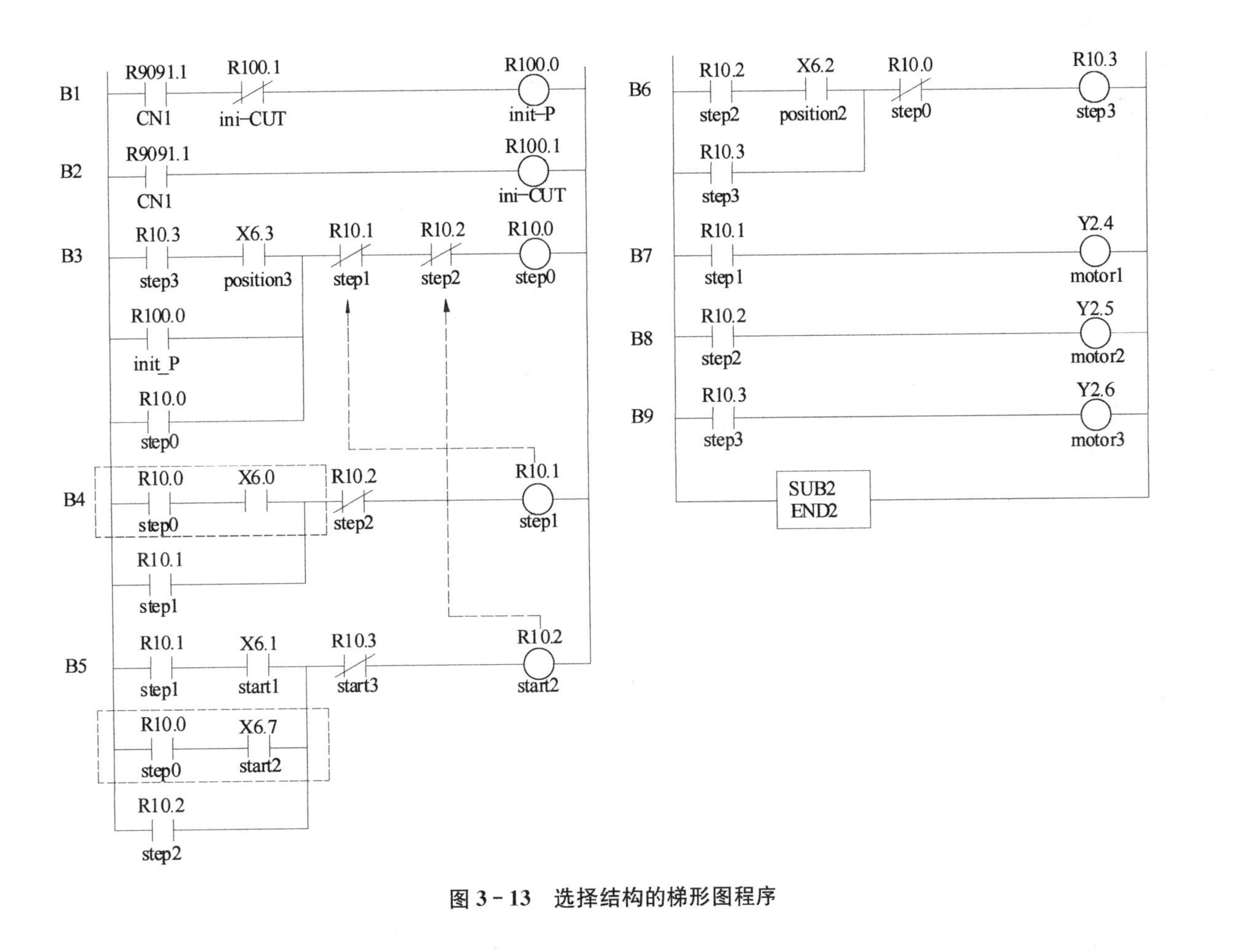

图 3-13　选择结构的梯形图程序

3.3.2 病态选择结构的讨论

从上述的分析中可以得知，将选择结构图转换成梯形图是有规律可遵循的，但是选择结构图的构成也有自身的特殊要求。图 3－14 所示是一个只有 2 个动作的选择结构图，显然，这里的动作由 3 个变成 2 个，难度似乎也降低了。按照上述规律将其转换成梯形图程序如图 3－15 所示，若将其在数控系统上编辑并调试，发现该程序却不能够正常运行的。为什么呢？

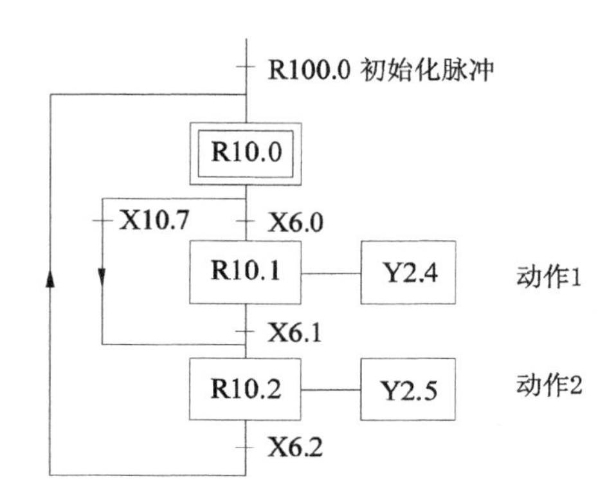

图 3－14　只有 2 个动作的选择结构图

进一步分析图 3－15 所示的只有 2 个动作的选择结构梯形图程序发现，初始化程序执行后，在 B4 模块中，按下 X6.0 可以实现第一种选择方式，但是当你只选择 B5 模块中的 X6.7 按键后，你会发现程序并没有往下执行，其原因是 X6.7 启动点右边的 R10.0 节点是断开的，这是这个程序无法执行的根本原因所在，即没有形成封闭的回路。该节点断开的原因是初始化作用时 R10.0 线圈得电，故同名的常闭节点就断开了。因为从结构图到梯形图的转换方式本身是正确的，而程序却无法正常执行，所以，我们称这是一种病态的结构。

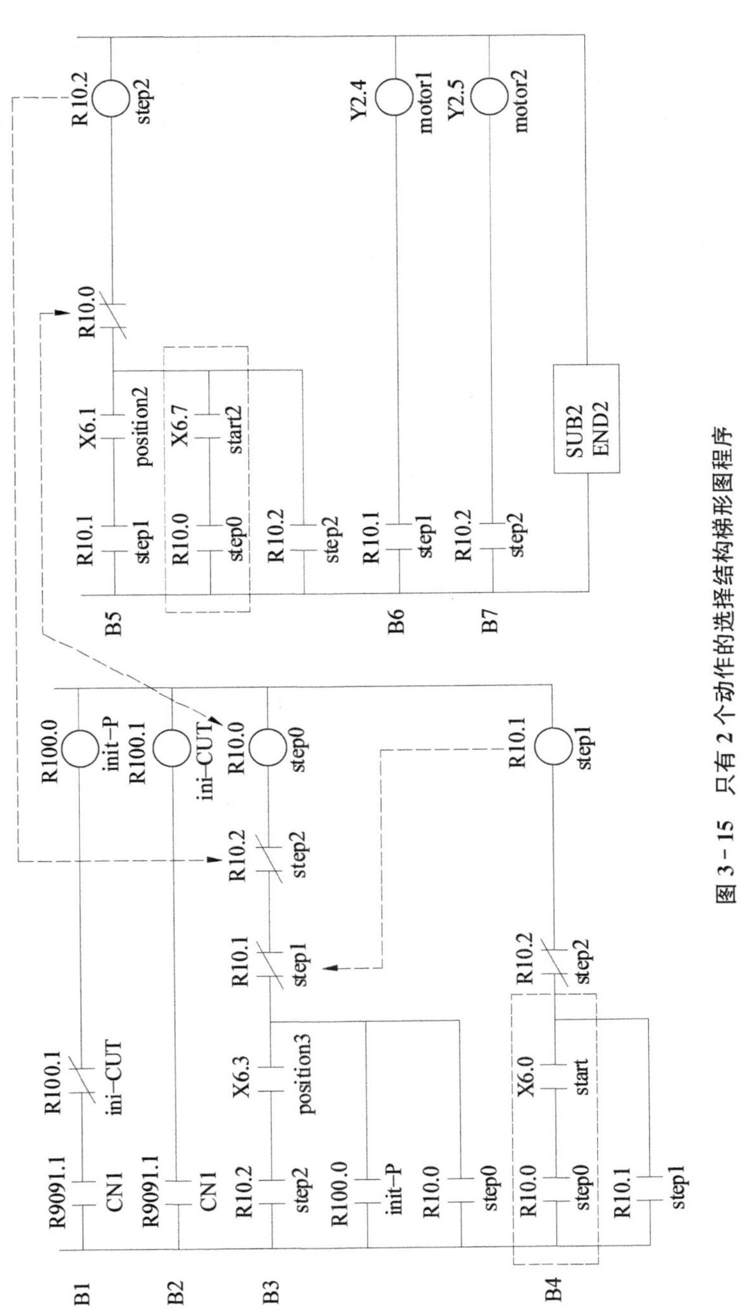

图 3－15　只有 2 个动作的选择结构梯形图程序

从动作数量来看，3个动作能够正常执行，而2个动作却无法正常执行，透过现象看本质，我们把X6.7所在的分支用字母ABCD来进行标识，从D字母往后看，如果至少有2个或2个以上的独立步，则这个结构是合理的，如果小于2个独立步，则这个结构是病态的。依据这个原理，我们只要在病态结构之后再增加一个虚拟步就可以修复这个病态结构，虚拟步建立的原则只是通过设置一个时间极短的定时器，它对外部并没有实质的输出，但是这个虚拟步的增加却满足了D后2个独立步的原则，从而可以完整地编制出所需要的梯形图程序，病态结构的修复结构图如图3－16所示，图3－17所示为带有虚拟步的梯形图程序的实现。

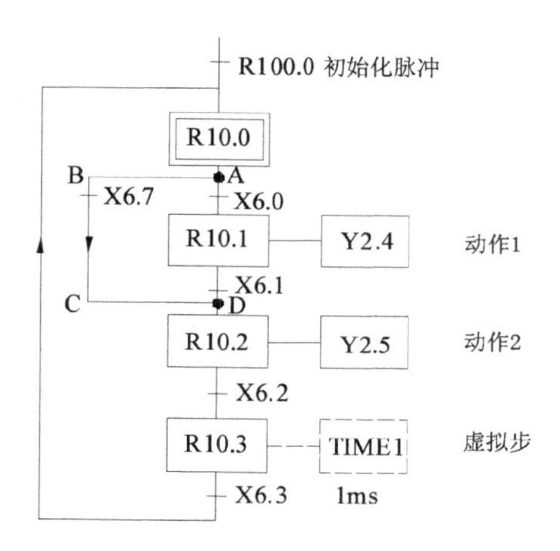

图3－16　病态结构的修复结构图

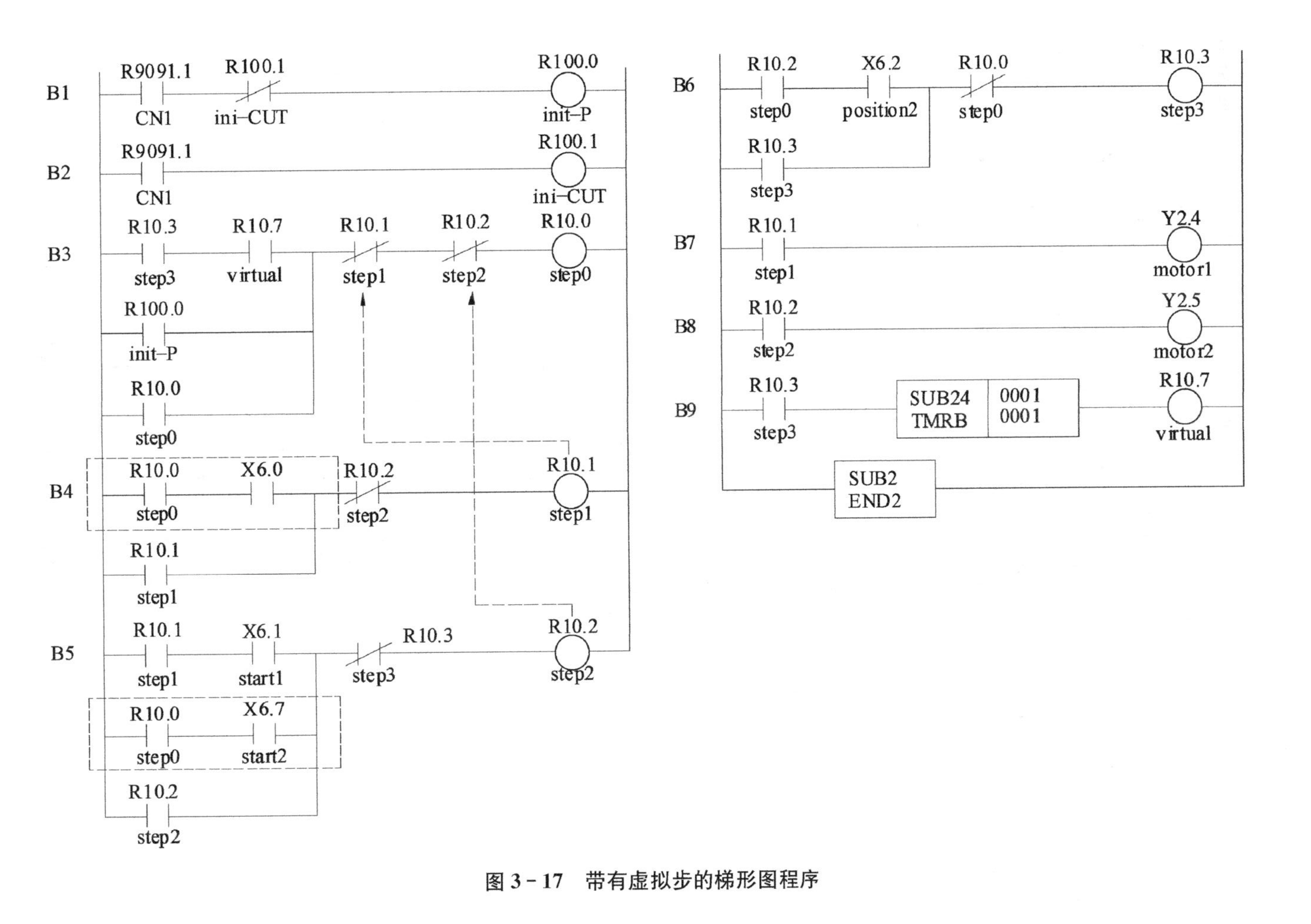

图 3-17　带有虚拟步的梯形图程序

3.3.3 多选择回路的实现

当选择回路数为3条或3条以上时，我们称为多选择回路。多选择回路结构对于解决一些复杂控制环节具有重要意义。图3-18所示为3条选择回路的结构图，控制条件分别为X6.0、X6.1和X6.2，其设备的动作组合为：动作1、动作2和动作3；动作2和动作3；仅动作3，共三种情况。首先判断结构图中是否存在病态结构，在X6.2所在回路用字母ABCD进行标识，从字母D往下看，只有一组独立的工作步，尽管工作任务本身是合理的，但是在将其转换成梯形图时还是形成病态结构，应进行修复，修复后的结构图如图3-19所示。

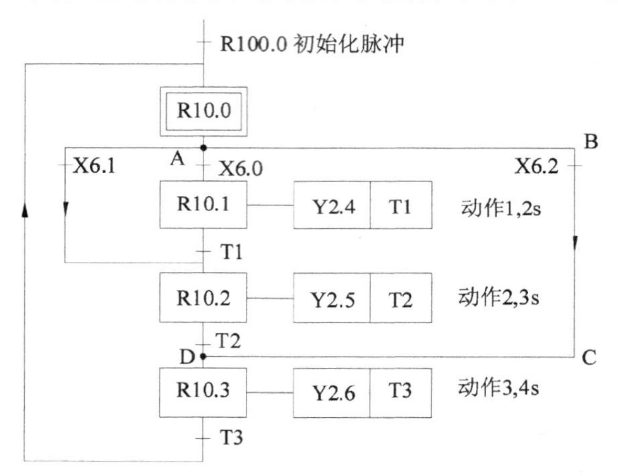

图3-18　3条选择回路的结构图

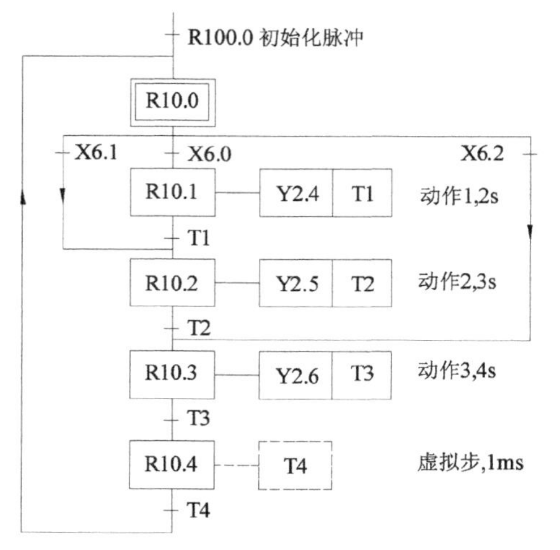

图3-19　增加虚拟步后的3条选择回路的结构图

3.4 并行结构

并行,从狭义上是指 2 个或 2 个以上事件同时发生并结束的过程。从广义上来说,这些事件的发生或结束在时间上可以有先后,广义并行结构比狭义并行结构更具有普遍意义。并行结构广泛应用于工业和日常生活中,数控机床加工过程中主轴自转与切削进给是属于并行处理的典型例子,此外,十字路口的交通灯、多种原料的给料与搅拌以及液压系统中油缸的定位与夹紧等过程都属于并行处理结构。

3.4.1 狭义并行结构

狭义并行结构的特点是指 2 个或 2 个以上动作的"同时开始"和"同时结束"。图 3-20 所示为一种原料混合工艺装置图,我们以此为例来描述狭义并行结构的工作特点。按下启动键 X6.0,给料阀 1(Y2.5)和给料阀 2(Y2.6)同时启动,混合罐中的原料开始由底部上升,假设原料首次接触 X6.2 时 2 个给料阀继续维持原来动作,当原料上升并接触到 X6.4 开关时,2 个给料阀停止动作,同时放料阀(Y2.7)开始动作,原料开始下降,当原料离开上限开关 X6.4 时,放料阀继续维持原有状态,当原料阀离开下限开关 X6.2 时,放料阀停止放料。如果要进行下一轮同样的动作,则再次按下 X6.0 启动键,以后动作同上。

图 3-21 所示为根据工艺流程要求绘制的原料混合结构图,R100.0 的初始化脉冲使 R10.0 线圈得电,在 X6.0 启动信号作用下,从图中看出,R10.1 和 R10.3 是同时动作的,其动作的结束条件是遇到 X6.4 的上升沿信号,此后启动

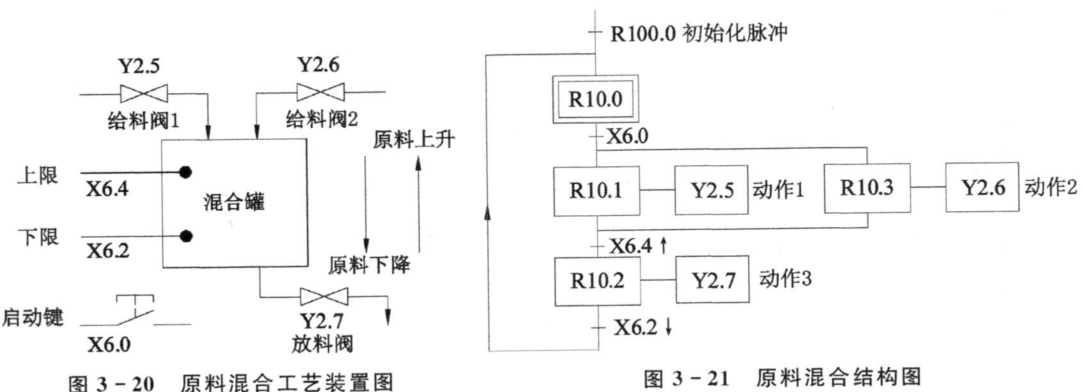

图 3-20 原料混合工艺装置图

图 3-21 原料混合结构图

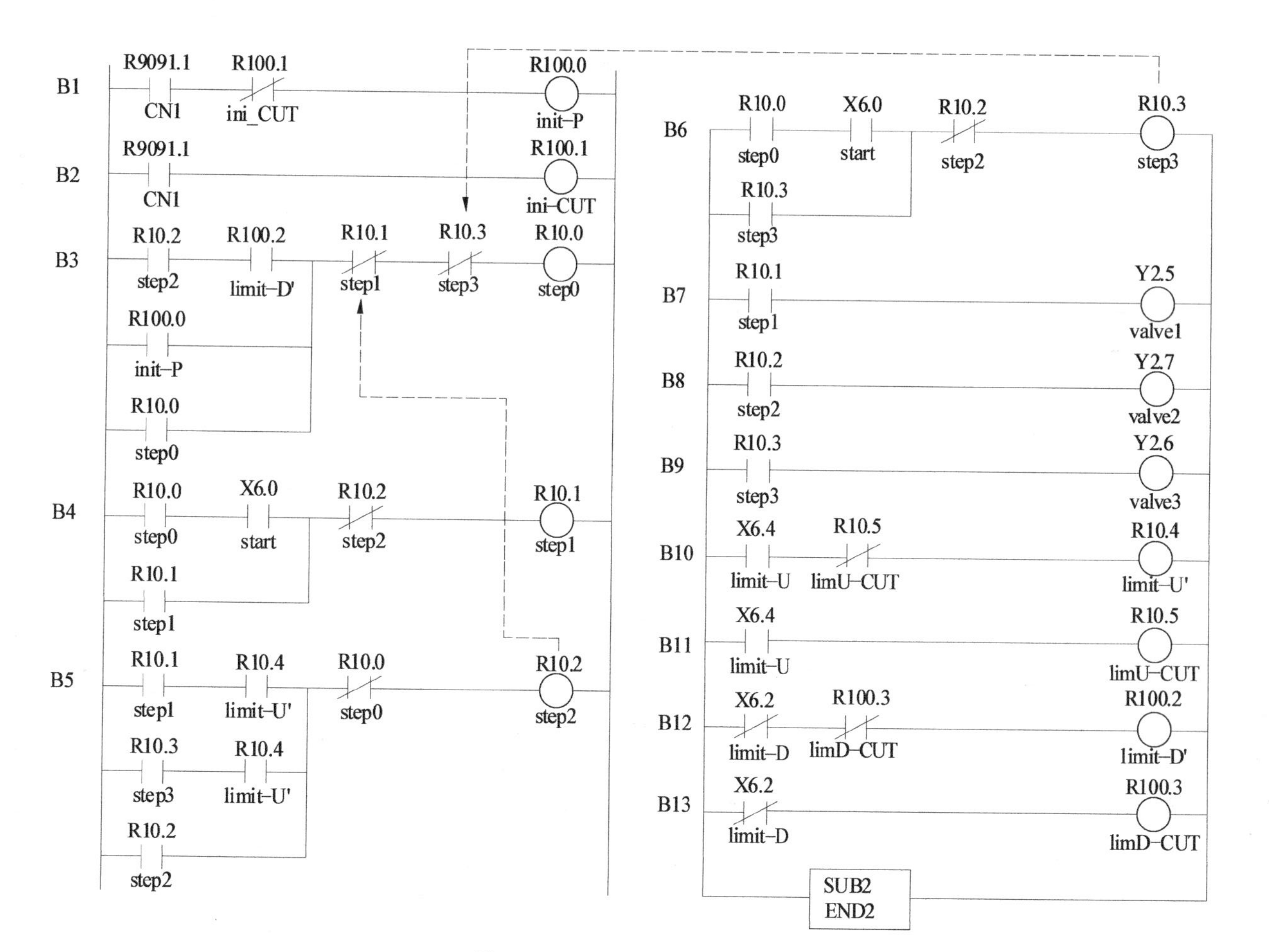

图 3－22　原料搅拌梯形图程序

放料动作。需要指出的是，这里之所以要采用上升沿信号的目的是为了描述此时液体是处于上升过程的，放料过程的结束条件是遇到 X6.2 的下降沿，同样这也是为了描述液体是处于下降过程的，这样就完成了原料的混合过程。

关于在液体位置的判断过程中，采用边沿信号的目的是为了判断液体运行的上升或下降方向，如采用节点闭合状态，只能判断液体位置的高低，这对于需要判断液体运动方向，从而采取特定的动作控制是无法实现的。因此，对边沿检测信号的判断在许多过程控制中是非常有效的，它对于一些复杂过程的描述具有重要意义。

图 3-22 所示为根据原料混合结构图编写的梯形图程序。关于该梯形图的编写应依据“主线”的原则，也就是先编写 R10.0、R10.1 和 R10.2 所对应的工作步，其程序块分别对应的是 B3～B5，而 R10.3 的动作步是通过“插入”的方式编写的。注意 R10.0 提供同时性的信号，B7～B9 为输出信号动作步；B10 是 X6.4 的上升沿信号；B11 是 X6.2 的下降沿信号。

3.4.2 广义并行结构

前面所描述的狭义并行结构中两种工作任务的并行入口和出口都只是单条件的，其应用性在现实中会受到许多限制。例如，有些程序设计者会将这些任务写在同一段里，而并不明显地划分“并行任务”，显然这样运行出来的结果也是符合要求的。作为广义并行结构，将考虑到入口和出口条件的多样性，图 3-23所示为出口条件各异的一种并行结构图。其含义描述如下：系统初始化后，按下 X6.0 键，系统进入一组并行的任务：动作 1 和动作 2，如果在 3s 之内，动作 2 的执行中遇到信号开关 X6.4，则立即执行动作 3，这样就提前终止了动

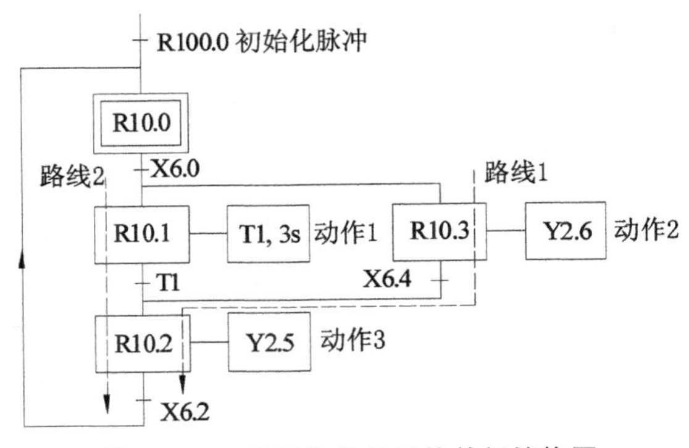

图 3-23 出口条件各异的并行结构图

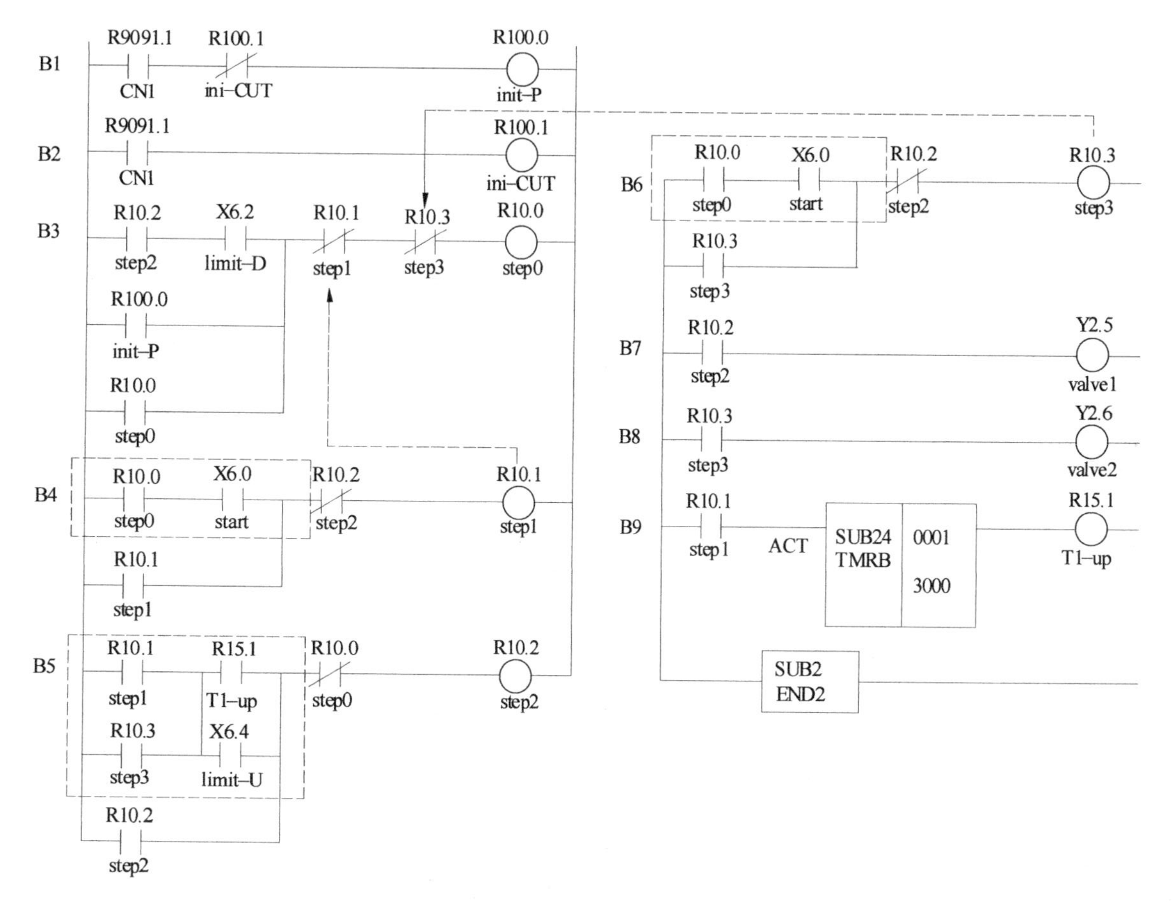

图 3-24　出口条件各异的并行梯形图程序

作 1 的程序段，如图中的动作路线 1；如果超过 3s 钟，动作 2 的执行仍然没有检测到 X6.4，则系统将终止动作 2 而继续执行动作 3，如图中的动作路线 2。

图 3 - 24 所示为根据结构图编写的出口条件各异的并行梯形图程序，这段程序实际上与图 3 - 22 所示的梯形图程序比较相似，所不同部分在 B5 模块。相比之下，在两种结构中，只要修改 B5 模块中的相应出口条件就可以实现条件出口了。由此可见，只要在狭义并行结构中掌握梯形图的基本“结构”，在相应的广义结构中只要在相应的条件处做些修改就可以满足要求了。

为了进一步拓展并行结构的应用范围，图 3 - 25 所示为入口和出口条件都各异的并行结构图。其含义是：程序装载到内存中开始运行，在初始化脉冲作用的情况下，线圈 R10.0 得电，由于入口条件的原因，有两种情况会发生：如果 X6.0 信号有效，动作方式按照路线 2 行走；如果 X6.3 信号有效，动作方式按照路线 1 行走。图 3 - 26 所示为对应的梯形图程序，其主要变化点处于 B6 模块内。

总之，狭义并行结构是并行结构的基础，而广义并行结构在入口与出口处有各自不同的组合方式，只要在相应的地方进行条件设置，就可以实现任意的并行结构。

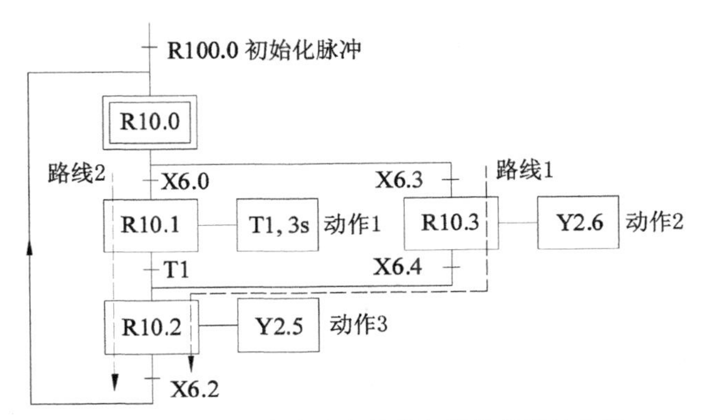

图 3 - 25　入口和出口条件都各异的并行结构图

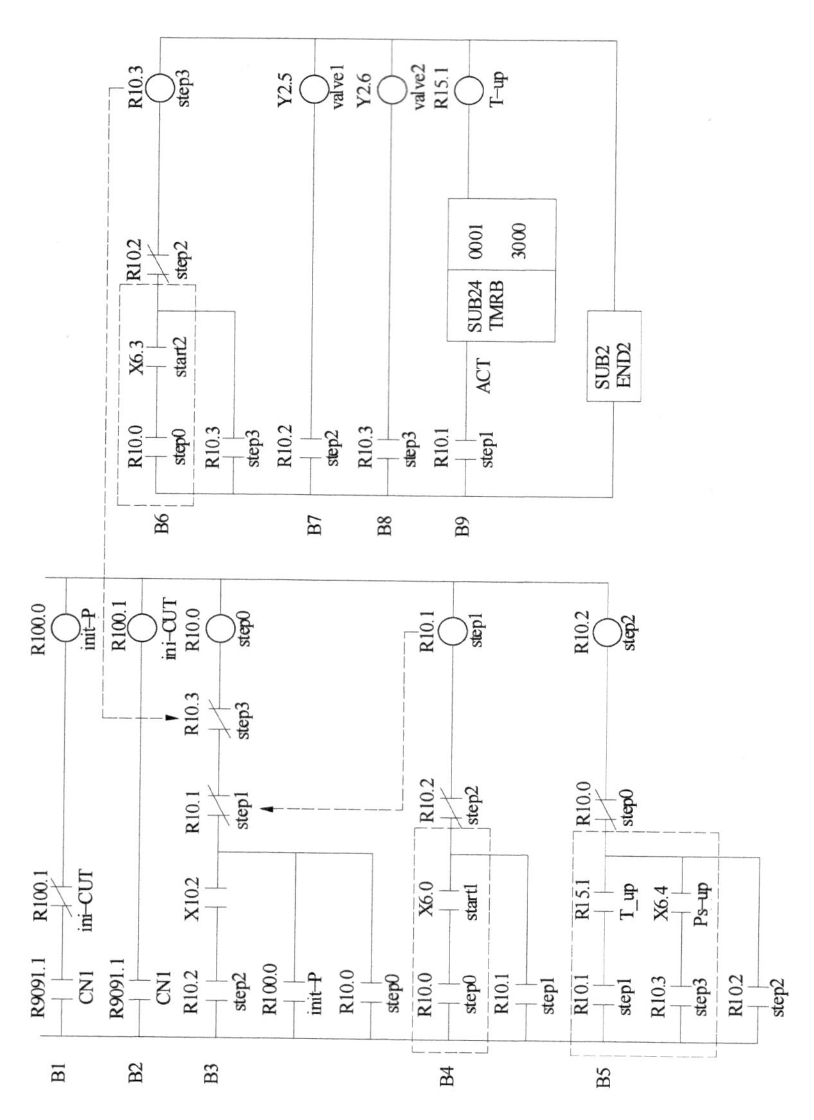

图 3-26 入口和出口条件都各异的并行梯形图程序

3.5 状态转换结构

状态，指系统处于稳定的、有规律的和可描述的过程。在一般控制系统中，通常会设置各种工作状态，如自动或手动状态。自动状态是依据事先设计好的外部条件而执行的动作序列，它的特点是闭环、高效以及不受人为干扰；手动状态是指系统处于开环并可以由人工进行干预的过程，如设备的首次运行需要对外部设备进行检测等。一个重要问题是，如何处理自动和手动状态的状态转换，这里还存在着如何合理地进行现场信息的保护问题。

现在我们观察状态转换控制要求结构图（图 3－27），显然这是一个我们熟悉的由三个动作环节组成的顺序控制过程，这个过程的一个重要特点是不可干预性，也就是程序一旦开始执行，我们是无法让其在某个环节中暂停的。实际情形则需要有一个暂停键，当这个按键有效时，系统处于手动控制状态，以方便工作人员做一些临时处理，之后松开暂停键，允许程序继续运行。

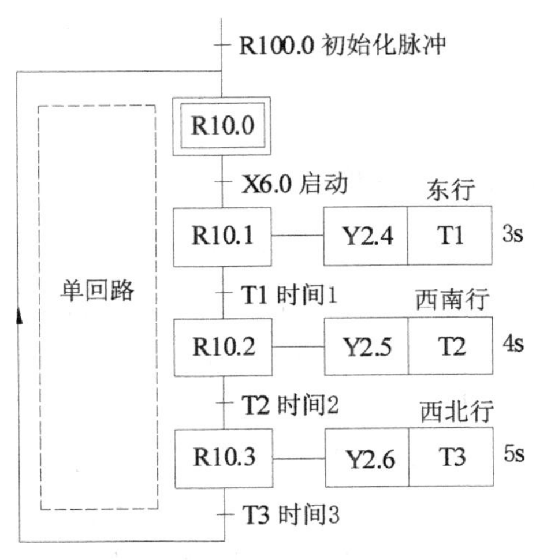

图 3－27 状态转换控制结构图

图 3－28 所示为对这种状态转换所做的补充说明。值得注意的是，这个图并不是真正意义上的状态转换顺序功能图，只是由于目前还没有这样一种成熟的表示方式，这里就借用这个图，同时配合文字进行说明。X6.7 为一个状态转换开关，当该信号为“0”时，系统处于“自动”运行状态，这个过程与原来相同；当该信号为“1”时，系统处于“手动”状态，这时 X6.1、X6.2 和 X6.3 分别控制

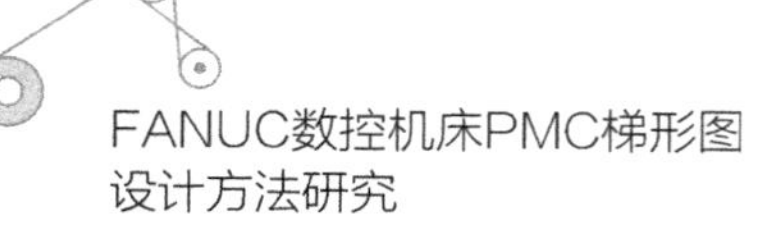

Y2.4、Y2.5 和 Y2.6，这个功能设计是为了在“手动”状态下测试各个输出继电器通道的状态，当这个测试工作完成后，可以松开 DI7，这时 X6.7 状态为“0”，系统再次回到“自动”状态。这个时候，有两种处理方法，一种是在刚才停止的位置上继续往下执行程序，另一种方式是重新开始执行程序。从处理问题的简便程度来看，后者的处理方法比较简单些。

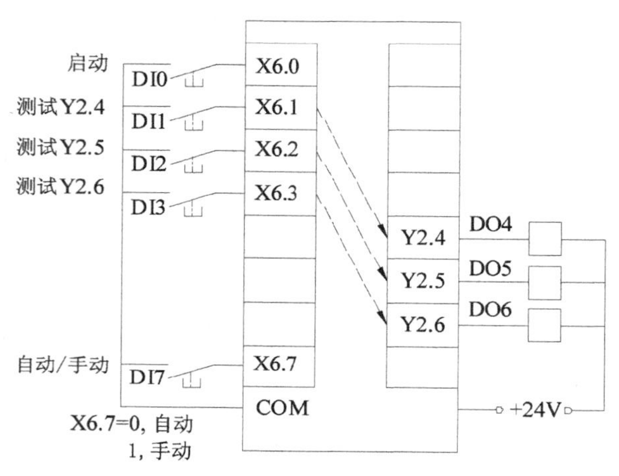

图 3-28 状态转换控制要求 I/O 结构图

3.5.1 一般状态转换结构

图 3-29 所示为状态转换控制的梯形图程序，其中 B4～B6 中的 X6.7 常闭节点表示“自动”状态下该节点是接通的，而“手动”状态下该节点是断开的；B7～B9 是为了在不同的状态下控制一组继电器，显然，在“手动”状态下受 X6.1、X6.2 和 X6.3 控制，这就是设备的检查程序；B13 为一组信息清除程序，也就是转到“手动”状态时候，将 R10.0～R10.3 的所有信息全部设置为“0”，以便在转回到自动状态时能够重新开始；B14 和 B15 是一个下降沿触发的脉冲发生器，在“手动”转为“自动”时能够引导程序从初始状态开始。从这段程序的分析中可以看出，从“手动”转为“自动”时，程序将从初始状态开始，与什么时候从“自动”转为“手动”无关。为简便起见，这里还没有涉及“断点”保护问题。

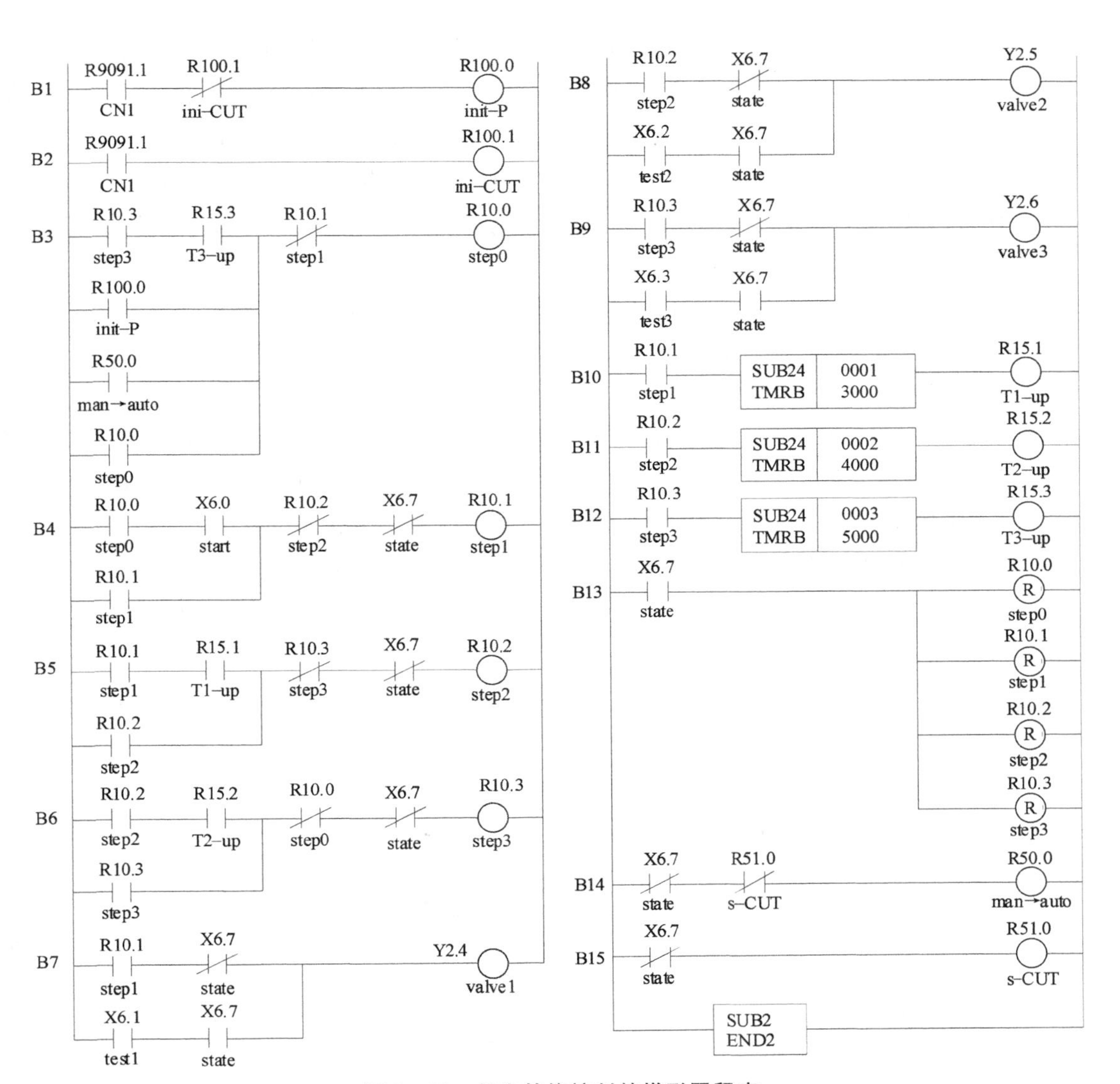

图 3-29　状态转换控制的梯形图程序

3.5.2 一般状态转换的数学模型分析

在前一小节里，我们将顺序功能图转换成了梯形图，实际上，我们可以从图3-27所示的状态转换控制结构图中看出它的一个缺陷，一方面，它能够完成完整的自动循环过程；另一方面，当从“自动”转为“手动”，经过单步测试后再次转回到自动状态时，系统又开始从头执行，而无法从任何一个断点处返回并继续执行。因此，现在的转换技术过程还是不完备的，我们可以从图论建模的角度上来分析原有转换过程的缺陷，并在适当的时候将这个方法进行改进。

图 3－30(a)所示为单一自动循环的有向图，作为一个有向图，其含有节点名称为 s，a，b…有向线段 sa，ab，bc…其中“节点”是对顺序图中“步”的抽象，而“有向线段”是对顺序图中“动作”先后次序的抽象，图论中的“遍历”是对顺序功能图中任务“执行”的抽象。显然，在该图中，系统一旦开始执行“遍历”算法，其每个节点的停顿是事先规定好而无法更改的，而实际的过程可能是在某个节点处要求允许更改停顿时间，这样原有图论模型就存在着天然的缺陷。

图 3－30(b)所示为插入了修正流程的有向图，显然这是一个重新构造的图论模型。首先，这里增加了 4 个节点，那就是 e，f，g 和 h，然后从上到下又添加了有向线段，如从 a 到 e 曲线往上凸的，而从 e 到 a 曲线是往下凸的，也就是说，它们是有方向的，为了简化作图的过程，一些图论书籍中就将其简化成一条两端都带箭头的直线，如图中虚线所示。其他节点的构造过程同理。显然后者比前者多出了一些分支。现在仅列写图 3－30(b)所示的图论模型，并对两个图论进行比较。

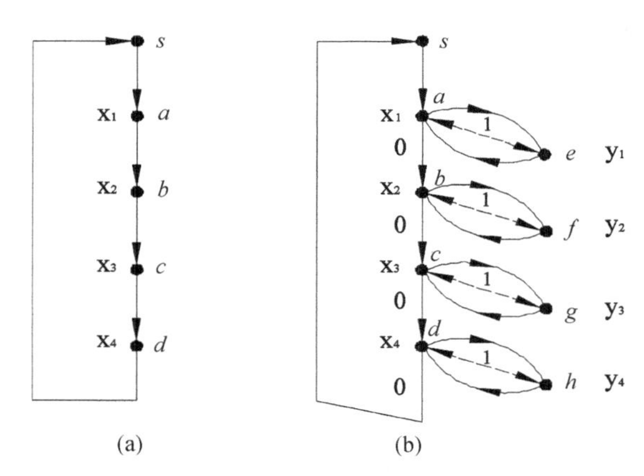

图 3－30　图论建模的图例

对于任意一个有向图，我们总可以写出它的通用表达式：

$$G=(V(G),A(G)) \tag{3-1}$$

则针对这个具体图形可以分别写出顶点集合与边集合表达式：

$$V(G)=\{s,a,b,c,d,e,f,g,h\} \tag{3-2}$$

$$A(G)=\{sa,ab,bc,cd,ae,ea,bf,fb,cg,gc,dh,hd,ds\} \tag{3-3}$$

以下进行图论的数学建模。

给定状态点集合：　　$S = \{x_1, x_2, \ldots, x_n\}$　　(3-4)

修正状态点集合：　　$R = \{y_1, y_2, \ldots y_{n-1}\}$　　(3-5)

在集合 S 中可以构建第一种有效边集合：

$$A = \{x_i x_{i+1} \mid i = 1, 2, \ldots, n-1\} \tag{3-6}$$

在集合 R 中可以构建第二种有效边集合：

$$B = \{x_i y_i x_i x_{i+1} \mid i = 1, 2, \ldots, n-1\} \tag{3-7}$$

我们可以考虑以下最大流问题：

$$\max \sum_{i=1}^{n-1} C(L_i L_{i+1}) \tag{3-8}$$

约束条件：$L_i = x_i x_{i+1} \in A$　或者 $L_i = x_i y_i x_i x_{i+1} \in B$ 且 $i = 1, 2, \ldots, n-1$；

其中 $C(L_i L_{i+1})$ 表示有向边 $L_i L_{i+1}$ 的容量。

实际上，只要找到合适的路径 $L_1, L_2, \ldots L_i \ldots L_{n-1} \ldots$ 上述问题即可迎刃而解。针对上图的问题，只要取 $n = 4$，并且进行如下赋值：$x_1 = a, x_2 = b, x_3 = c, x_4 = d$，边集 A 中每条有向边容量为“0”，边集 B 中每条边有效边容量为“1”，若遇到某个状态点 x_k 故障，令 $C(x_k \cdot x_{k+1}) = 1$，即可以转化为上述最大流问题。

经过模型重构后，尽管图的最大流在数量上有所增加，这在一定程度上降低了节点“遍历”的效率。由于仍然具有封闭性，因此系统呈现出稳定性状态，这对于控制系统是至关重要的。在这里，我们先从数学通论的角度分析原有模型的缺陷和新构造模型的优越性，如何在实际的梯形图中实现这个想法，将在后面的章节中介绍。

3.6　SET—RST 指令序列

以续流方式编写的梯形图程序在表现控制信号与输出线圈之间具有合理的能量对应关系，这种表达方式非常适合逻辑分析。由于需要维持线圈能量，程序中含有大量节点用以维持自锁，因此这种方式编写出来的程序看起来比较庞大。此外，置位和复位语句由于具有锁存功能，因此线圈的锁存是不需要通过外部续流的，这样就可以节省许多空间，程序看起来也更简洁。我们首先可以通过一个例子来理解这种特性。图 3 - 31 所示为我们熟悉的时序图，除了采用我们熟悉的续流方式实现梯形图外，现在我们采用 SET - RST 指令来实现。图 3 - 32 所示为实现该控制要求的梯形图。

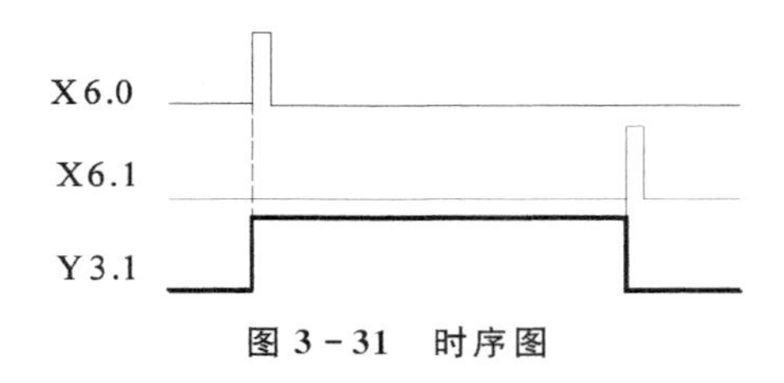

图 3 - 31　时序图

从梯形图的实现过程来看，采用了两个网络模块 B1 和 B2，在按下 X6.0 时，Y3.1 线圈得电，此时即使 X6.0 松开，Y3.1 线圈还是继续保持得电状态，因为这里使用的是 SET 指令，该线圈具有保持性；这个过程表示电机启动成功；当按下 X6.1 时，线圈 Y3.1 线圈失电，我们也称为复位，也可以表达为电机停止。因此，这里的时序图和梯形图是完全对应的，这也是一种启动-停止模式的实现方法。同时也请大家注意，这里虽然产生了“双线圈”Y3.1，由于采用的是 SET—RST 指令，这样的双线圈是合法的，也是国际电工委员会 IEC 所允许的。

由于 SET - RST 语句在控制线圈时不需要构成自锁回路，因此程序画面看起来会简洁一些，同时在由这个指令对编制常见的程序结构时也有其独特的构造方法，使得编写过程变得有章可循。以下将介绍这些环节的实现方法：

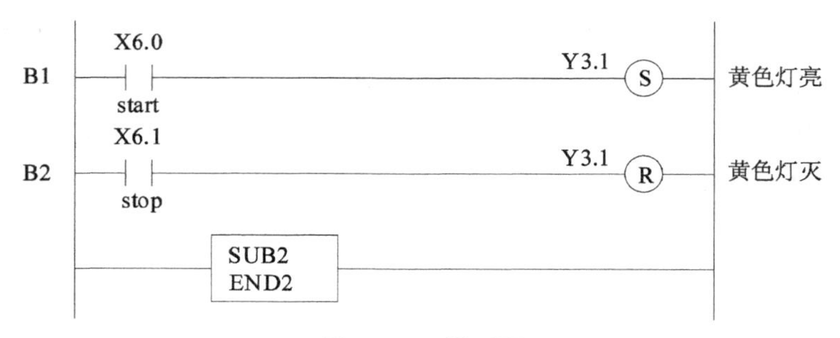

图 3 - 32　梯形图

3.6.1　顺序结构的实现

图 3 - 33 所示的顺序功能图是大家非常熟悉的，我们已经能够采用经典续流方法来熟练地处理这类问题了。现在，我们还可以用置位-复位语句来实现

这样的功能，在由顺序图转换成梯形图的过程中，只有虚拟步的实现是相同的，其目的仅仅是使线圈 R10.0 得电，而后面的过程则可以顺序地使用 SET－RST 指令对。在顺序功能图中，在其之前只要按照“线圈-节点”的形式进行正确的排列就行了。

例如：

R10.0 X6.0；

R10.1 T1

……

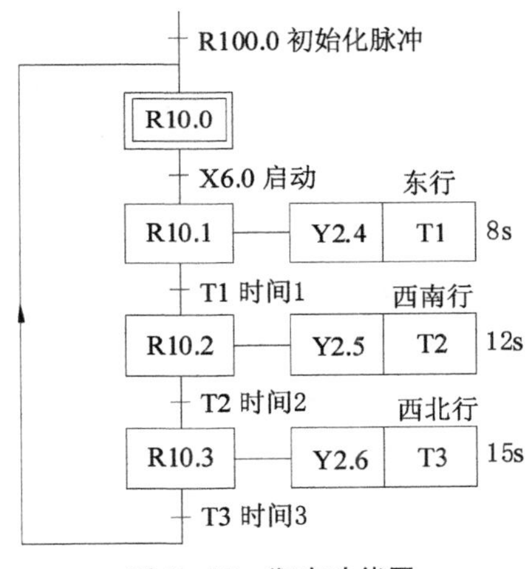

图 3－33 顺序功能图

在图 3－34 所示的梯形图中，B1、B2 和 B3 构成了虚拟步 R10.0；B4、B5 和 B6 模块相当于 R10.0、R10.1 和 R10.2 这三个实际步，在这里可以清楚地看出线圈和节点的对应关系，其主要思想还是启动(SET)下一步，停止(RST)上一步，这个思想与续流方式是一致的；B7 模块相当于顺序功能图中的返回线；B8、B9 和 B10 为三个动作环节；B11、B12 和 B13 为三个定时器，用于对三个动作的时间控制。

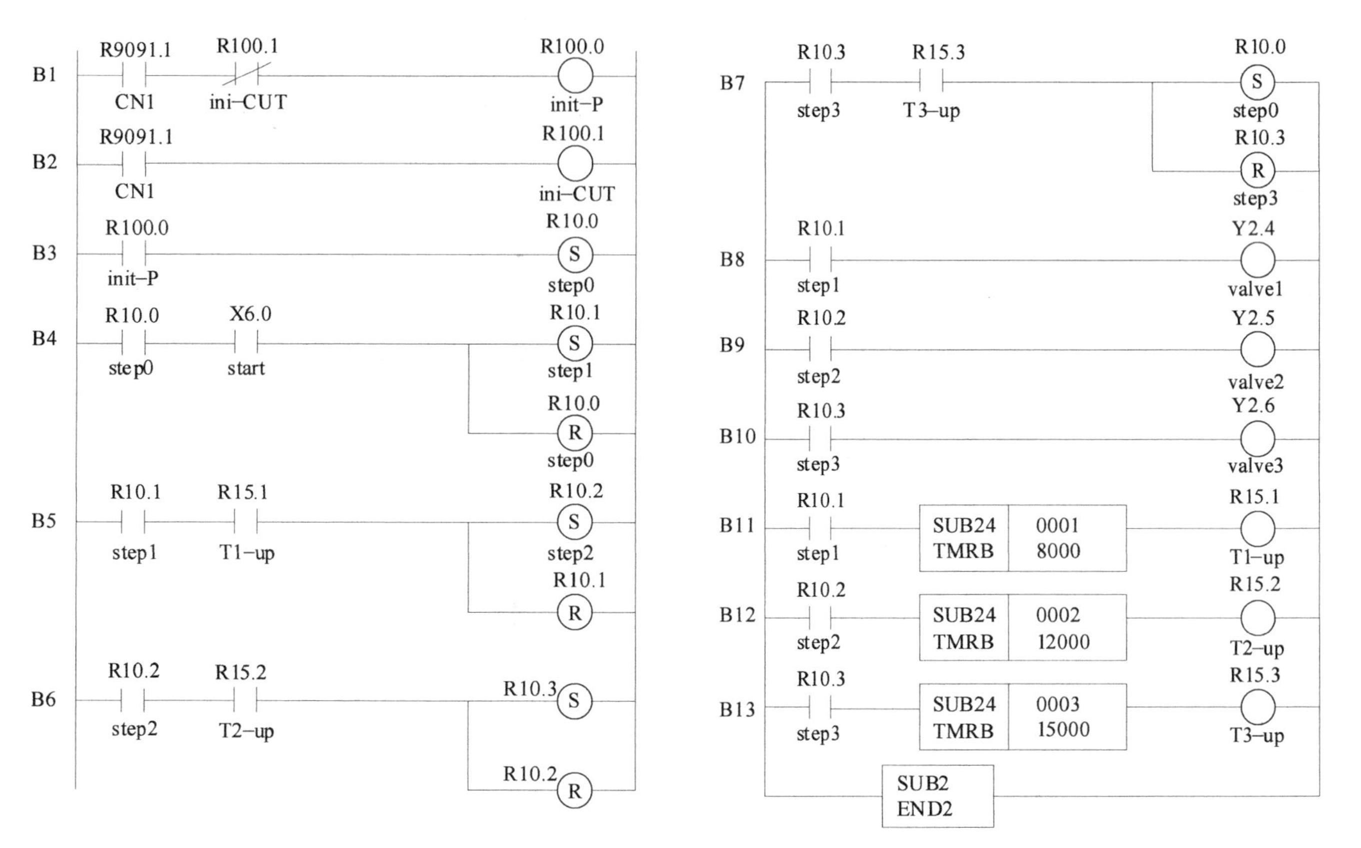

图 3－34　顺序功能梯形图

3.6.2 重复结构的实现

图 3-35 所示为带有重复结构的顺序功能图，与只有单循环的程序结构相比，它多了一条内环，这样可以在一定的条件下重复地实现内环的动作而不必再去按启动按键。当然，如果你按停止按键，系统也只有在结束周期运行后才最终停止运行。

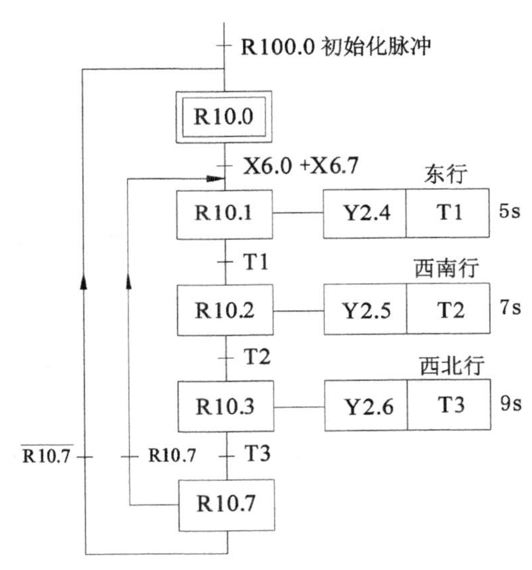

图 3-35　带有重复结构的顺序功能图

图 3-36 所示为带有重复结构的梯形图程序，下面仅仅将关键点进行描述：B9 模块中，X6.0 为启动按键，这个按键与 B4 模块中的 X6.0 是同一个按键，但是作用是不同的，当 B9 中的 X6.0 按下后，R10.7 线圈得电，在这种情况下，当周期控制执行到 B7 模块时，程序会“继续”重复实际步的动作，但是当按下 X6.7 停止按键时，线圈 R10.7 失电，如果周期控制还在继续执行，并且执行到 B8 模块时，程序会返回到虚拟的初始步 R10.0，这时周期控制停止了。

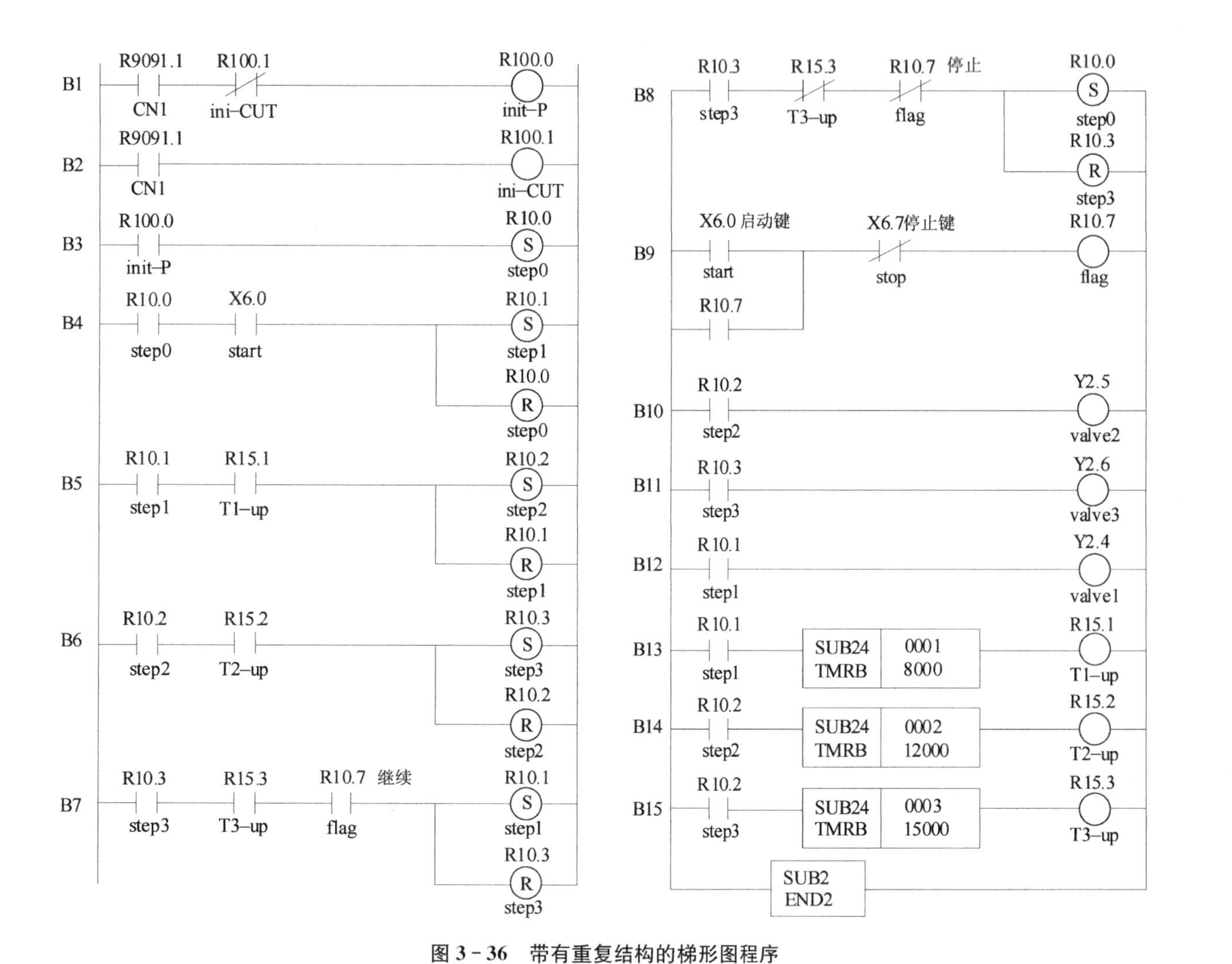

图 3-36 带有重复结构的梯形图程序

3.6.3 狭义并行结构的实现

狭义并行结构是泛指按下启动按键后，2 个或 2 个以上的任务是“同时”进行的一类控制结构。图 3－37 所示为带有狭义并行结构的顺序功能图，通过带有续流方式的转换方式可以实现这类顺序功能图向梯形图的转换。其主要特点是，采用先写出一条“主回路”的方式，然后再进行一些增补，而现在我们可以采用观察“线圈-节点”的方式来写出梯形图，大家会觉得这个方式比前述的更简便。

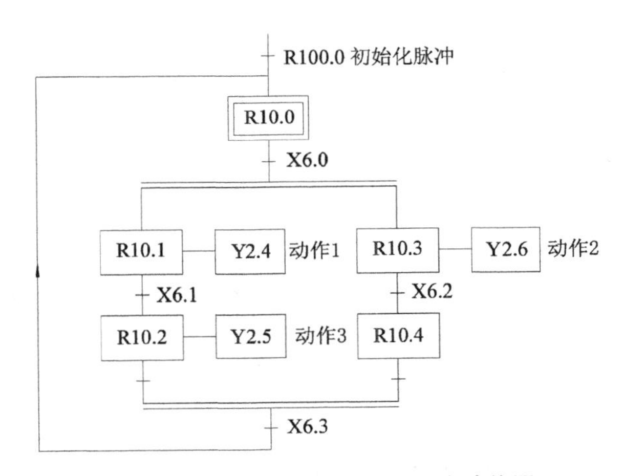

图 3－37　带有狭义并行结构的顺序功能图

图 3－38 所示为带有并行结构的梯形图程序，请注意 B4 和 B7 模块是并行入口和出口的处理方法，在一组控制节点后出现了两个以上的 SET 和 RST 语句(图中是 3 个)，这是处理更多并行任务的典型手段。该方法比较直观，可以避免续流法中因各种自锁关系所带来的困惑。

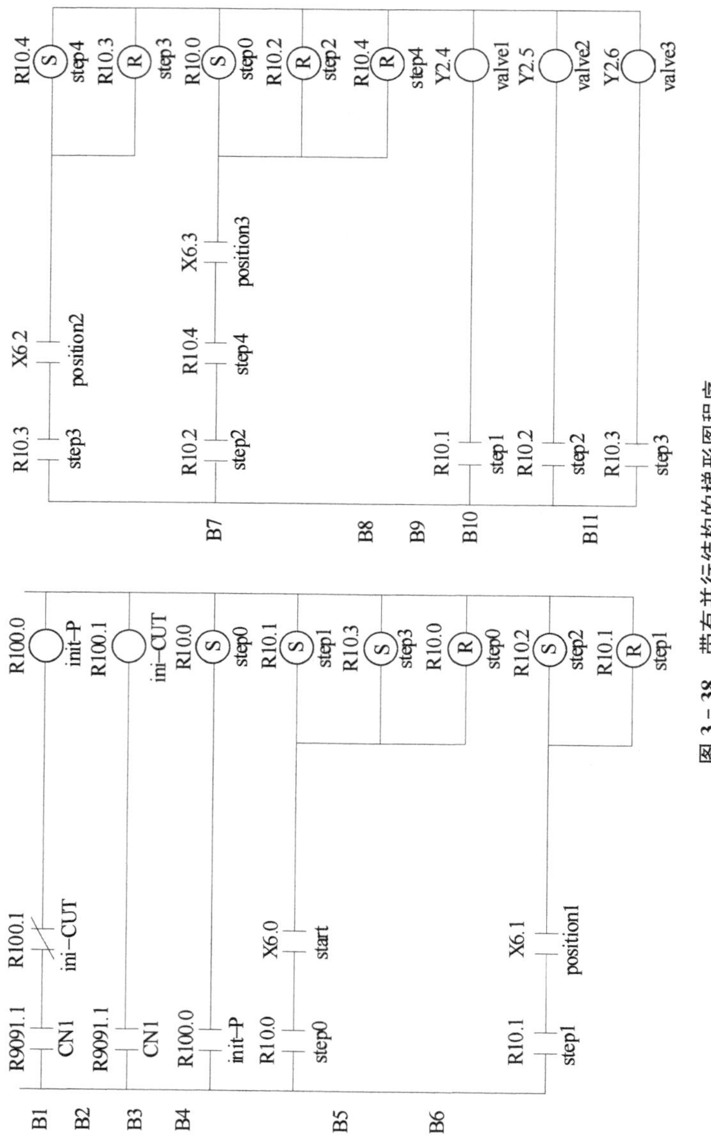

图 3－38　带有并行结构的梯形图程序

3.6.4 广义并行结构的实现

广义并行结构是指按下启动按键后，根据分支的不同条件而进入各自的程序执行过程，也可以将其看成是分支的一种形式。我们通过一个地下停车库通道控制来说明这种情形的应用方式。某高层建筑下有一个停车场，街道上的汽车要进入停车场需要经过一个单方向通行的地下通道，当通道内有汽车时，在通道的两端有红灯指示，表明此时汽车不能进入，如果通道指示灯为绿色，表明汽车可以进入。另一方面，为了检测汽车是从那个方向进入的，还在通道的两端安装了两个光电检测开关，有车进入通道时，光电开关检测到车的前沿，两端的绿灯熄灭，红灯亮，以警示后方的车辆不能再进入通道，车开出通道时，光电开关检测到车的后沿，两端的红灯熄灭，绿灯亮，别的车可以进入通道（脉冲信号）。图 3－39 所示为地下停车场通道控制示意图，根据这个地下停车场示意图可以绘制出图 3－40 所示的带有多分支的并行顺序功能图。初始状态时，地下通道内没有汽车，显示为绿灯。以下分两种情况讨论，如果汽车从街道进入停车场，汽车的前身先碰到光电开关 X6.0，此时红色信号灯亮，表明地下通道内有汽车，警示外部车辆不要进入，当汽车离开地下通道，并且获得 X6.1 的下降沿时，表明汽车完全离开了地下通道，红灯熄灭，绿灯亮起，表明其他车辆可以占用该通道；从停车场开往街道的信号分析同上。该图可以比较精确地表达从街道或停车场进出地下通道的严格的逻辑关系。

图 3－41 所示为地下通道控制梯形图程序。

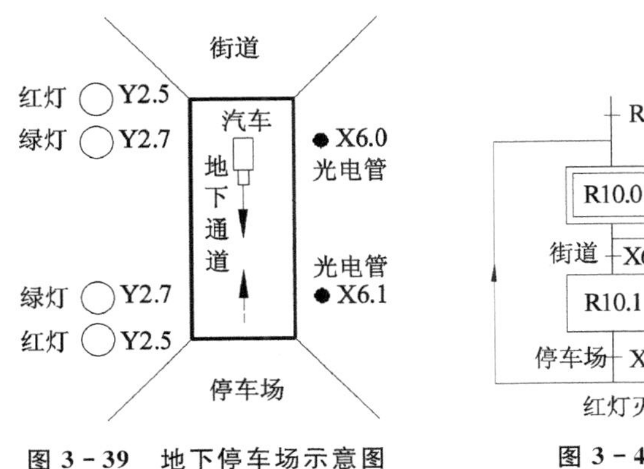

图 3－39　地下停车场示意图

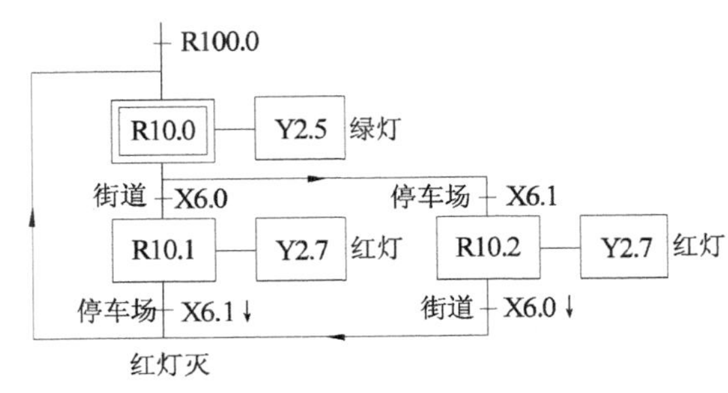

图 3－40　带有多分支的并行顺序功能图

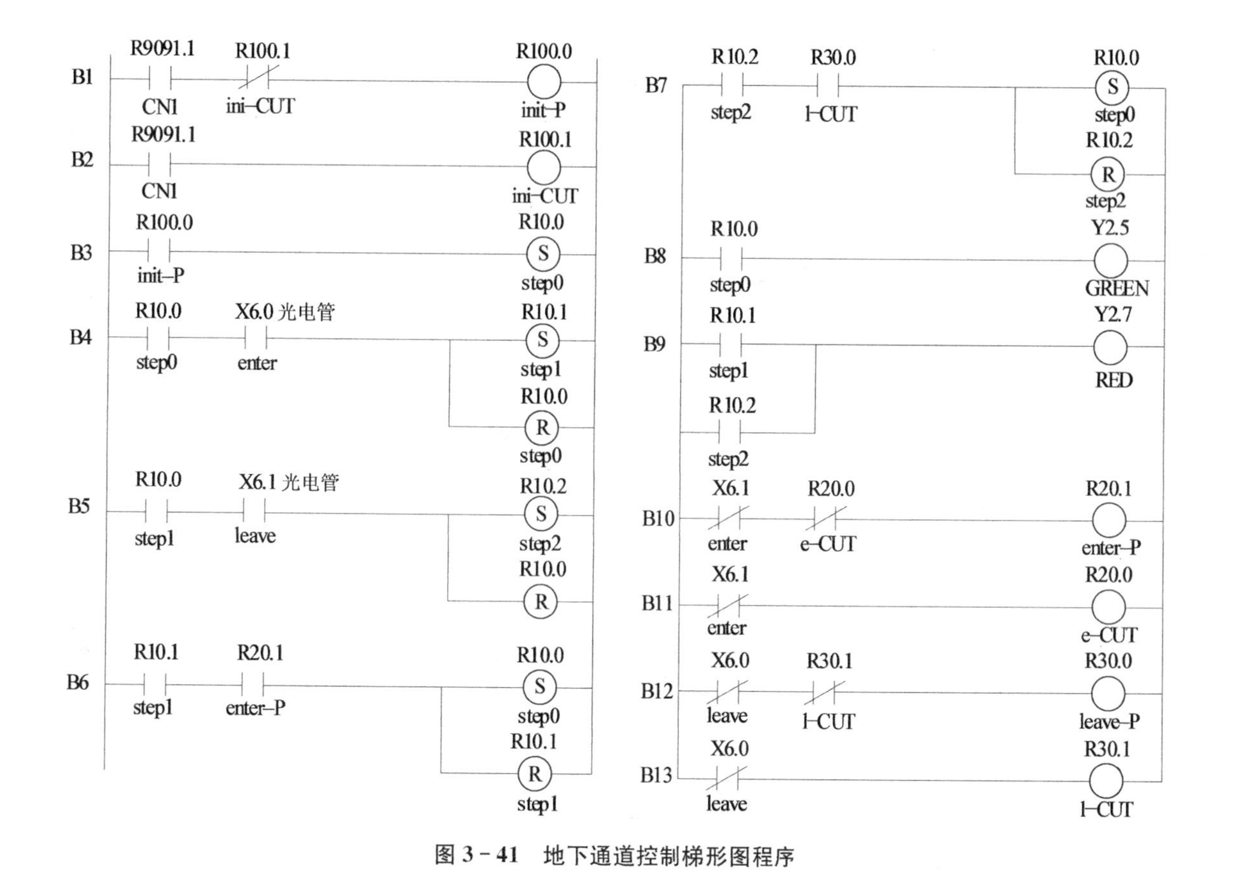

图 3-41 地下通道控制梯形图程序

3.7 工程项目设计

3.7.1 混合方式控制

在柔性生产线上,物料在运送和装夹过程中需要检测启动或者位置信号、控制运输皮带或者液压控制阀等,甚至还需要根据现场情况更改工艺流程的走向,因此一个完善的柔性制造生产过程,将包括选择、顺序、重复和并行等多种程序结构的编写和调试。图 3-42 所示为一个从现场抽象出来的顺序功能图。请读者根据这个图编写梯形图程序并调试出正确的结果。

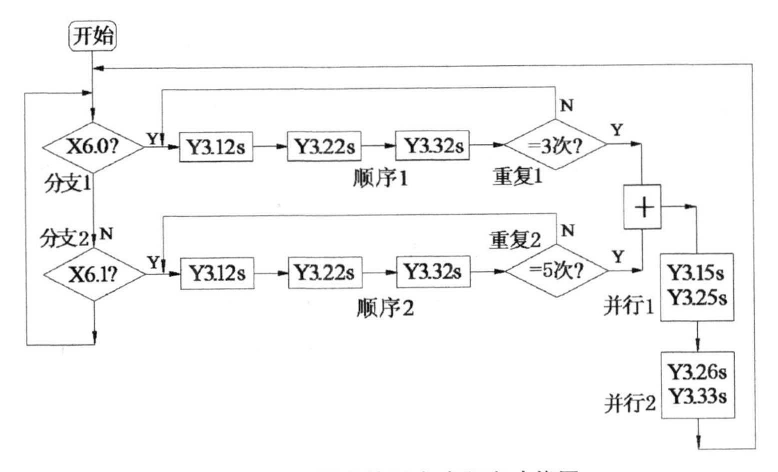

图 3-42　混合控制方式顺序功能图

现在对图 3-42 所示的顺序功能图作一简要说明:程序开始执行后,首先扫描按键 X6.0 和 X6.1,如果两个按键均没有被按下,则继续循环扫描,如果 X6.0 被按下,则执行顺序 1 的程序段,在执行了一个完整的顺序 1 之后,首先判断执行的次数是否到达 3 次,如果没有到达 3 次,则再次执行这个顺序 1 程序段,直到执行完这个程序段,X6.1 的分支也有类似的情况,这里不再赘述;这两个重复执行完之后,后面依次执行并行 1 和并行 2 的程序段,然后继续返回到循环扫描阶段,循环往复。在编写对应的梯形图程序时,要严格按照这个顺序功能图所规定的信号流程按部就班地去实现,以防止遗漏。

3.7.2 机器人扫地控制

1. 流程描述

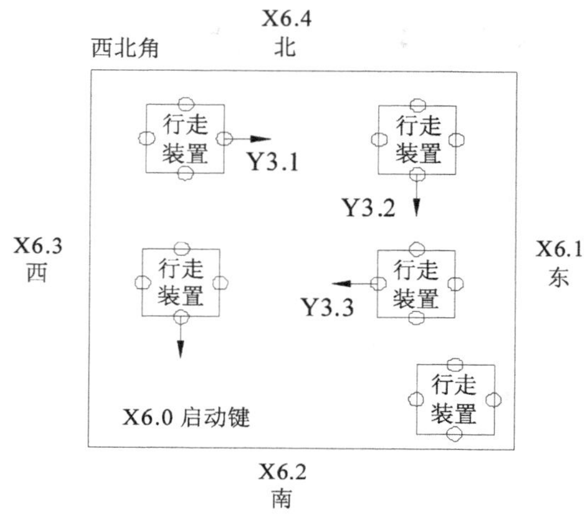

图 3-43　机器人扫地示意图

如图 3-43 所示，设想在一个任意形状的房间（为了说明问题方便，图中给出的是矩形）内摆放一个可以在四个方向行走的机器人，机器人行走装置在理想情况下可以放在房间的西北角作为出发点，也可以放在房间任何一个地方作为出发点。按下启动按钮，机器人行走装置向东移动，当遇到东墙后，停止东行并开始向南移动，向南移动的时间是有规定的，如 10s（可以根据情况任意设定），然后进行情况判断：情况 1，在规定时间之内遇到南墙，行走装置停止；情况 2，在规定时间内没有遇到南墙，停止南行并向西面运行，当遇到西墙时，停止西行并向南运行，继续进行两种状况的判断：在规定时间内遇到南墙，行走装置停止，否则，继续东行，周而复始。可以看出，这是一个从左到右，从上到下逐行扫描的过程。程序的停止点有两个：东南方向的停止和西南方向的停止。

2. 顺序功能图设计

通过图 3-43 所示的机器人扫地示意图和文字描述，我们当然可以直接编写梯形图程序，由于这个过程比较复杂，比较好的方法是我们可以在示意图的基础上先认真绘制出其对应的顺序功能图，这样便于我们按部就班地且没有遗漏地编写梯形图程序。实际上，由于每个人对于示意图的理解不同，由此写出的顺序功能图也可能有所不同，但是我们可以通过比较最终写出一个最精练的顺序功能图，这对于编写梯形图和调试是大有好处的。图 3-44 所示为笔者写出的机器人扫地顺序功能图，读者也可以根据自己的理解写出顺序功能图。图中，Y3.1、Y3.2 和 Y3.3 是东、南和西三个方向的输出信号；X6.0 为启动信号；X6.1、X6.2 和 X6.3 是东墙、南墙和西墙的位置开关；T0 和 T1 为定时器，其时间是可以自由设定的，时间设置得越短，行走的路线越密集，这个可以根据房间的大小灵活进行设置。

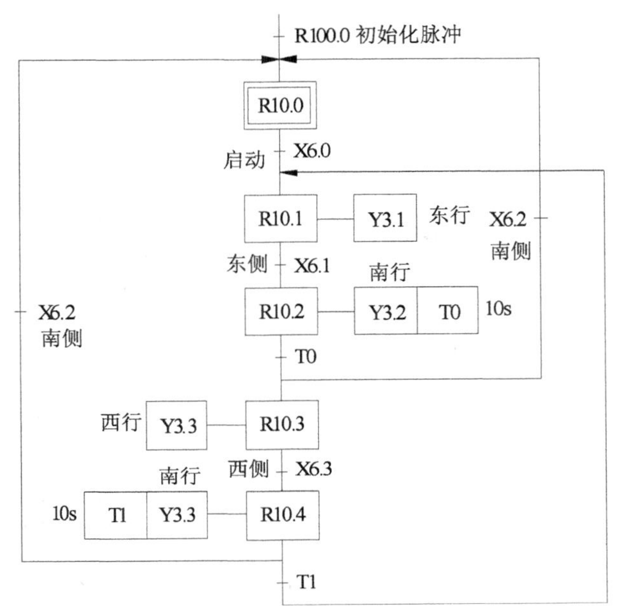

图 3－44　机器人扫地顺序功能图

3. 程序设计

通过图 3－44 所示的顺序功能图我们可以设计出对应的梯形图，对于比较复杂的顺序功能图与梯形图之间可能并不一定完全对应，这里给出了笔者写出的一种梯形图方案，如图 3－45 所示。该梯形图共有 13 个模块组成，B1 和 B2 为初始化脉冲模块；B3 为虚拟步形成模块，其中 R10.2 表示从东南方向返回到初始步，R10.4 表示从西南方向返回到初始步；B4～B7 为四个实际步，图中标出了各个环节的转换条件，如位置信号和延迟信号等；B8 为最小完整周期返回点，在特殊情况下，如果行走装置首次启动并在南行时就撞击了南墙，则这条指令就执行不到了；B9、B10 和 B11 为动作模块，主要输出动力信号；B12 和 B13 为时间延迟模块。

4. 软件的改进之处

笔者在这里采用的是续流法编写的梯形图程序，为了减小篇幅，在 B8 模块采用了一组 SET—RST 指令，建议读者可以将这两条语句也用续流方式来写。如果你采用脉冲方式处理信号，程序可能会稍微长一些，但可以避免双线圈，这样整个程序的风格也比较一致。

5. 硬件的改进之处

以上设计的梯形图可以在数控机床 PMC 环境下正确执行，可以验证算法

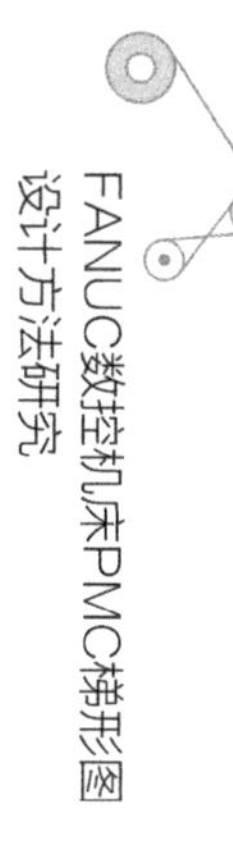

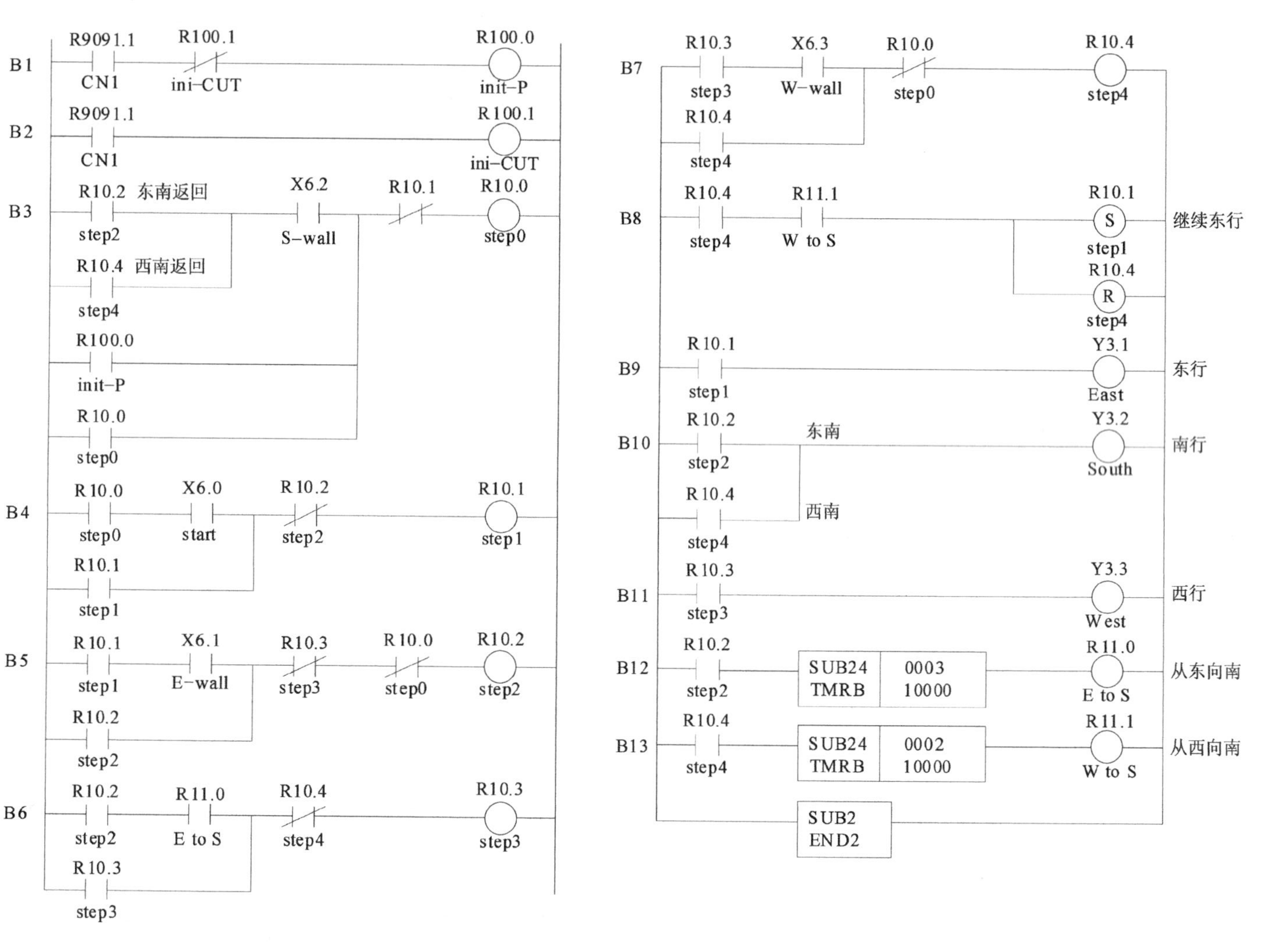

图 3-45　机器人扫地梯形图

的正确性，但是看起来不是很直观。读者可以自己组装一个实体的小型行走装置，内部的可编程序控制器可以采用紧凑型(充电电池供电)，同时做一个四轮驱动装置，采用上述算法就可以实现真正可移动的行走了，你会看到小车在房间内按规定的方向行走，不撞南墙不停车。如果你有兴趣，动手试试吧。

6. 风格改变的尝试

这段梯形图程序还可以采用我们前面学到的 SET—RST 语句组来实现，相比续流法，这个方式编写程序也许会简便一些。

3.7.3 十字滑台的精确移动

任务描述 对于一台已经检修或拆装过的数控车床的十字滑台以匀速方式从当前坐标(Z,X)由 $A(1,1)$移动到 $B(35,35)$，基本单位：mm，分辨率：μm。

为了实现这样一个任务，我们需要了解一些预备知识。

1. 十字滑台简介

十字滑台是由伺服电机通过丝杠将两个轴的直线位移转换成刀具的曲线加工位移的一种机电混合传动装置。它具有刚度高、热变形小和进给稳定性强等特点，是数控机床中对金属实现切削加工的核心部件。在伺服放大器的控制下，伺服电机产生旋转运动，电动机的主轴拖动丝杠也实现同轴旋转，利用滚珠丝杠和线轨获得较高的精度位移。其四工位刀架上装有硬质合金刀具，对夹持在主轴卡盘中的旋转工件进行切削处理，切削精度受十字滑台机构误差以及程序控制的综合影响。目前的加工当量可以控制在微米级别，相当于毫米的千分之一。十字滑台的组成结构如图 3-46 所示。

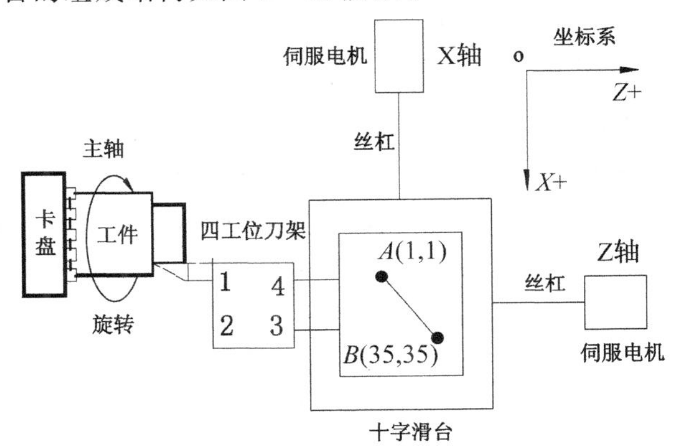

图 3-46 十字滑台的组成结构

2. 输入/输出信号定义

为了使滑台在 X 轴和 Z 轴四个方向受人工控制移动，这里特别设定了四个方向按键，它们分别可以在手动方式下控制伺服轴向四个方向移动，其输入/输出变量见表 3－1 所示。

表 3－1　十字滑台输入/输出信号定义

序号	功能键	输入信号	输出信号	作用方式
1	→	X6.7	G100.1	$Z+$
2	↓	X10.4	G100.0	$X+$
3	←	X10.2	G102.1	$Z-$
4	↑	X10.0	G102.0	$X-$
5	钮子开关	X6.7(0:自动 1:手动)		

3. 紧急停车的处理

由于移动的是十字滑台，一旦出现紧急情况，应确保按下紧急停止按钮时当前的两个轴能够瞬间停止。因此，在梯形图的一级程序中，注意设计好这段程序，以保证人身和设备的安全。

4. 键盘扫描的特殊处理

为了使伺服电机能够控制十字滑台运行，首先要将程序设置在数控系统认可的“手动”方式下，一种方式是事先写入键盘扫描程序。根据该数控系统对于键盘的定义，可以人为设置一种状态，令 G43.0＝1 和 G43.2＝1，这样会出现对数控系统的“刺激反应”，最终使 F3.2＝1，这就是数控系统认可的“手动”方式。在本书的第 6.1 节内容中会专门讨论键盘的完整扫描过程。

5. 伺服的调速问题

为了控制伺服电机的运行速度，需要对速度倍率进行控制，以倍率开关为输入信号，根据开关的编码规则(二进制或者格雷码)依次从表格里读取速度，这个表格的组织形式如图 3－47 所示的 B11 模块，表格中采用二进制补码进行速度定义。这里的波段开关采用 5 条数据线，最大的寻址范围有 32 个速度值，由于波段开关位置数的限制，实际使用了 21 个速度，这样可以满足手动控制速度的要求。

6. 窗口指令与数据处理

为了使十字滑台在规定的起点 $A(1,1)$移动到终点 $B(35,35)$，单位：mm，

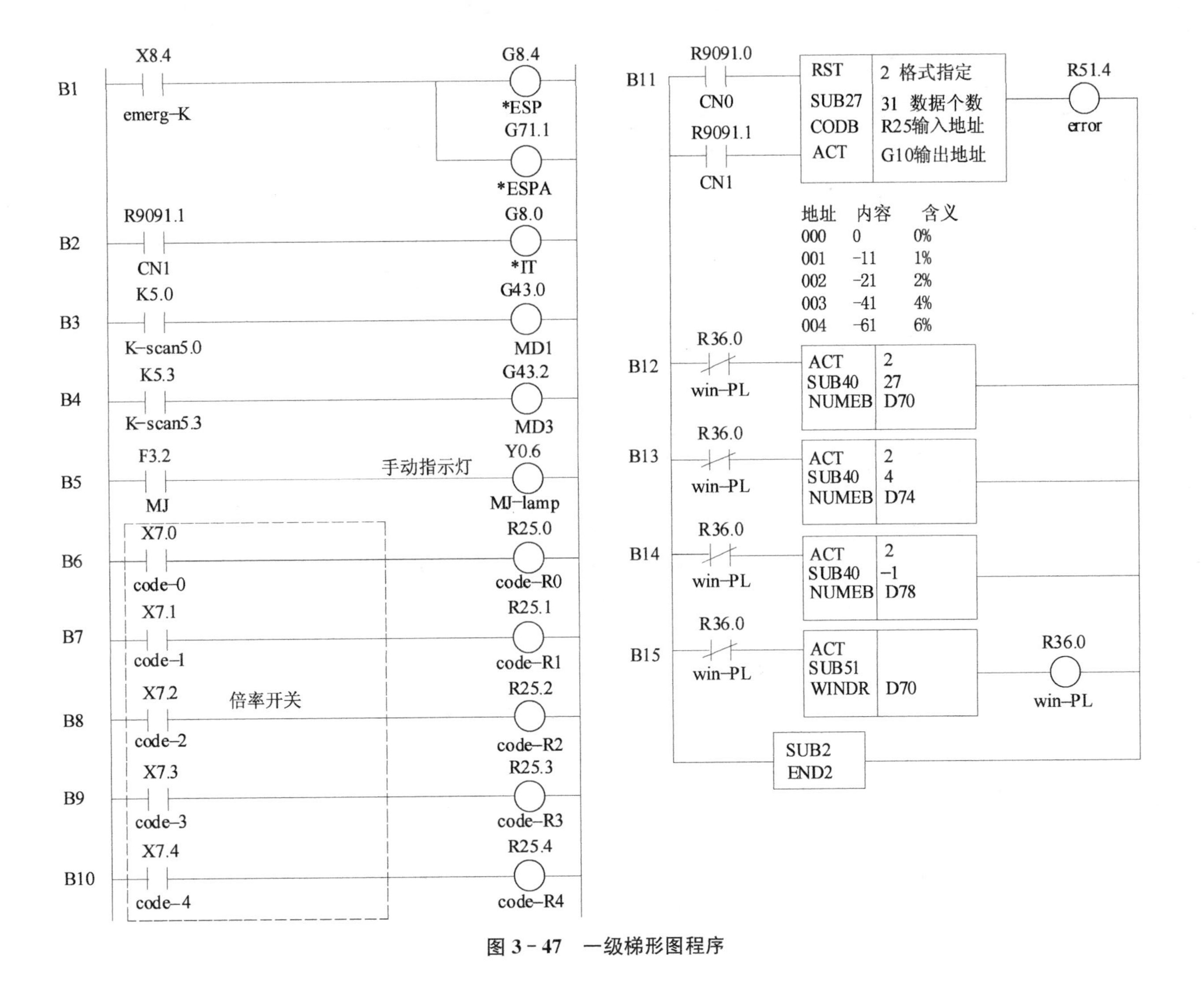

图3-47 一级梯形图程序

我们就需要在屏幕上看到这个数据，或者在内存的指定单元中访问这个数据。通常情况下，机床机械坐标的数据是被“隐藏”起来的，如果需要观看或调用，先必须编写正确的窗口指令，这里主要是设定一些关键字，它们包括：申请读取绝对坐标值、数据长度的确定（如 4 字节）、数据属性（读取轴的个数）以及数据安排的首地址（如 D80）等，只有正确设置这些参数，我们才可以实现对绝对机械坐标的访问。

其次，还有一个数据处理的问题。首先，我们来看一下如何将 $A(1,1)$ 存入到数控单元，这里的“1”表示的是 1mm，由于该数控单元采用的是整数运算，而其加工的最小当量是 1μm，因此在数控单元内，这个数值应该是 1000(μm)。由于在机器内是以二进制方式存放的，其二进制值为 3E8，另一方面，由于该数控系统是以 4 个字节来存放一个整数，因此正确的存放方式从低字节到高字节为 (00,00,03,E8)；同理，35mm 存放的数据为 (00,00,98,58)。

7. 数据比较指令的应用

当我们正确地读取了机械坐标值，也写入了比较关键字，余下的事情就是在十字滑台运行过程中对这些数据进行在线比较，当满足条件瞬时停止滑台运行。这里的比较有大于、大于或等于、小于、小于或等于以及相等比较等数据比较指令，这些可以根据工作任务的需要进行适当的选取。

8. 建立一个并行处理的顺序功能图

为了使 Z 轴和 X 轴能够同时移动，起点为 $A(1,1)$，终点为 $B(35,35)$，这里建立一个具有并行结构的顺序功能图，如图 3－48 所示。这个结构虽然非常简单，但是我们却实现了一个重要的突破：现在控制的不是传统的 Y 信号，而是 G 信号，这是使 Z 轴和 X 轴正向移动的信号。同时，这个移动过程还要受到数值

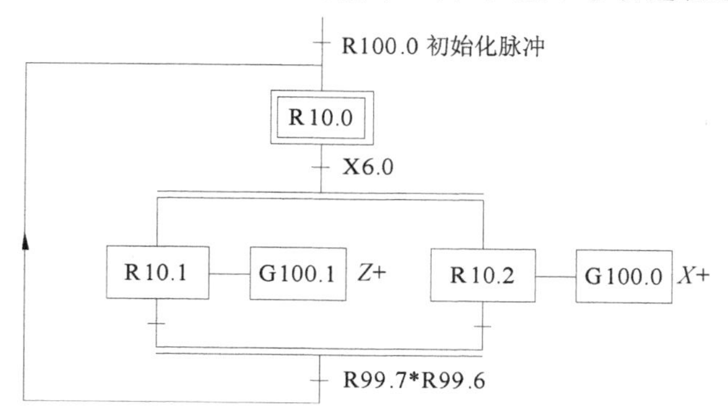

图 3－48　控制十字滑台运行具有并行结构的顺序功能图

比较的控制，考虑到十字滑台移动到终点后，如果需要再次将其移动到起点，还需要增加一个“手动”移动环节。由于这个过程在顺序功能图中的表达比较复杂，因此这部分控制要求就以文字增补的方式加以说明，即在实际的程序控制中含有“手动”操作。

9．程序设计与调试

控制十字滑台运行的程序设计要分成两级，一级程序和二级程序。其中一级程序包含紧急停止、按键扫描以及数据窗口初始化等，这一部分程序可以在以后的程序中继续使用；二级程序包括两个轴的移动、数值判断以及手动-自动转换操作等。现在以模块为单位分别介绍这些程序代码的作用：

在一级梯形图程序中(图 3－47)，B1 和 B2 为紧急停止模块，其中 X8.4 为紧急停止按钮；B3、B4 和 B5 为一段简化的键盘扫描程序，其中 G43.0 和 G43.2 同时设置成逻辑“1”时，数控系统会认定处于“手动”状态，这时 F3.2 会被系统强制为 1，面板指示灯 Y0.6 会被点亮；B6～B10 为伺服速度倍率开关，有 5 条数据输入线：X7.0～X7.4，这样可以代表 32 种不同的数据组合状态；B11 是专用模块中的 SUB27，是二进制码转换成十进制码的变换器，在模块的参数设置中，格式指定写成“2”，表示被变换的数据为 2 个字节宽度，数据个数为 31，表示该模块分配了 31 个单元用于存放数据，输入地址为 R25.7～R25.0，实际只用了低 5 位，G10 存放的是手动倍率，具体的数据见该模块下边列出的数据格式。在这里，十字滑台的移动速度可以受到控制。

B12～B14 为常数赋值语句，也就是将一些特定的数据存入到指定单元中去。B12 将 27 存入到 D70 单元，27 是数控系统定义的关键字，意思是从数控单元读取机械轴的绝对位置，数据宽度为 2 个字节，以下同；B13 将关键字 4 传送到 D74 单元，4 表示将读取的坐标轴的数据宽度为 4 个字节的整数；B14 表示将 －1 传送到 D78 单元，－1 表示可以同时读取三个轴的数据，如 X、Y 和 Z 轴。B15 是读取数控单元的窗口指令，其首地址为 D70 加上 10 个偏移量，实际以 D80 为首地址。到此位置数控车床 X 轴和 Z 轴的当前数据将被存放在 D80 和 D84 开始的连续 8 个单元中，并且可以在 POS 模式下在线看到这些数据的变化情况。

在二级梯形程序中(图 3－49)，B1 和 B2 为形成初始化脉冲；B3 为虚拟准备步，使 R10.0 线圈得电；B4 模块中 R50.0 也是由手动返回自动的一种情况；在 B5 模块中，X6.0 为启动按钮，启动后执行一组并行语句，使 R10.1 和 R10.2

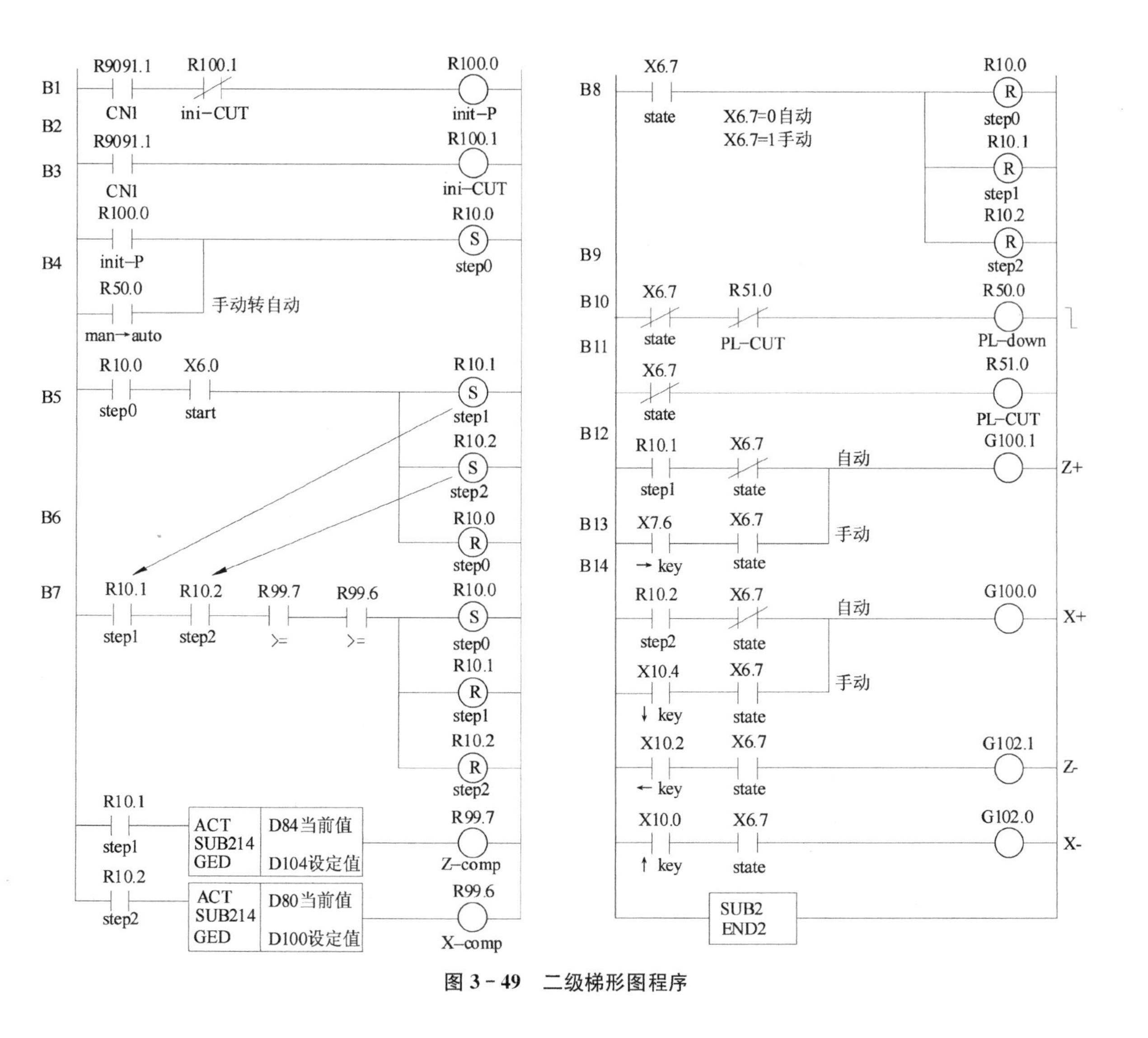

图 3-49　二级梯形图程序

线圈得电，这样就启动了 B6 和 B7 步的数值比较语句，SUB214 则将当前值与设定值进行比较，只有在当前值大于或等于设定值时，其控制线圈才会有效，当然在 D100 和 D104 单元内应该实现将设定值用手工写入，按照题意写入 35000，并以 4 个字节存放；B8 是自动转手动时的清除记忆语句；B9 和 B10 为手动转回自动时执行初始化语句；B11 是对 Z 轴的控制语句，上半句用于自动控制，采用的是数值比较，下半句用于手动测试；B12 模块类似，只是控制 X 轴；B13 和 B14 为手动下控制 Z 轴、X 轴往反方向移动的控制语句，可以让十字滑台再次返回到初始位置 $A(1,1)$。

为了使十字滑台精确移动，这里首次采用了二级程序的编写方法。实际上，一级存储器可以存放一些成熟的或者不需要大量改动的语句，如紧急停止、键盘扫描、窗口初始化程序等。

3.7.4 返回参考点

我们现在考虑这样一种情况，首先将十字滑台的某个位置设置成零点，也就是在 $Z=0$、$X=0$ 处，我们设这点 $O(0,0)$ 为原点。然后，通过手动方式，将其移动到任意一个位置，为了防止移出滑台的允许极限，我们可以设定一个软限位，假设这个值设置为(－35，35)，无论滑台在软限位规定的任何位置内，只要按下启动键，十字滑台总能够回到原点处，请读者编写这段程序。

我们把这个过程绘制成一个草图，如图 3－50 所示。

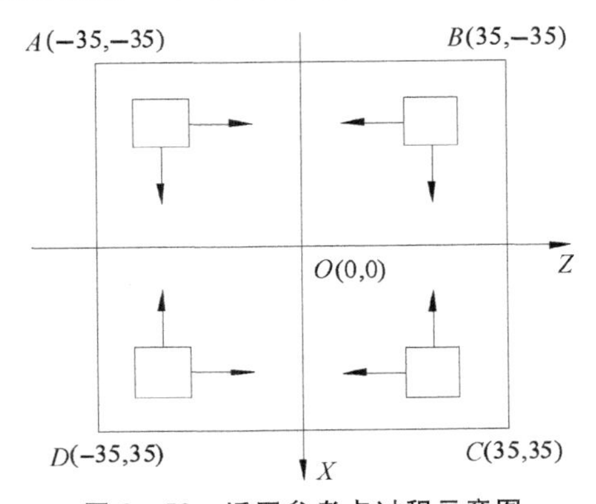

图 3－50 返回参考点过程示意图

为了能够安全地编写并且调试好这段程序，我们先要处理好以下几个技术问题：

1. 设置十字滑台的电气零点

首先假设该滑台没有安装电气零点的限位开关，或者将这个硬件限位的有关特性先消除掉，这样有利于我们理解在光电编码器的环境下在任意位置设置零点的方法。

首先设置 1005＃1 成“1”，这样可以确保软限位回零有效。

设置步骤：SYSTEN→输入 1815→搜索→出现如下数据格式：

		＃5(APC)	＃4(APZ)
1815	X	1	1
	Z	1	1

在 MDI 方式下，把 1815 ＃5，＃4 都设置成“0”，关闭电源；打开电源，首先把 1815 ＃5 都设置成“1”，关闭电源；打开电源，把 X 轴和 Z 轴移动到自己想设置成原点的位置，然后把 1815 ＃4 都设置成“1”，关闭电源；打开电源，此时软限位原点已经建立好。

2. 设置软限位

继续按 SYSTEM→输入 1320→搜索→出现如下数据格式：

1320 LIMIT 1＋

X　999999.000

Z　999999.000

1321 LIMIT 1－

X－999999.000

Z－999999.000

在 MDI 方式下修改 1320、1321 里的数值，1320 为 X、Z 轴软限位正方向值，1321 为 X、Z 软限位负方向值。修改后的形式如下：

1320 LIMIT 1＋

X　35.000

Z　35.000

1321 LIMIT 1－

X　－35.000

Z　－35.000

这样，我们就建立好了软限位，十字滑台一旦试图移出规定的限位，则会产生报警并停车，此时允许反向移动。按数据结构的要求，请读者自己设计顺序功能图和梯形图。

第4章

手部控制力竞赛

4.1 项目背景

为了解决学生们在机床电气组装与调试过程中时而用力过猛将螺丝拧断，时而用力不足导致设备故障停机的实训难题，学生和指导教师一起研究和设计了一个手部控制力测试装置。该装置提供两种测试方法，其一是静态时间测试法，操作者以机器设定值为参照进行手部触觉测试，两者之间的偏差越小，则表明成绩越好；第二种是可变数值测试法，即每次参数设置是不同的，这是一种以某种曲线拟合为特点的动态测试。两种测试方法均通过数学建模与相关性分析来确定最终结果，相关系数越高，成绩越好。经过不同类型的测试者，包括小学生、中学生和本院学生的测试和竞赛结果来看，测试结果与学生的综合能力，包括手部控制力、身体协调能力、事件注意力等方面的特质呈现很好的相关性。这一章学完之后，我们可以通过这个比较大的程序设计项目让大家感受到理解工作要求、编写梯形图程序以及调试代码所带来的快乐、挫折或者灵感，锻炼或者提升我们的想象力、创造力和解决问题的能力。

从项目背景的描述过程来看，这里要解决的是两个人之间对应的数据处理问题。对于其中任何一个选手，设其操作的次数为 X_i，操作的结果为 $f(X_i)$，对于给定的函数 $y=f(x)$ 和 m 个数据点(X_i, y_i)的一个集合，对整个集合极小化最大绝对偏差 $|y_i-f(x_i)|$，即可确定函数类型 $y=f(x)$ 的参数，从而极小化数量为：

$$\text{Maximun}\ |y_i - f(x_i)| \qquad i = 1,2,\cdots,m \tag{4-1}$$

这一准则常称为切比雪夫(Chebyshev)近似准则。进一步地，我们可以写出如下的极小值表达式：

$$\min = \sum_{i=1}^{m} |y_i - f(x_i)| \qquad i = 1,2,\ldots m \qquad (4-2)$$

该准则是我们解决这个问题的数学基础。

4.2 工作任务描述

现在我们将这个抽象的数学问题转化为一个具体的实例。图 4－1 所示是两个比赛选手的样本值分布示意图。在图中，目标设定值为 1000（ms），假设每个选手有 4 次按动按钮的机会，这样每个选手就采集了 4 组样本数据。图中的小黑点分布于给定直线的两边，特殊情况下可能会刚好落在直线上，这些小黑点离直线越近，说明选手所实现的操作值与给定值之间的偏差越小，则该次成绩越好，反之亦然。经过 4 次比较后，偏差小为胜利者。

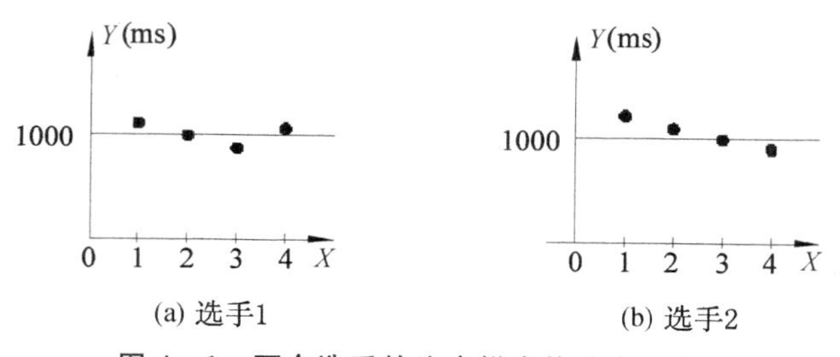

图 4－1　两个选手的比赛样本值分布示意图

1. 程序编写过程的描述

由于这个程序比较复杂，所以在正式编写之前应该先设计一个流程图，该流程图可以依据从上到下、从左到右的原则来描绘。流程图的设计只是表达这个程序的设计思路，它能够准确地指导我们按部就班地进行编码工作而不至于遗漏，图 4－2 所示为两个选手比赛信号流程图。初始化是指机器上电后会产生一个短脉冲，用于对计数器以及其他一些内存单元清零；接着开始采集各个选手的数据，如果没有按下数据采集按键，程序是不会往下执行的，也就是这里要设计成查询状态；当这四组样本数据采集完毕，首先求出各选手的数据总和并保存，接着求出各自样本的平均值；然后计算各个选手的平均值与给定值之间的偏差，对这两组偏差平均值进行比较，小者为优胜者。为了增加比赛气氛，采用信号灯来显示不同的比赛结果：选手 1 为胜利者时显示黄灯，选手 2 为胜利者时显示红灯，两者平手时显示全部三色灯：黄灯、绿灯和红灯，延迟若干秒后停止。

2. 关于平手问题的说明

由于两个选手最终进行的是偏差值的整数比较，两者完全相等的概率还是存在的，尽管这个概率非常小。为了增加比赛的趣味性，这里可以自由设定两者之间的偏差，偏差值设计得越大，则两个选手获得平手的概率就越大，如果设置成零，则平手的难度为最大。另一方面，这个游戏也可以由一个人来进行，其中左手代表选手 1，右手代表选手 2，如果两个手的控制的数值非常一致，不一定完全相等，这样有可能获得平手，刚开始时，你可以将平手差值设计得稍微大一些，这样比较容易获得平手的结果，然后可以逐渐减少数值以增加难度，通过这样的训练，你可以很好地控制两个手的触摸时间，以获得观察、触摸和大脑三者之间的微妙平衡的有效训练。

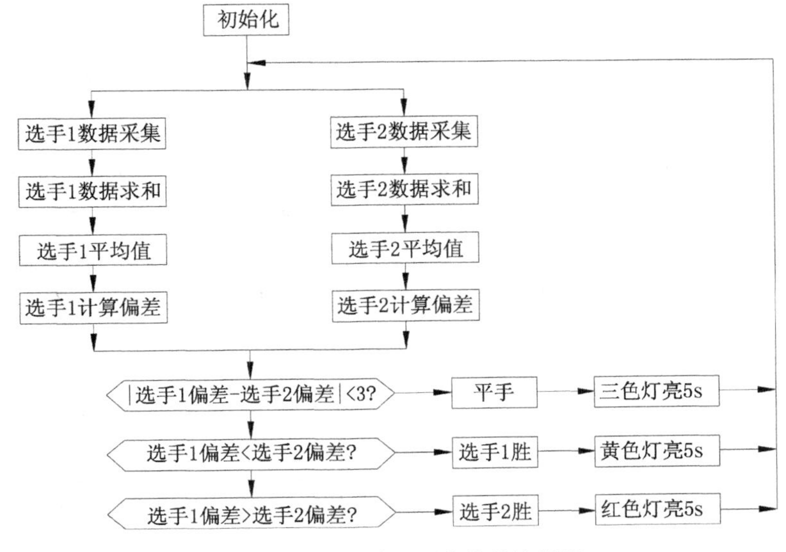

图 4-2　两个选手比赛信号流程图

4.3　数据结构设计

该项目中由于涉及样本的数据采集和计算，因此需要对数据存储单元进行合理的分配，FANUC 数控系统在进行整数运算时可以采用 1～4 字节的存储方式。由于数据不是很大，本次运算采用的是两个字节的整数运算，这样不但可以满足基本运算的精度和数值表达范围，同时也便于在有限的空间内进行数据结构的设计和安排。表4-1为内存数据安排表，设计一个这样的表格非常重要，当然这些数据也许并不是一次都能完全考虑到的，我们可以一边设计程序，一边对变量表进行完善，只要程序中用到的数值变量这里都要写进去，这样便于查考。同时，在程序设计中，这些变量最好用英文单词标注上变量的含义，这样便于阅读程序并迅速理清程序设计的思路。现在对其中一些变量进行简要的说明，序号1～4是记录选手1的四次按键时间，序号2～8是记录选手2的四次按键时间，这些数据可以称为数据样本，作为后来进行数值运算所准备的原料。序号9和10为存放每局的比赛次数，如这里的两个单元均设置为4次，也就是说，在每局比赛中，一个选手只能有4次按键的机会，当然这个数据也可以根据需要随时改变，以满足不同要求的比赛次数。备注栏内还对一些延伸变量作进一步说明，这些变量用来传递信息或说明计算方法。其他相关变量在表格内已经对其作用作了说明，结合后面的程序设计，大家对这些变量会有进一步的理解。

设计一个合理的变量表格是设计复杂程序所必须要做的工作。尽管梯形图程序设计在入门阶段似乎容易上手，但是随着所需解决问题的日趋复杂和庞大化，数值变量的定义就显得非常重要。梯形图程序设计中对于变量的定义、引用和注释方面并没有像C语言那样方便，这就使得大型程序的设计和调试变得更加复杂和难以处理。一个比较好的方法就是一边写程序，一边注意编写所需要的注释和文档材料，以便时刻有效地把握总体和细节方面出现的问题。

表4-1　内存数据安排

序号	地址	作用	备注
1	C0002-C0003	选手1第一次时间存储(1号计数器)	延伸：R10.0 指针1-1
2	C0006-C0007	选手1第二次时间存储(2号计数器)	延伸：R10.1 指针1-2
3	C0010-C0011	选手1第三次时间存储(3号计数器)	延伸：R10.2 指针1-3
4	C0014-C0015	选手1第四次时间存储(4号计数器)	延伸：R10.3 指针1-4
5	C0018-C0019	选手2第一次时间存储(5号计数器)	延伸：R10.4 指针2-1
6	C0022-C0023	选手2第二次时间存储(6号计数器)	延伸：R10.5 指针2-2
7	C0026-C0027	选手2第三次时间存储(7号计数器)	延伸：R10.6 指针2-3
8	C0030-C0031	选手2第四次时间存储(8号计数器)	延伸：R10.7 指针2-4

续表

序号	地址	作用	备注
9	C0032	选手 1 的比赛次数设定(9 号计数器)	默认设置为 5(从 1 开始计数)
10	C0036	选手 2 的比赛次数设定(10 号计数器)	默认设置为 5(从 1 开始计数)
11	C0034	选手 1 的当前次数(1～4)	在 1～4 范围变化
12	C0038	选手 2 的当前次数(1～4)	在 1～4 范围变化
13	D0080	暂存单元 1	选手 1 求和 1
14	D0082	暂存单元 2	选手 1 求和 2
15	D0084	暂存单元 3	选手 1 求和总
16	D0086	暂存单元 4	选手 1 平均值
17	D0088	两选手偏差值之差	偏差=|偏差 1－偏差 2|
18	D0090	暂存单元 5	选手 2 求和 1
19	D0092	暂存单元 6	选手 2 求和 2
20	D0094	暂存单元 7	选手 2 求和总
21	D0096	暂存单元 8	选手 2 平均值
22	D0098	平手设定值	暂时设置为 2
23	D0100	目标值设定	目前设置为 1000ms
24	D0102	选手 1：平均值与设定值之差	偏差 1=设定值－选手 1 平均值
25	D0104	选手 2：平均值与设定值之差	偏差 2=设定值－选手 2 平均值

4.4 数据采集的方法

当一位选手按下指定按钮，屏幕上的时间数值在跳动，当手松开按钮，该数据停止跳动，这样就采集到了一个样本数据。这个看起来似乎容易处理，实际上，这里还有些问题需要进一步处理。本数控系统中，定时器的工作形式是线圈接通，接通时开始跳动，线圈失电的一瞬间数据回零，因此定时器的使用初衷用于通电后起延迟作用。更重要的是，定时器中的数据只能观察，而不能被直接引用，因此如果要捕捉到这个数据就变得非常困难。为了采集时间，这里用计数器计量时间的方法来采集时间，这样可以获得“冻结”当前数据的效果，在按钮松开的下降沿读取当时数据并存入到指定存储单元。

4.5 数值计算方法

本项目中还涉及数据传输、减法、加法、除法以及数值的大小比较等多种计算功能。表 4 - 2 列出了后面所要采用的功能模块，并依次描述了这些模块在程序中的作用。这些计算模块都是基于整数进行工作的，通过这个项目，读者可以熟练地使用这些计算模块来解决实际问题。

表 4 - 2 计算用的功能模块

序号	功能号	功能名	功能	程序中的作用
1	SUB5	CTR	计数与保存数值	将样本数据存入指定单元
2	SUB37	SUBB	整数减法	求得每次比赛的偏差值
3	SUB36	ADDB	整数加法	所有偏差值相加
4	SUB214	GED	整数大于等于比较	正偏差比较
5	SUB217	LED	整数小于等于比较	负偏差比较
6	SUB39	DIVB	整数除法	求得偏差平均值

4.6 工作任务的改进

为了增加游戏的难度，这里将设定值由固定值改变为变化的数值，以考验被测量者的临场应对能力。这些设定值的变化规律是 800，1600，…4800（图 4 - 3），也就是以 800 为起始数据，以增量 800 的一组线性变化的数据，但是其被测者的样本数据就会有很大的变化，读者可以根据这些规律重新修改你的程序。

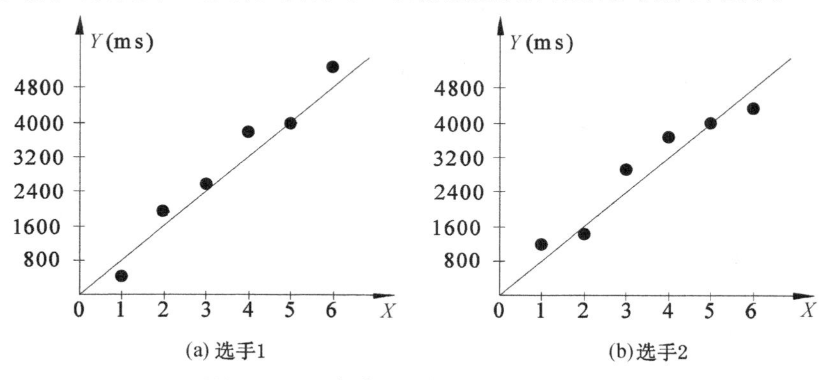

图 4 - 3 两个选手数据拟合曲线示意图

4.7 程序设计概要

本节主要说明这个程序设计中的主要环节的处理方法。尽管在工作任务描述中我们已经将数据结构、数据采集方法以及计算方法进行了基本的描述，但程序设计中我们还需要深入了解该数控系统所提供的输入/输出信号接口、基本语句以及功能语句的使用方法，并且将控制算法和具体的梯形图语句结合起来，以完美地实现所需要的功能。

4.7.1 输入/输出信号定义

这里设计了两个选手参加游戏比赛，每个选手拥有一个时间采集开关，其功能是按下按钮显示当前数据的变化情况，松开按钮该数据停止跳动，同时该数据被存入到指定单元并进行数据运算；另一个按钮为清除时间开关，按下该按钮后，当前的时间值被清除，以便为记录下一个时间准备空间，输入/输出信号定义见表 4－3。

表 4－3 输入/输出信号定义

序号	输入信号	含义	输出信号	含义
1	X2.7	选手 1 时间采集开关	Y3.1	选手 1 胜利
2	X10.3	选手 2 时间采集开关	Y3.3	选手 2 胜利
3	X11.7	选手 1 清除时间按钮	Y3.1，Y3.2，Y3.3	平手
4	X0.2	选手 2 时间清除按钮		
5	X2.1	中途强制程序重新开始		

4.7.2 如何记录当前时间

当我们讨论如何记录当前时间时，首先会想到采用定时器，然而定时器的最重要特性是其线圈得电时开始延时，而失电时则当前时间清零，而现在的问题是，定时器在线圈失电时其时间值会迅速消失而无法被传递出来进行运算，所以采用定时器来获取当前开关的接触时间是不现实的。

采用计数器来获得时间值：首先设计一个时间分辨率为 1ms 的振荡器，这个振荡器信号可以作为计数器的输入端，如果该计数器当前得到的数据是 100，则表明当前的时间为 100ms。显然，这个振荡器是受按钮控制的，当按钮按下时该振荡器工作,反之则停止,这样就解决了当前时间的记录问题,图 4-4 所示为记录当前时间的梯形图程序,在 B1 模块中,X2.7 为选手开关,当该开关按下时,虚线框中的振荡器开始工作,脉冲信号由 R99.6 输出,振荡周期为 1ms,该信号可以被后面的计数器所接收,当按钮松开时振荡器停止工作;B2 为计数器模块,SUB5 为外置式计数器,这样便于在数控单元上监视该计数器的数值状态,X11.7 为选手 1 的清除时间按键,当本轮比赛结束,可以按下该按钮,可以清除 4 个历史数据,为下一轮比赛开始做准备,R10.0 为条件控制开关,ACT 为计数器脉冲接收端,该计数器的上限时间设置也是在外部输入的,建议将其设置得高一些,如可以设置成 5000。实际上,这个值的设定只具有象征意义,并没有特定的对外输出的含义,仅仅是为了抑制时间的非正常溢出问题,通过这样的方式就解决了一个选手的一组当前时间的记录问题。

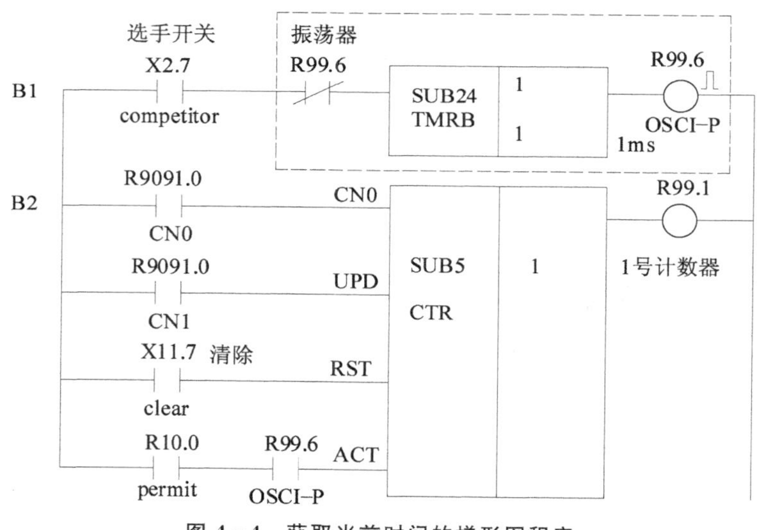

图 4-4 获取当前时间的梯形图程序

4.7.3 如何保存时间

每个选手有 4 次按钮操作机会,每次都要求在不同的地址中记录下按钮的接触时间,这些时间量是后面数据处理所需要的样本,因此数据的正确存储是非常重要的。以第一位选手为例,首先要设计一个计数器,以便记录该选手操作的次数,然后以次数为依据,设计一条指针,这条指针将指向一个特定的单元,显然,不同的次数就指向不同的单元,这样就可以解决选手的数据处理问题。图 4-5 所示为第一位选手数据保存的梯形图程序。

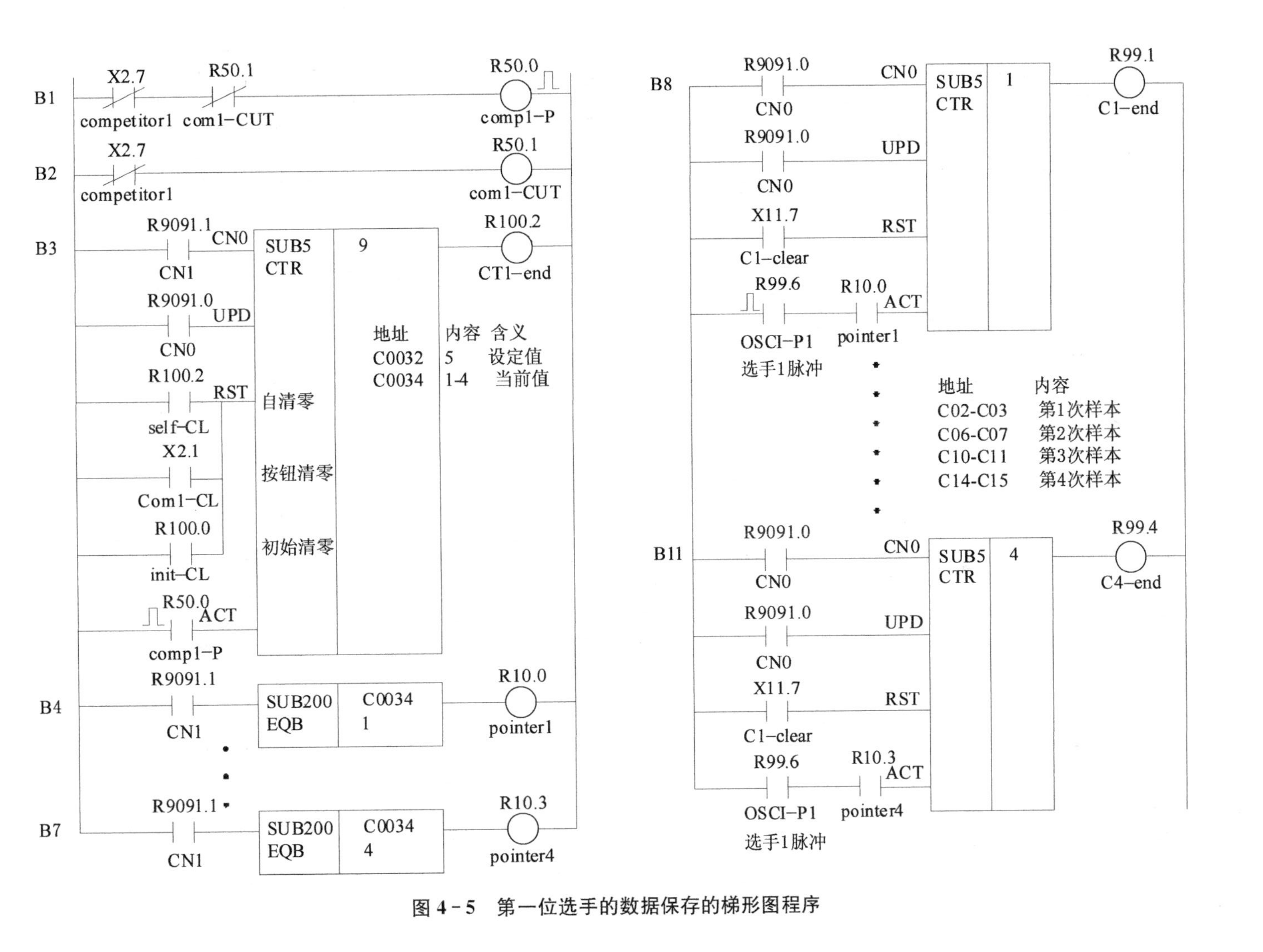

图 4-5 第一位选手的数据保存的梯形图程序

B1 和 B2 模块用于记录选手按钮的按动次数，在手松开时 R50.0 会发出一个脉冲给 9 号计数器，也就是说，无论你按动多长时间，这个按钮可以用以测量接触时间，因此这段程序具有两种功能。B3 为一个外置式计数器，编号为 9，CN0 设置为“1”，表示计数器从 1 开始计数，UPD 设置为“0”，表示增计数，其中 RST 为清零端，清零方式有 3 种：第 1 种方式为自清零，每次游戏的正常结束都采用该方式清零；第 2 种方式为游戏中途强制清零，游戏重新开始；第 3 种为机器初始上电时清零，ACT 端为计数器入口，接受跳变的脉冲信号，由于采用 9 号计数器，所以 C0032 存放计数器设定值，这里设置为“5”，由于初始值为“1”，这就意味着该计数器动作值为“4”，计数器溢出后通过 R100.2 对外发出信号，表示该选手完成规定的次数，而 C0034 是记录选手按动的次数，数值范围是 1～4。B4～B7 为数值比较模块，以 B4 为例，由于 C0034 存放的是当前按动的次数，比较值为“1”，如果两者相等，则 R10.0 线圈有效，我们称其为指针，通过该指针使 1 号计数器存放第 1 次按动的时间，地址是 C02 和 C03，同样可以存入第 2 次、第 3 次和第 4 次数据。第 2 位选手的梯形图程序在结构上也是如此，只是操作地址发生了变化。

4.7.4 数据求和以及平均值

在上一节，我们已经将选手的样本数据存入了指定的单元，现在可以对其进行数据处理了，依据流程图的要求，先进行数据的求和，以选手 1 为例，图 4－6所示为第一位选手求和与求平均值的梯形图程序。

4.7.5 计算偏差值

以 B12 模块来说，SUB36 为二进制加法模块，RST 设置为“0”，表示不进行复位操作；ACT 为控制端，R100.2 是前期生成的控制信号，含义是 4 个样本数据采集结束，现在允许进行数学处理；1002 为模块控制字，其中“1”表示本模块的计算采用地址访问，“00”表示固定格式，“2”表示参加运算的数据为 2 个字节；C0002 为被加数；C0006 为加数，这两个数的求和结果存放在 D0080 中。同理，B13 计算出第 2 组求和数据，B14 计算出选手 1 的数据采集总和，B15 为整数除法，被除数就是选手 1 的数据总和，除数为 4，计算出的平均值存放在 D0086 单元中。选手 2 的程序段结构相同，只是操作的数据对象不同。

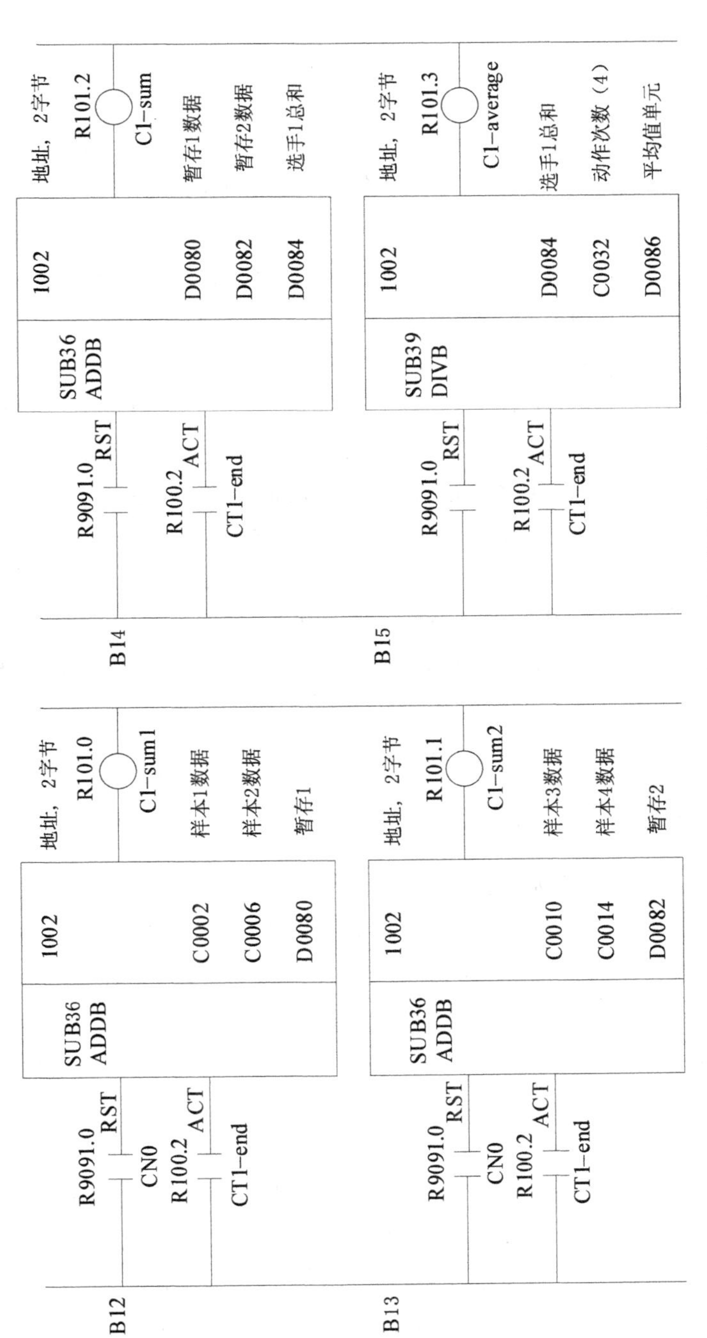

图 4-6 第一位选手求和与求平均值计算的梯形图程序

计算偏差的目的是检查选手所操作的结果与给定值之间所相差的数量，在两个选手之间进行比较时，以偏差小为胜者。计算偏差的数学公式为：

$$Y = |SD - \bar{A}| \tag{4-3}$$

式中，Y 为偏差绝对值；SD 为设定值；$\bar{A}$ 为选手四次操作的平均值。

图 4-7 所示为其中第一位选手计算偏差绝对值的梯形图程序，为了阅读的方便，其中的各个变量都注解了具体的含义。本系统中具有整数型的基本算术运算，但是并没有提供绝对值运算，这样当遇到被减数小于减数时，只能得到负数，因此本程序的设计思想是要对两个参加运算的数据进行大小的比较，如果遇到被减数小于减数则需要交换两个数据的位置。B16 模块中，SUB210 是对两个数据进行小于判断的模块，其控制条件由 ACT 决定，R108.2 表示选手 1 所有数据求和完毕，同样地，R109.2 代表选手 2 的所有数据也求和完毕，因此这是一组时序控制信号，该比较运算只有在之前的工作完成时才可以进行。D0086 存放的是选手 1 的采样平均值，D0100 存放的是给定值，当 D0086 的内容小于 D0100 的内容时，R102.0 线圈有效，该信号去控制下面的减法模块，网络编号为 B17，其方向为设定值(大)减去选手 1 平均值(小)，结果存放在 D0102 单元中，这样可以保证偏差一定为正整数，而 1002 的完整含义可以理解为：地址运算，操作数为两个字节的整数。B18 和 B19 也有类似的功能，与刚才相比，其对两个参加减法运算的数据顺序进行了交换。

4.7.6 输出比赛结果

该游戏的比赛结果分为三种情况：平局、选手 1 获胜或者选手 2 获胜，其结果是唯一的。在结果中，除了可以看到数值结果之外，为了形象起见，这里还根据现有的设备设计了指示灯：黄色灯、绿色灯和红色灯全亮，则结果为平局；仅黄色灯亮表示选手 1 获胜；仅红色灯两表示选手 2 获胜。为了使指示灯能够正确显示结果，在这之前要正确设计好三种情况的逻辑控制功能，这里仅以平局情况来说明设计的方法(图 4-8)，其他情况以此类推。

B20 为数值比较模块，其中 R108.2 和 R109.2 为控制条件，意为数据采集结束，SUB216 为数值小于(含等于)比较模块，被比较的数据为两个选手之间的偏差值与系统设定的允许偏差值(其难度可以自由设定)，如果小于等于允许偏差则为平局，这时 R103.0 输出的是持续高电平信号，为了避免这种信号对后续逻辑的非正常影响，通常可以将其转换成短脉冲信号，因此 B22 和 B23 模块将

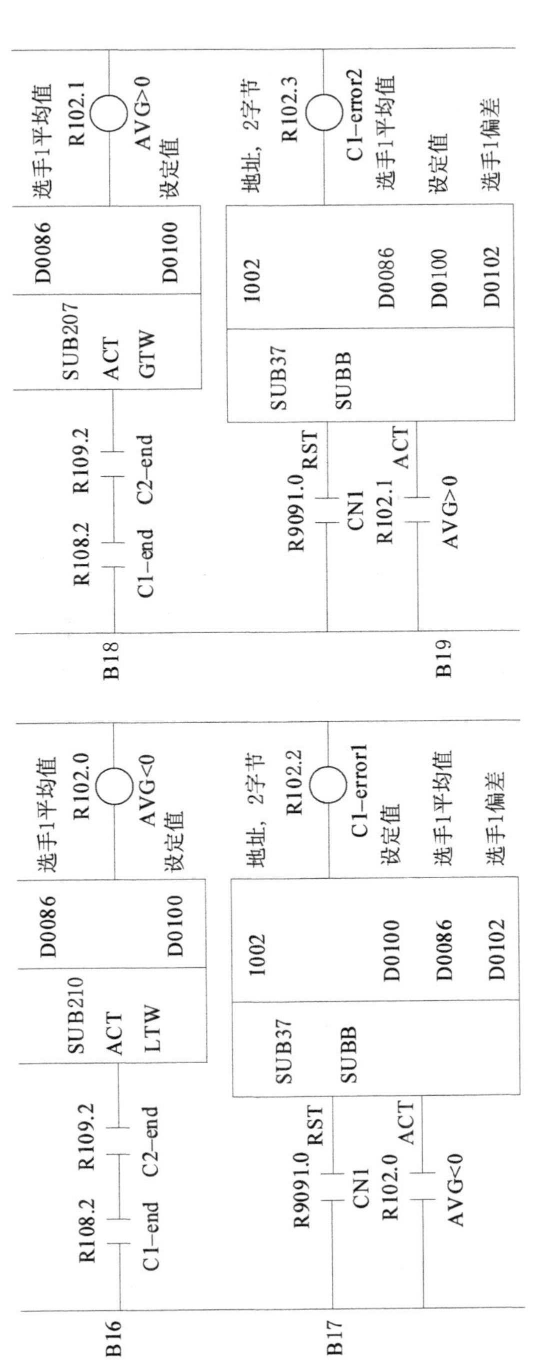

图 4-7 第一位选手计算偏差绝对值的梯形图程序

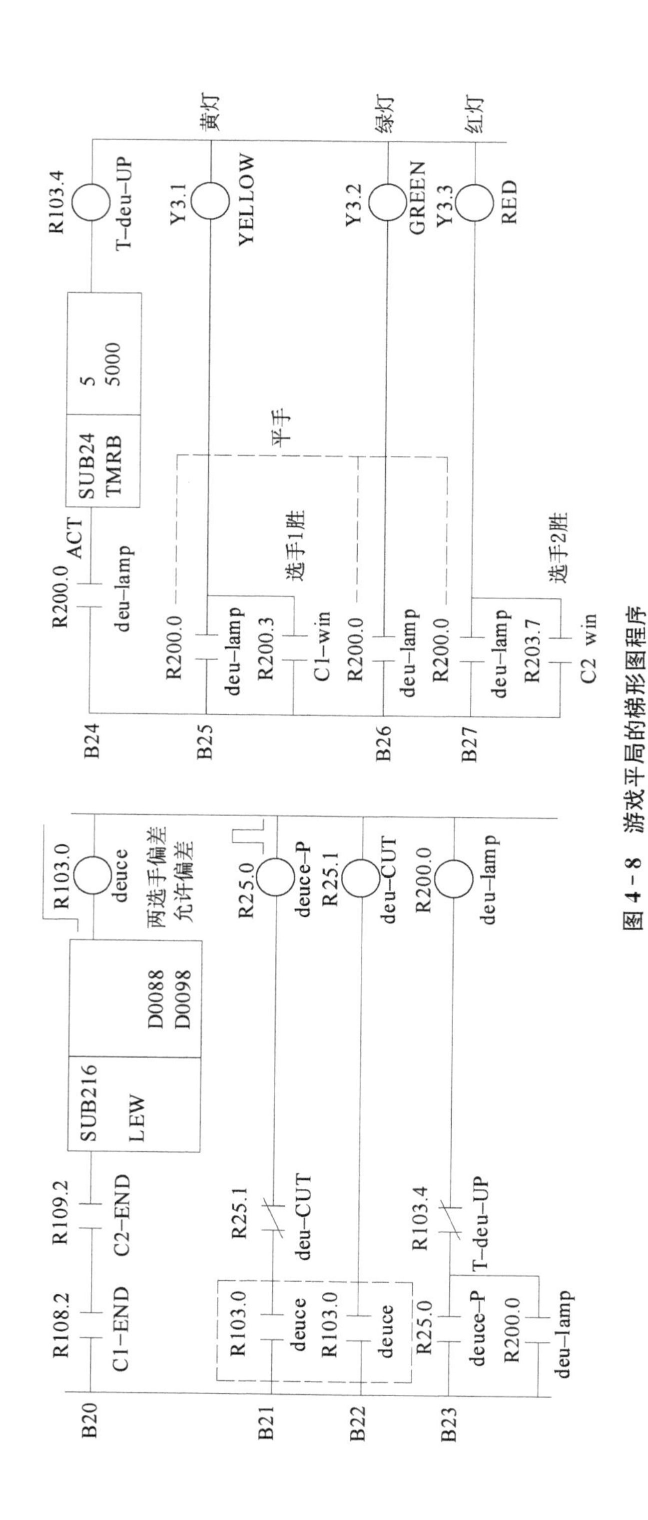

图 4-8 游戏平局的梯形图程序

其转换成瞬间短脉冲信号并从 R25.0 输出；B24 组成了 5s 延迟的输出控制信号，通过 R200.0 去控制后面的三色灯；B25～B27 为指示灯输出模块，图中已经标出各种情况的控制方法。

4.7.7 时序逻辑讨论

1. 关于时序分配

本程序除了涉及数值计算之外，还有一个需要引起重视的是工作任务的时序逻辑分配问题，如果这个任务处理不当，则可能会出现比赛还未结束，比赛结果就已经出现在屏幕上的不合理现象。时序逻辑关系设计的依据是上述的工作流程框图，其基本原则是前一任务的结束是后一工作任务的开始条件，同时也要考虑到可能的并行情况。

图 4－9 所示为以选手数据采样结束并启动后续计算为例说明时序控制逻辑设计的梯形图程序，B1 和 B2 为短脉冲信号处理模块，R100.2 是选手 1 的数据采样结束信号。它的来源是计数器的溢出控制信号，这里通过该模块将其整形成宽度非常狭窄的脉冲信号 R108.0，作为下一工作阶段的启动信号，其输出

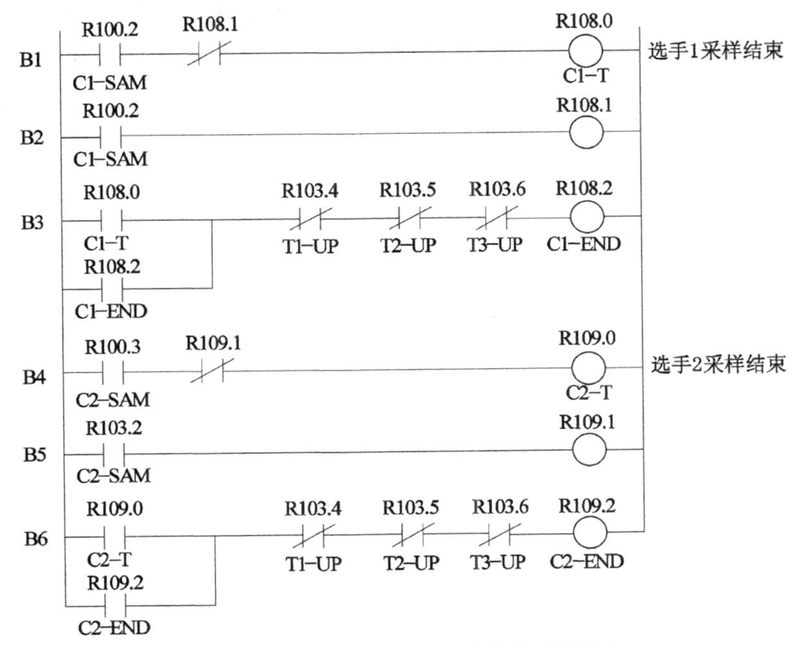

图 4－9 时序控制逻辑设计的梯形图程序

结果存放在R108.2线圈中，这个信号表示可以条件持续。在这个信号的作用下可以支持后续的求和、求偏差平均值以及数值比较等，它的结束条件是R103.4、R103.5和R103.6，这三个信号为游戏指示灯停止信号，也就是说，只有到游戏结束了，这个持续信号才结束。因此，这个过程由短脉冲转换成长的稳定电平信号，起到了前后工作的正确切换。模块B4、B5和B6是选手2的时序控制逻辑设计模块，这里不再赘述。

2. 关于变量的命名

梯形图内变量可以有两种形式显示在屏幕上，其一，地址形式，如X、Y、R和D等都是字母加数字的形式，它们的本质是内存地址，如果程序设计得很庞大，这些地址形式的变量数目就很多，其含义就不容易记忆，给程序设计带来很多不便；其二，为了能像自然语言一样书写代码，建议大家尽量把一些重要的地址变量再命名一个对应的符号变量，如地址变量X2.7是选手1的按键开关，其符号可以简写为C1(Competitor比赛者的第一个字母)，看到这个符号，我们就明白这是代表选手1的按钮，同样，地址变量R100.2可以命名为C1-SAM，意思是选手1的数据采集(Sample)，这种"见名识意"的变量命名可以使我们在编写程序时如同使用自然语言一样，只是这种语言形式更加简洁，语法更严格而已。好的变量命名还能够触发我们的灵感，编写出更有效率的代码，提高工作的品质。

第5章

液压动力滑台控制算法的改进

我们曾经在第3章讨论过状态转换处理过程中的一些缺陷问题，主要表现在手动测试完毕转换到自动的时候，其自动过程的执行重新开始，而在许多情况下，我们要求的是从刚才“断点”处返回并继续往下执行，这个处理过程就会比较复杂一些。在真正的数控系统中，处理这样的问题是方便的，因为它可以借助数控系统提供的G信号和F信号来识别工作模式，而在组合机床中，由于该类机床属于专用机床，考虑成本因素，这些设备上没有安装完整的数控系统，取而代之的是普通的可编程序控制器，在这种情况下，两者之间的无扰动切换就会变得比较复杂了。现在我们以液压动力滑台为例，说明如何在这类系统上实现合理的状态切换。

液压动力滑台是组合机床的通用部件，上面安装有各种旋转刀具，通过液压传动系统使滑台按一定的动作循环完成进给运动。由于许多组合机床只是完成一些特定或单一的加工任务，本身并不带有真正意义上的数控单元，其控制系统通常是由通用可编程序控制器（或单片机）外加一些位置信号、继电器和接触器等元件组成，这些控制系统的功能设计、面板形式以及操作方法都是客户与开发者共同制订的，许多装置存在着精度不高、柔性差和控制水平不高的问题。目前，比较普遍存在的缺点是自动循环与手动操作方式之间的任务分配或切换过程不够合理，操作不当时会造成生产事故。

顺序功能图是人们设计组合机床液压动力滑台梯形图程序的一个重要依据，因为顺序功能图上可以清晰地表达各个工作步的内容和控制变量，是各方现场工作人员普遍可以接受的表达控制思想的工具。但是，现有的顺序功能图也存在致命缺陷，即无法写出“自动循环”与“手动操作”之间的一般表达方法。许多情况下，工程技术人员以经验法来编写这段程序，其安全性存在一定的隐患。

查阅大量的资料，同行们在该领域的研究主要集中在两个方面，一类是讨论顺序功能图的通用性、可靠性、高效性以及在一些工业现场推广的案例，比较有代表性的是《IEC61131—3国际标准简介》介绍；另一类有一些资料以某一种控制器为例讨论“自动循环”与“手动操作”之间的转换性，但是采用的是该控制器的特殊语句，而这种语句又是其他控制器没有的，具有不可移植性和不具有一般性的特点。综述现有相关资料，在顺序功能图的一般意义上讨论状态转换，还处于研究的空白点。

下面研究的技术路线以现有顺序功能图为理论基础，以液压动力滑台典型工作步为实验观测对象，研究的目标是将“自动循环”与“手动操作”嵌入到现有的顺序功能图体系中，从而形成更具有一般意义的表达方式，并依据这个表达方式设计出可以正确执行的梯形图程序，将程序设计这样的“个性”问题转化成在顺序功能图平台上讨论工艺合理性的“共性”问题，提高梯形图设计的安全性、透明性和可追溯性程度。

5.1 典型案例分析

为了研究当前一些液压动力滑台控制系统存在的问题，这里给出了一种比较常见的设备组织方式进行案例分析，如图5-1所示。待加工的工件由卡盘夹紧并在电动机的带动下产生旋转，液压电机将液压油的压力和流量转换成角位移，通过丝杠使工作台前进，由刀具切削金属，当到达端点时通过时间延迟并后退，回到原始起点后停止运行。为了分析问题的方便，这里略去了油泵工作站的油箱、油泵以及电磁换向阀的具体信息，只绘出了目标电磁阀线圈YV1、YV2和YV3，而SQ1、SQ2和SQ3则分别表示工进开关、快退开关和起始位置开关，这两部分信号均由可编程序控制器控制和采集。梯形图代码设计是否合理关系到工作台的运行性能，甚至关系到设备的安全性。

尽管这里采用的是独立式可编程序控制器，为了确保梯形图设计的通用性和可移植性特点，此后的程序将使用最基本的元件，如常开节点、常闭节点、线圈和定时器等，而不使用数控系统特有的G信号和F信号，以使现在讨论的问题具有普遍的适用性。虽然这样会增加程序的复杂性，但是适合于使用价格低廉的通用控制器装备的组合机床，可以使组合机床获得比较高的性价比。

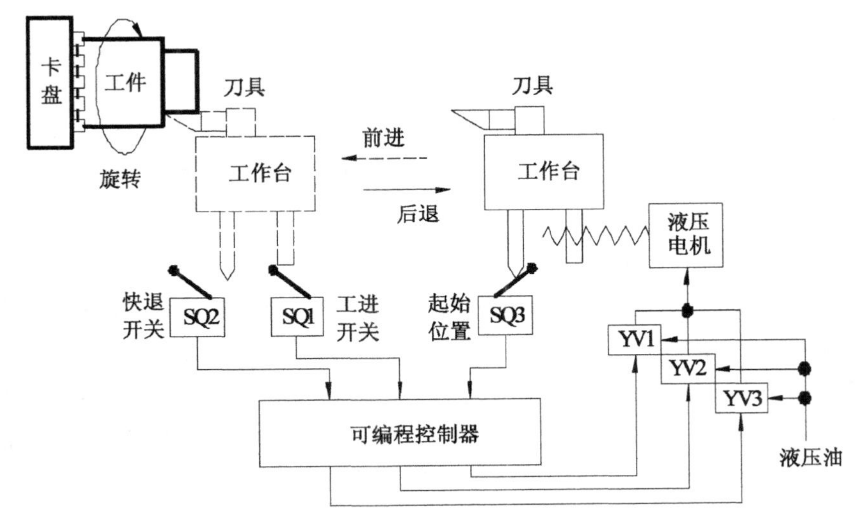

图 5-1 液压动力滑台工艺流程图

5.2 工作过程描述

1. 自动循环过程描述

当滑台处于起始位置时，按下启动按钮，滑台快速前进，此时油路的流量到达最大；当碰到工进开关 SQ1 时，滑台转入工进状态，此时液压油流量减少而适合加工过程，这时安装在工作台上的刀具对工件进行切削；当遇到 SQ2 时加工过程完成，经过适当延迟，其作用是起到缓冲的作用，工作台开始快速后退，遇到 SQ3 时表明工作台再次回到起始位置，如此周而复始。

2. 电气控制描述

滑台工作方式允许设置为"自动循环"与"手动操作"，两者之间为无扰动切换；允许在紧急情况下终止当前任何一步操作；允许在自动循环方式下转为手动单步操作，并在该断点处返回自动操作，直至当前自动循环方式终止。

5.3 顺序功能图的实现方法

IEC61131—3 是国际电工委员会为工业控制系统提供的标准化编程语言的一个规范，其中顺序功能图 SFC(Sequential Function Chart)也被列为其中一种过程语言表达形式。顺序功能图主要由步、有向连线、转换、转换条件和动作

(或命令)组成。根据这个原则绘制出图 5－2 所示的在 FANUC 数控系统 PMLC 环境下具有单一循环的顺序功能图。这个顺序功能图的主要优点是便于编程人员和工艺设计人员之间交换信息,这是因为编程人员清楚地理解 M 信号、X 信号和 Y 信号的含义,而工艺人员清楚地理解 SB 信号、SQ 信号、快进、工进以及快退信号的含义。但是,该图为一个单循环结构,显示了其致命的缺陷:无法表达出自动循环、手动操作以及两者之间切换前后各个变量的状态。因此,这个顺序功能图只是针对正常情况下的“自动循环”而设计的,而在真正的生产现场,随时可能出现因设备故障而暂停当前的“自动循环”状态且进入“手动操作”模式的情况,这样会形成一个所谓的“断点”,在此期间技术人员需要处理现场故障,故障处理完毕后,再由当前的“手动操作”转入“自动循环”,此时控制系统应该从“断点”处继续往下执行程序,直至“自动循环”过程的结束。

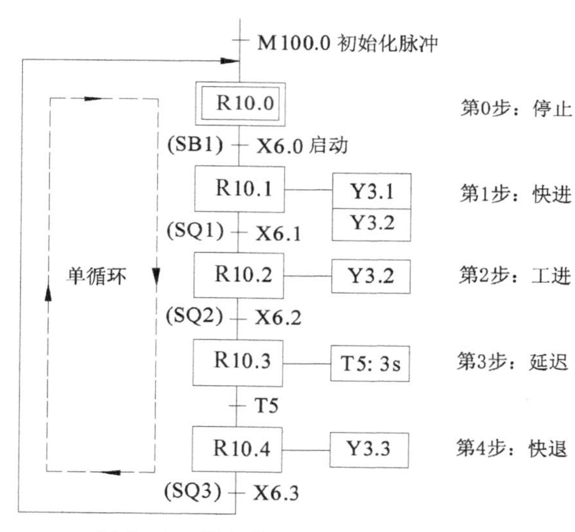

图 5－2　具有单一循环的顺序功能图

5.4　顺序功能图的重构

5.4.1　输入/输出变量的新增定义

由于顺序功能图存在的固有缺陷,现在需要对原有的 SFC 进行重构设计,如图 5－3 所示。图中增加了三组重要的信号,第一是自动与手动状态的转换信号 X6.7,当 X6.7＝0 时呈现自动状态,X6.7＝1 时为手动状态;第二是手动状态下的测试输入信号 X6.4～X6.6，这些信号可以直接驱动目标电磁阀；第三是各步状态保存信号 K19.0～K19.4，与 R 信号相比，K 信号具有信息保持功能。这些信号为顺序功能图重新设计奠定了基础。

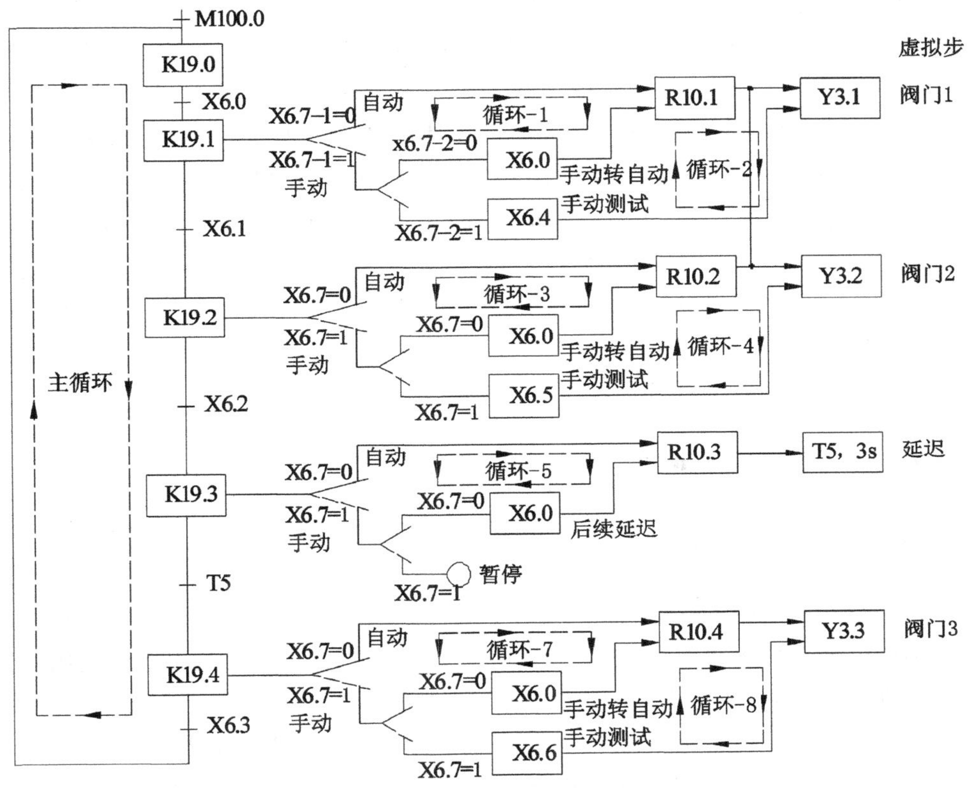

图 5－3　具有状态转换功能的顺序功能图

5.4.2　具有状态变化的顺序功能图的设计

设计顺序功能图的一个重要作用是为了在编写梯形图时能够“按部就班”地书写代码并避免遗漏，尤其是它的图形化表达方式非常适合编写复杂程序的情形。由于国际电工委员会在制定 SFC 的技术标准时比较多地考虑到各个可编程序控制器厂家在处理顺序问题方面的“个性”，因此现有的 SFC 在处理具有“自动循环”和“手动操作”的功能时并没有给出具有普遍适用性的范例，从而呈现出 SFC 的结构性缺陷，这也为某些因程序设计考虑不周而导致生产事故埋下伏笔。

以现有的SFC符号表达方式为基础，对液压动力滑台的顺序功能图模型进行重新设计是处理2种或2种以上状态之间切换的有效途径，这种途径可能不是唯一的，但是可以通过优化而达到工程应用的目的。图5-3所示为通过模型重构后的具有状态转换功能的顺序功能图，与具有单一“自动循环”的顺序功能图相比，可以清晰地看出其主要结构：一个虚拟步K19.0和四个动作步K19.1～K19.4，只是每个动作步中设置了两种状态，当转换开关X6.7设置为逻辑“0”时（向上接通），它就执行自动循环过程；反之，执行手动操作过程。显然，这个顺序图可以将实际工艺问题描述成两个状态或阶段，这是经典顺序功能图所没有的。为了增加状态转换的正确和安全，图中将X6.7分成了两组，即X6.7-1和X6.7-2，为了保留当前变量状态并实现两种状态之间的无扰动切换。图中，在主循环的基础上，增加了微循环（编号为1～8），这种插入微小循环的方式有效解决了状态变量的保存。

5.5 算法验证

5.5.1 软件设计

根据图5-3所示的顺序功能图可以设计出图5-4所示具有状态转换功能的梯形图程序，两者之间的转换符合IEC61131—3标准方法。这里一共使用了21个独立的模块，现在对这些模块进行一些说明，其中N1和N2是机器首次上电的初始化模块，初始化短脉冲从R100.0线圈发出；N3为虚拟步设置，主要是使K19.0线圈得电，为后续按下启动按钮做准备，同时这个模块还具有返回功能，返回点为K19.4，这点与新设计的顺序功能图也是完全对应的；N4和N5为按钮启动模块（复用模块），具有初始启动和暂停后的再次启动的两种功能，这样设计的目的是为了实现手动和自动双向间的正确切换；N6～N8为快进模块，这是这个过程的第一个实际步，而且这个步的设计与传统方法有很大区别，传统的设计方法仅仅依靠R10.1来传递控制信息，而这里增加了一些新的变量来传递信息，其中K19.1用以保存临时信息，R150.1用于传递状态转换前后的变化情况，X6.7为状态转换开关，开关断开时为自动状态，合上时为手动状态，这几个变量的配合使用是实现两种工作方式正确切换的关键；N9～N11为工进模块；N12～N15为时间延迟模块；N16～N18为快退工作模块；N19～N21为动作输出模块，其工作原理与工进模块相同，这里不再赘述。这里体现了不同的控制方法来控制同一目标（阀门）的方法，图中还标注了进一步的信息，以方便读者查询变量处理过程信息。

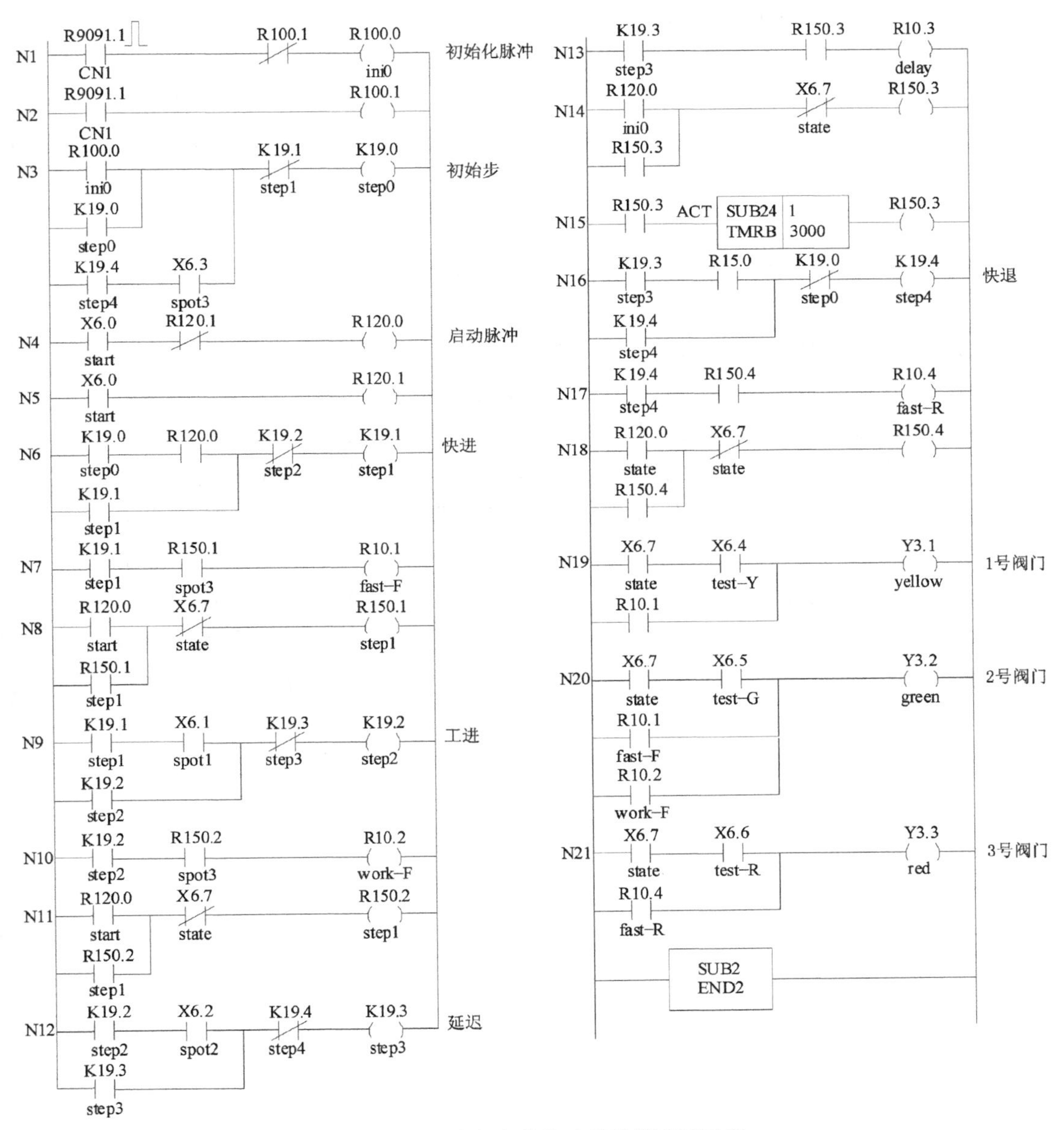

图 5-4　具有状态转换功能的梯形图程序

5.5.2 功能验证与说明

将设计好的梯形图下载到数控单元的编辑区中进行编辑、调试并生成可执行代码，并按照以下步骤进行动作验证。

(1) 自动循环状态的验证。将 X6.7 置于“自动”状态，按下启动按钮 X6.0，程序将执行自动循环过程：快进、工进、延迟和快退，然后回到初始状态，该动作可以反复执行。

(2) 自动转换成手动状态的验证。在自动循环的某一步，如第二步，将 X6.7 置于手动状态，通过 X6.4、X6.5 和 X6.6 的测试开关可以直接驱动目标继电器 Y3.1、Y3.2 和 Y3.3，这个环节可以用于处理临时产生的故障或进行工艺等待，如这时可以直接将动力滑台拉回到原点位置。将状态转换开关由手动转回到自动状态，再次按下启动按钮 X6.0，系统将从工进状态继续往下执行自动程序，而这个过程是传统的顺序功能图所无法实现的。

实验结果的说明，通过图论数学建模分析，我们可以清楚地看出经典的单回路顺序功能图本身的缺陷，而构造新的修正路径可以将单回路转变为多回路，虽然这样增加了图论模型的遍历路径长度和搜索时间，但是其优点是给每个环节增加了临时处理的机会，从而提高了系统的稳定性。重新设计的顺序功能图在结构上比传统方法增加了更多的微小回路而显得更为复杂，同时编写出来的顺序功能图也增加了更多的变量来保存必要的信息，所带来的好处是真正实现了手动和自动之间的无扰动切换，这为金属加工过程中需要临时处理问题后再次进入自动模式节省了宝贵的时间。

第6章

机床梯形图设计

数控车床是一种高精度、高效率和可编程的自动化金属切削设备，该配备通常装有多工位刀塔以实现零件的一次装夹和多次换刀，具有圆弧和直线插补功能，能够实现加工圆柱、圆锥、螺纹、蜗杆、轴以及槽等复杂操作。从结构上来看，PMC是一个嵌入在CNC中的一种可编程工具，它具有对加工程序中的M指令、S指令和T指令等进行译码的功能，通过译码后的代码去控制外部设备，如冷却泵的启动和停止、主轴的调速以及刀架的旋转等。站在加工程序的角度上看，这些功能指令的格式是相对固定的，甚至不同的数控系统在书写这些指令时几乎也是相同的，但是站在PMC梯形图层面上，这些辅助功能的实现方法却可以有很多不同，这需要从工作任务具体要求和复杂程度与要求去审视。从本章开始，我们研究PMC在数控车床制造、调试和性能改进方面的作用，通过设计一个完整的数控车床梯形图程序，试图总结出一些有用的方法，以便于我们在今后的工作中举一反三。

6.1 工作方式选择

数控车床上电后会以一定的形式停留在某种工作方式上，如手动、编辑或者MDI方式等，根据用户的要求再选择所需的方式进行后续工作。工作方式是指机床目前以何种形式进行工作的稳定形式。数控机床常见的工作方式可以归纳为7～9种，一般情况下，机床只能工作在一种工作方式下，不同的工作方式可以根据要求随时切换，因此这里就要涉及每种工作方式的按键的定义。数控车床目前有两种键盘形式：其一，位于机床侧的键盘；其二，在数控单元上的键盘。现在讨论的是供一般用户使用的机床侧键盘，这种键盘的功能定义与外观形式是由机床生产厂家确定的，不同的数控车床其键盘外观有一定的区别，但是无论如何变化，其键盘的基本功能是相同的。在掌握了硬件的原理和正确连接后，我们可以编写一段程序来扫描和定义这些按键的功能，但在编写该程序前，我们首先要掌握数控系统对于用户键盘编码的定义方法。表 6－1 归纳了与键盘有关的各类信号的定义和名称。

表 6－1　键盘输入/输出信号定义和名称

序号	功能键	输入信号	G43.7	G43.5	G43.2	G43.1	G43.0	K	输出	F
1	EDIT	X2.5	0	0	0	1	1	K0.1	Y1.6	F3.6
2	MDI	X1.6	0	0	0	0	0	K0.2	Y1.4	F3.3
3	AUTO	X1.2	0	0	0	0	1	K0.0	Y1.2	F3.5
4	JOG	X1.1	0	0	1	0	1	K0.5	Y0.6	F3.2
5	M－X	X0.5	0	0	1	0	0	K9.6	Y0.2	F3.1
6	M－Z	X0.0	0	0	1	0	0	K9.5	Y7.0	F3.1
7	REF	X0.1	1	0	1	0	1	K0.4	Y0.5	F4.5

6.1.1　键盘的功能定义

根据我们实验室配置的一台数控车床键盘分布情况(表 6－1)，其独立定义的功能按键有 7 个，从机床制造、调试和性能改进的角度看，我们需要归纳它们的基本作用，理解这些内容，对于编写梯形图是有帮助的。

EDIT：将加工程序读入到 CNC 系统中，并对这些程序段进行插入、修改或删除等编辑操作。

MDI：用于手动输入数据的按键，包括单条指令的输入与执行。

AUTO：机床按照存储的程序进行加工，并对存储程序的序号进行检索。

JOG：用于手动控制一些设备，如主轴、伺服或者冷却等，常用于检测设备。

M－X：手轮控制 X 轴的伺服移动。

M－Z：手轮控制 Y 轴的伺服移动。

REF：用于返回参考点。这里的参考点可由光电编码器的数据指定，称为软限位原点，也可以由接近开关或者行程开关指定，称为硬限位原点。

6.1.2　输入变量分配

键盘信号通过 50 芯扁平电缆插座连接输入/输出信号接口板并到达数控单元。对于 PMC 梯形图来说，输入信号变量为 X 大类，表 6－1 在对应的功能键旁边列出了相应的值。例如，X2.5、X1.6 和 X1.2 等，需要说明的是，不同厂家生产的机床中这些值有可以不同。从硬件上来说，机床侧按键变化传输到输入/输出信号板，然后再传送到数控单元中，因此这些信号可以根据需要进行编排，只要一旦设置好，后面的程序就可以直接引用了。输入变量分配的作用是将这些用到的键盘信号进行合理编排以方便后续的引用。

6.1.3 关于 G 信号和 F 信号的定义

工作状态的正确转换是机床键盘的重要功能，由于这里定义了 7 种不同的功能，因此这个比我们前面讨论的仅仅有“自动循环”与“手动操作”两种处理方式要更加复杂。实际上，这里涉及了 PMC 与 CNC 进行信号交换的工作，其中 G 信号是 PMC 发往 CNC 的信号。例如，如果 G43＝00H，则表示键盘扫描的结果是 MDI 方式，这时，CNC 则使 F3.3＝1，这是一个“刺激反应”过程，只有这个关系符合了，MDI 方式才正式成立，其他各个按键都有这样的规律（表6－1），这个对应关系通常被称为键盘编码过程。编码技术的引入为多种工作方式的转换提供了很好的途径。

6.1.4 信号流分析

在设计键盘扫描程序之前，我们需要认真分析表 6－1 的内容。如果还觉得不直观，最好绘制一张信号流图，这样可以看清楚各类变量之间的映射关系，这也是我们探究一种新设备的工作方法。图 6－1 所示为键盘与信号流之间的映射关系，X 信号和 G 信号之间形成编码关系，K 信号和 Y 信号又组成与另一组映射关系，Y 信号是对应功能的面板指示灯，由 K 信号控制，该信号的特点是具有保持功能。

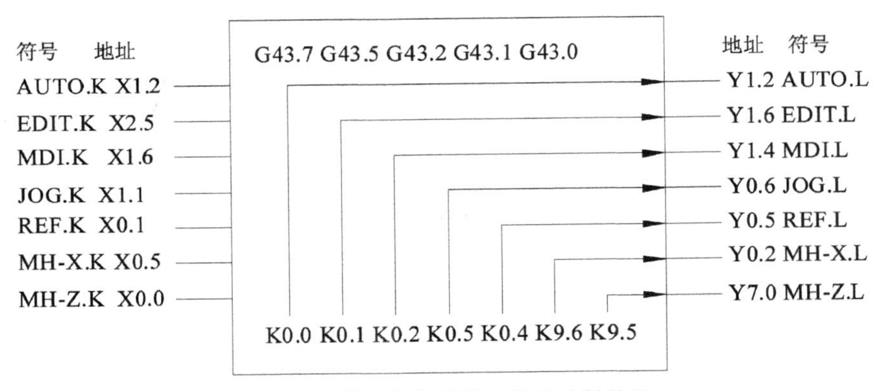

图 6－1 键盘与信号流之间的映射关系

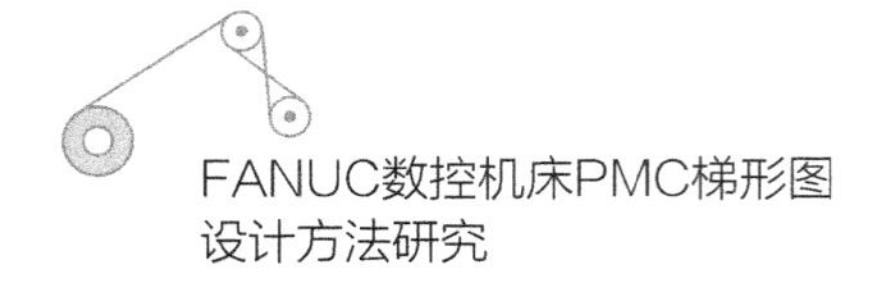

6.1.5 分段互锁的实现

在设计这段程序时首先要考虑到如下几种情形：如果没有键按下，系统会继续扫描按键，直到有键按下；如果有单个按键按下，则保存这个键值到相应的K存储器中，同时点亮相应的按键指示灯，这里要采用续流方式来保存信息；在容错处理方面可以这样考虑，如果有2个或2个以上的键按下，则作无效处理。为了实现这样的功能，这里需要设计一组7键“互锁”程序，每一次有效的按压，只有一个对应的K值有效，这个值不仅在当前有效，而且在当前情况下，即使断电后重新启动，这个值还是有效的，这样就实现了按键功能的断电保护信号；另一方面，为了提示操作者，指示灯会在操作者的按压下发亮。图6-2所示为按键互锁的一种程序实现方式，为了方便阅读，每一个元件有两种显示方式，元件的上方是以地址方式显示的，元件的下方是以符号方式显示的，这样方便对照和查看。由于篇幅所限，这里只列出了EDIT、MDI和REF三个按键的处理方法，其他部分以此类推。

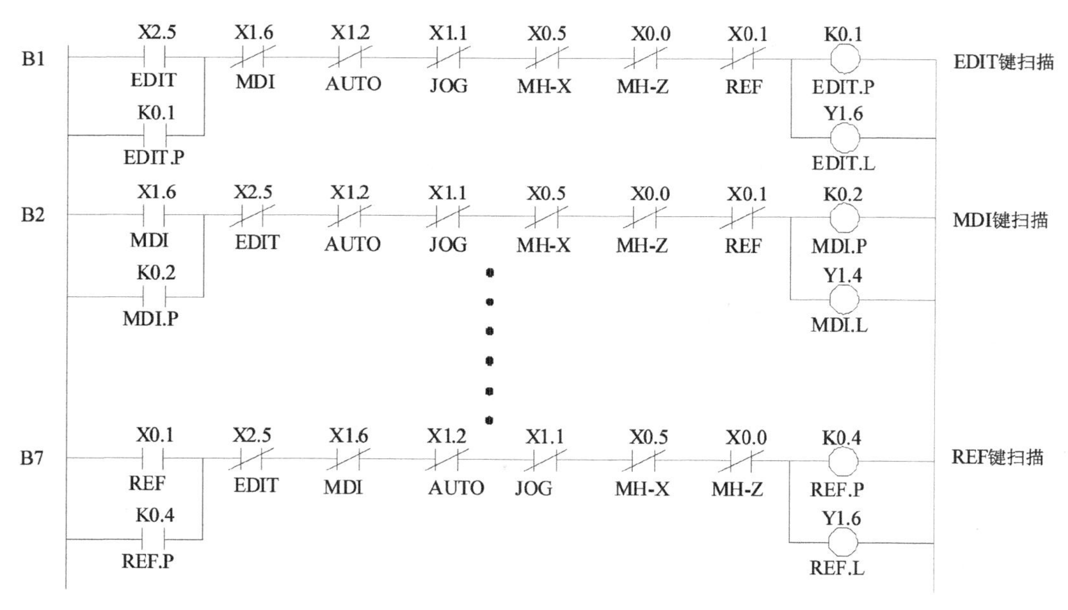

图6-2 按键的互锁程序

6.1.6 键盘编码的实现

按键编码指的是对G43的8位二进制实现不同规律的赋值，数控系统就会

“认定”目前所处的工作状态。对于表 6－1 中关于 G43 相关的信号，你会发现真正有效的信号是 G43.7、G43.2、G43.1 和 G43.0，表格中的 G43.5 无论在任何一种状态下都是 0，实际它并不参加编码，这里之所以将其列出，是考虑到这 7 种之外的方式中有可能会用到这个变量，所以这里也作为备用状态列出来。编码过程就是依据表格的显示信息对 G43 的指定位进行置位或复位，如果使 G43.1 和 G43.0 同时为“1”，这就是系统定义的编辑（EDIT）状态。事实上，这个状态是数控设备厂事先商量定义的，我们只是按照这个规律对其赋值罢了，这也是设计数控机床梯形图要面临的一个重要任务。

另外，程序中的 K 值起了传递信号作用，它们以图 6－3 所示的规律向 G 信号赋值，以便向 CNC 系统获得所需要的键盘功能。同时，由于 K 具有失电保护作用，因此它具有记忆关机工作方式的功能，并在开机时再现这样功能，如关机时处于编辑工作状态，则开机时也处于这个状态。依据类似的原理，你也可以设计成开机就处于指定的工作模式，如 MDI 工作模式。

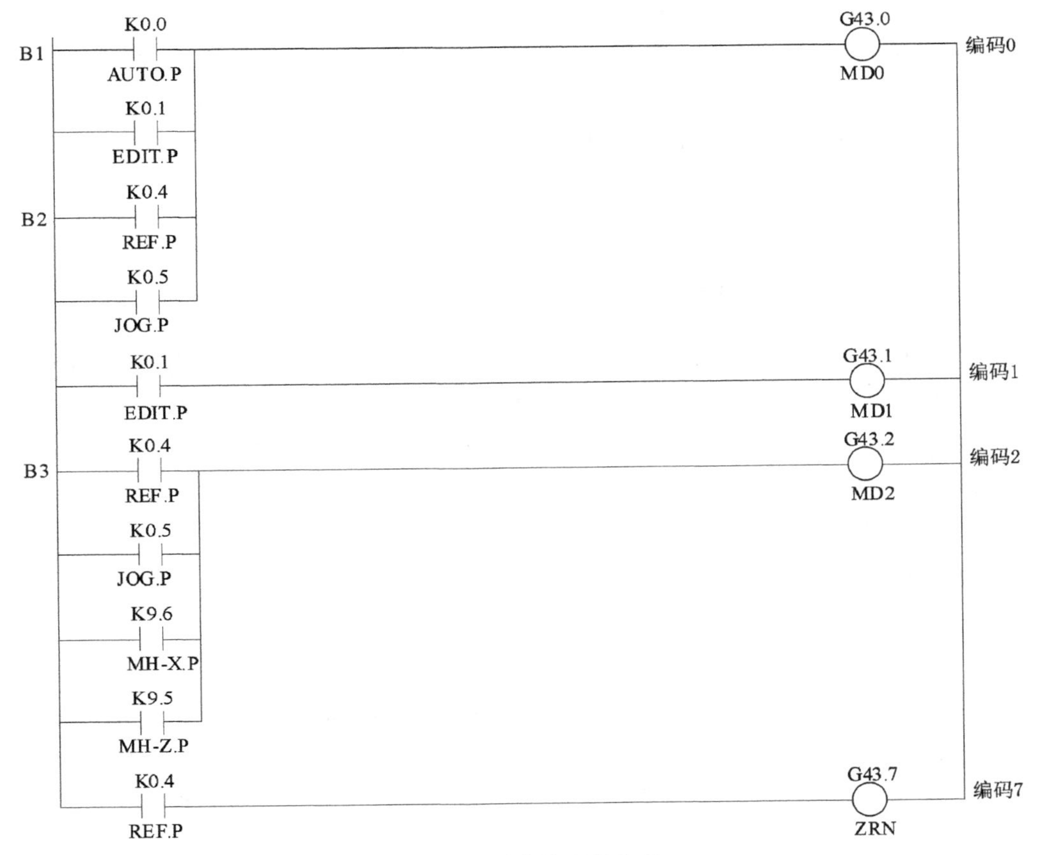

图 6－3 键盘编码的实现

从这个程序的实现中，我们也可以认识到这样的问题，即使同时按了两个以上的键，但是这段程序中并没有列出如何解决这些按键的处理方法，显然，有限的按键处理规律，对于其超出的按键的非法组合是"视而不见"的，所以这个编码规律具有排错功能。

6.1.7 键盘编码方式的改进

各种数控车床在按键定义上还有许多差异，这里采用的是7个不同的按键，有些还有9个按键。由于梯形图界面中对于列数编辑是有限制的，一般为8列，在上节例子里，7个按键用去了7列，还有1列用于线圈，在这样的编辑环境下，7键互锁已处于饱和状态，如果8个以上的按键再进行这样的互锁，就需要进行适当的处理，也就是在两行中进行类似的处理。这里还要引入两行之间变量的联络值，在两行以上编写多按键互锁是有共同规律可以寻找的。

该机器的原版程序采用的是两行之间的互锁，从阅读角度来说比较难以理解，但优点是直接可以扩充到14种工作方式。作为一种研究方法，用一行来实现互锁则比较清晰，这也正是程序设计的魅力。此外，也有一些机床面板并非采用按键方式来选择工作方式，而采用波段开关，通过地址线组合状态的不同来实现状态编码。因此，梯形图的编写在形式上就会有许多不同，但是编码原理是相同的。

6.2 机床功能的实现

机床功能是指分布于零件加工各个阶段，如前期、中期或后期为特种目的而实行的中途介入并能够影响加工进程的一组环境设置方法。站在零件加工者角度来看，将特定地址G信号进行系统预定的赋值就设置了所需要的机床功能；而站在程序设计者的角度来看，就是建立一个按键的输入变量、中间变量以及输出变量之间的软件代码环境；站在一般操作者的角度上，则可以自由地使这些功能生效或禁止。

6.2.1 单段

单步可以这样描述：首先置机床于自动工作方式，按下单步功能，按下"循环启动"按钮，加工指令只执行当前光标处的一条完整的指令后即停止，只有再按一次"循环启动"键，数控系统才执行下一条指令，以此类推，该方法可以检查加工程序。

1. 信号流程分析

图 6－4 所示为单步功能的信号流程图。单步的功能按键为 X0.7，中间采用的过渡变量是 R50.0 和 R50.1，输出变量有两组，其一，按钮指示灯 Y1.0；其二，G46.1。这是数控系统定义的关键变量。此时，单步功能生效。

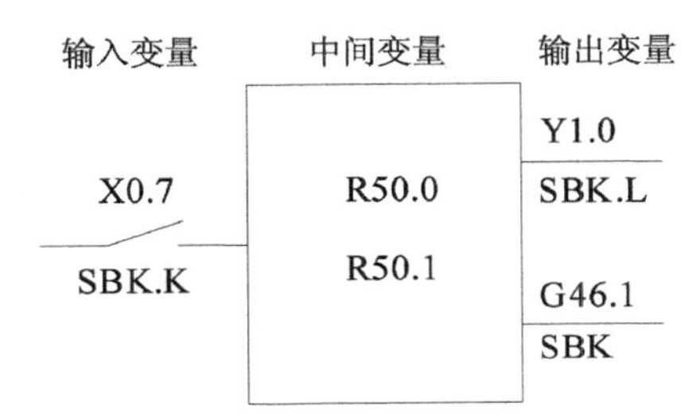

图 6－4　单步功能的信号流程图

2. 程序设计

图 6－5 所示为单步梯形图程序，整体上看这是“交替”型变量设置环节，B1 和 B2 模块产生一条瞬间的短脉冲；B3 为续流和终止模块。当单步功能有效时，G46.1 被设置为“1”，按钮指示灯亮。此时，单步功能生效。

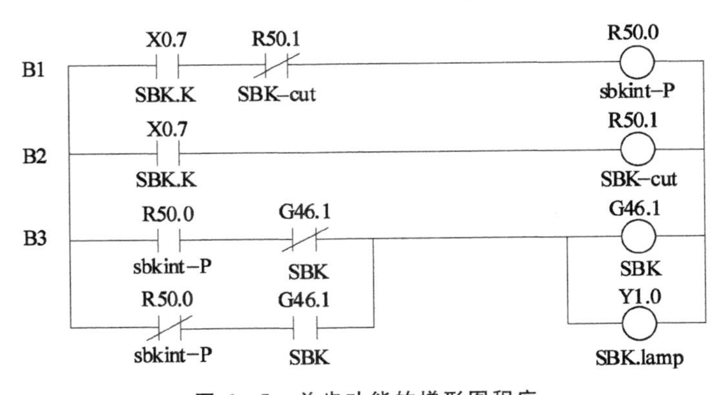

图 6－5　单步功能的梯形图程序

6.2.2 跳步

跳步的描述：跳步功能是指当加工程序指令中出现带有“/”符号时，这条指令将跳过不执行，转而执行其后的一条指令。

1. 信号流程分析

图 6－6 所示为跳步功能的信号流程图。跳步的功能按键为 X1.0，中间采用的过渡变量是 R50.2 和 R50.3，输出变量有两组，其一，面板指示灯 Y1.5；其二，G44.0。这是数控系统定义的关键变量。

2. 程序设计

图 6－7 所示为跳步梯形图程序，整体上看这是“交替”型变量设置环节，B1 和 B2 模块产生一条瞬间的短脉冲；B3 为续流和终止模块。当跳步功能有效时，G44.0 被设置为“1”，按钮指示灯亮。此时，跳步功能生效。

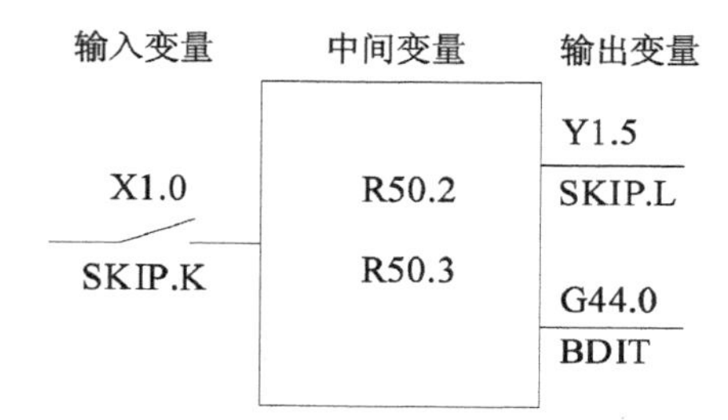

图 6－6 跳步功能的信号流程图

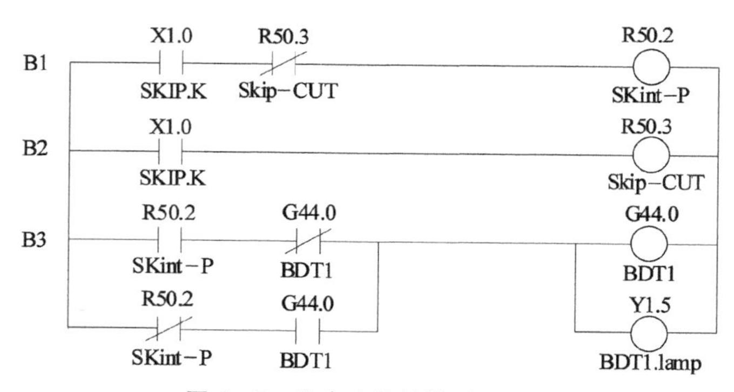

图 6－7 跳步功能的梯形图程序

6.2.3 机床锁定

机床锁定功能的描述：当按下这个键时，该对应指示灯亮，表示机床锁定功能生效，此时刀架以及伺服进给等都不能运动，但是机床的显示和执行看起来是正常的，再按一次这个按键，机床锁定功能被禁止。

1. 信号流程分析

图 6－8 所示为机床锁定功能的信号流程图。机床锁定功能的按键为 X1.5，中间采用的过渡变量是 R51.2 和 R51.3，输出变量有两组，其一，面板指示灯 Y6.2；其二，G44.1。这是数控系统定义的关键变量。

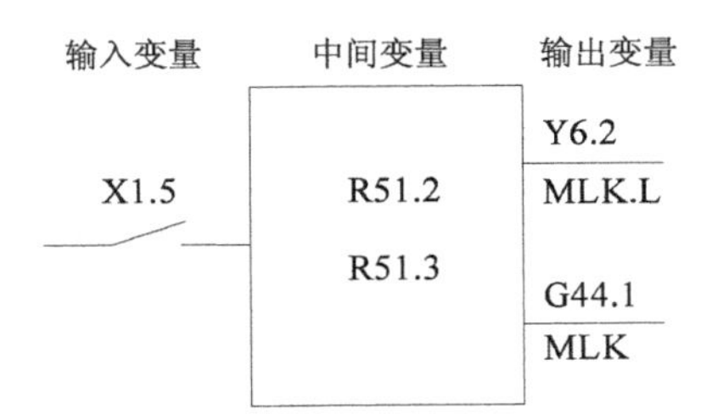

图 6－8　机床锁定功能的信号流程图

2. 程序设计

图 6－9 所示为机床锁定功能的梯形图程序，整体上看这是“交替”型变量设置环节，B1 和 B2 模块产生一条瞬间的短脉冲；B3 为续流和终止模块。当跳步功能有效时，G44.1 被设置为“1”，按钮指示灯亮。此时，机床锁定功能生效。

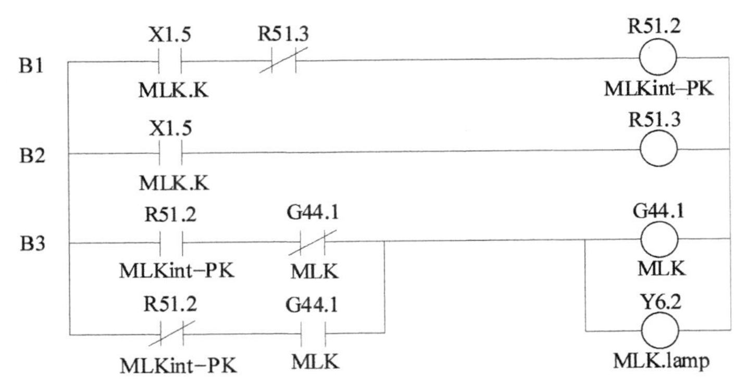

图 6－9　机床锁定功能的梯形图程序

6.2.4 选择停止

在自动运行过程中，如果按下暂停键，机床会呈现如下状态：①机床进给减速停止；②在遇见执行暂停指令 G04 时，执行完该指令后才暂停；③模态功能和状态被保存；④按下循环启动后，程序继续执行。

1. 信号流程分析

图 6－10 所示为选择停止功能的信号流程图。选择停止功能的按键为 X0.3，中间采用的过渡变量是 R50.4、R50.5 和 R50.6，输出变量有两组，其一，面板指示灯 Y6.0；其二，R50.7。请注意，这里不是控制控制 G 信号，最后控制的是中间变量 R50.6 信号，这是一个选择性暂停信号。

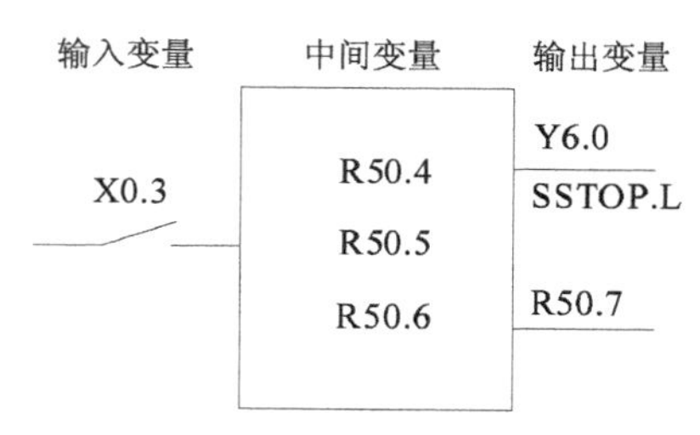

图 6－10 选择停止功能的信号流程图

2. 程序设计

图 6－11 所示为选择停止功能的梯形图程序，整体上看这是“交替”型变量设置环节，B1 和 B2 模块产生一条瞬间的短脉冲；B3 和 B4 为续流和终止模块，在 B4 模块中，我们看见一个 R200.1（M01）信号，当加工程序执行到这一条时，同时操作者又按下了选择停止按钮，这时加工程序进入了选择性暂停状态，此时机床操作者可以对机床或工件进行临时性的处理，实际上相当于按下了“进给保持”键。但是，在程序中设置选择停止比在外部按进给保持要精确，这是在完成了规定动作后的选择停止，当选择停止功能有效时，M01 信号有效，按钮指示灯亮。此时，选择停止功能生效。

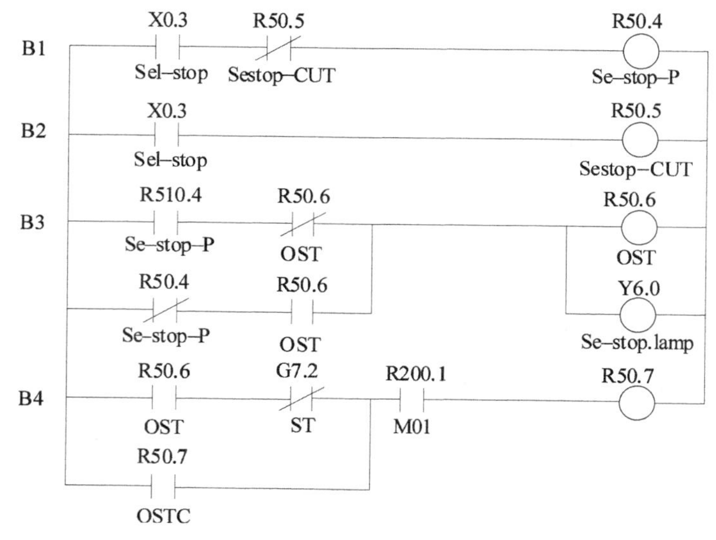

图 6－11 选择停止功能的梯形图程序

6.2.5 空运行

按下空运行功能键时，对应的指示灯亮，表明空运行机制生效。在空运行状态下，加工程序中的所有 F 代码（百分比速度）失效，机床的进给按面板上的波段开关（线速度）设定的速度运行。

1. 信号流程分析

图 6－12 所示为机床空运行功能的信号流程图。空运行功能按键为 X1.4，中间采用的过渡变量是 R51.0 和 R51.1，输出变量有两组，其一，面板指示灯 Y1.1；其二，G46.7。这是数控系统定义的关键变量。

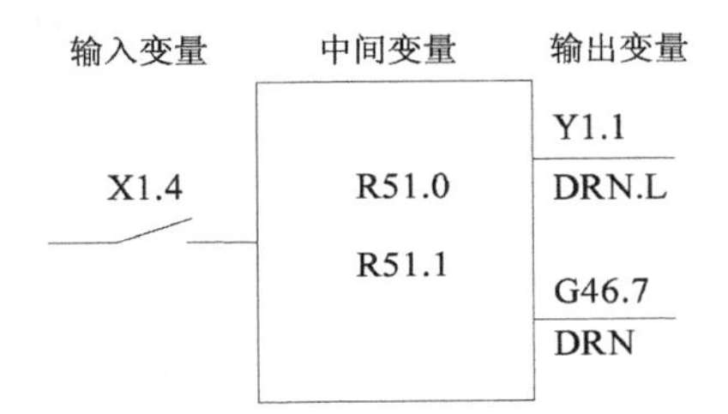

图 6－12　空运行功能的信号流程图

2. 程序设计

图 6－13 所示为机床空运行功能梯形图程序，整体上看这是“交替”型变量设置环节，B1 和 B2 模块产生一条瞬间的短脉冲，B3 为续流和终止模块。当空运行功能有效时，G46.7 被设置为“1”，按钮指示灯亮。此时，空运行功能生效。

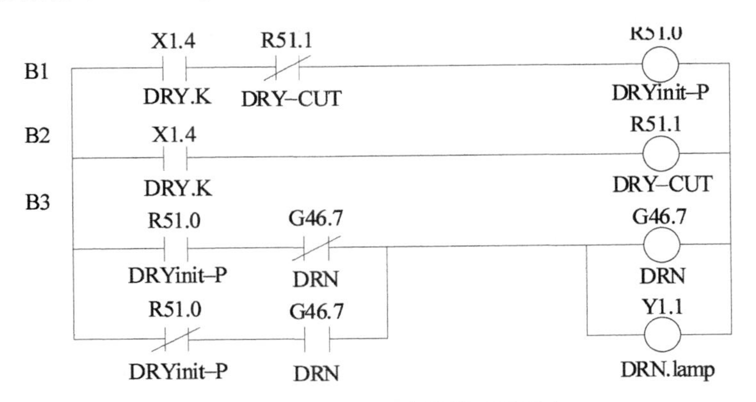

图 6－13　空运行功能的梯形图程序

6.2.6 程序重新启动

该功能主要是为了解决加工过程中由于意外情况，诸如刀具损坏，意外停电或者暂停状态后使程序从当时的断点处重新启动程序，以提高加工效率而设置的一种辅助机床功能。在使用该功能时必须十分小心，操作不当容易发生撞刀事故。

1. 信号流程分析

图6-14所示为机床程序重新启动功能的信号流程图。程序重新启动功能按键为X2.1，中间采用的过渡变量是R55.0和R55.1，输出变量有两组，其一，面板指示灯Y6.7；其二，G6.0。这是数控系统定义的关键变量。

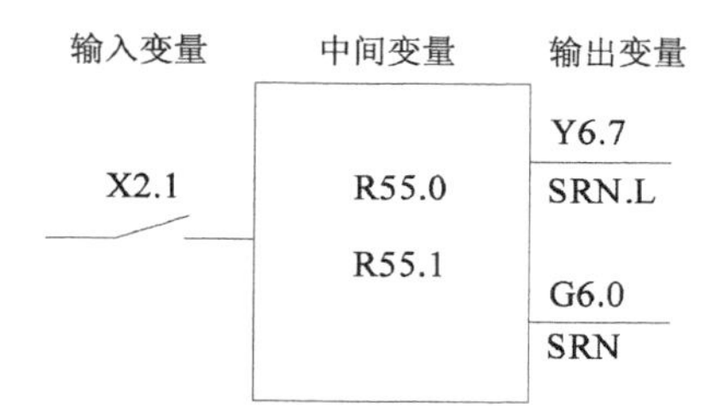

图6-14 程序重新功能的信号流程图

2. 程序设计

图6-15所示为机床程序重新启动功能的梯形图程序，整体上看这是“交替”型变量设置环节，B1和B2模块产生一条瞬间的短脉冲；B3是续流和终止模块。当程序重新启动功能有效时，G6.0被设置为“1”，按钮指示灯亮。此时，程序重新启动功能生效。

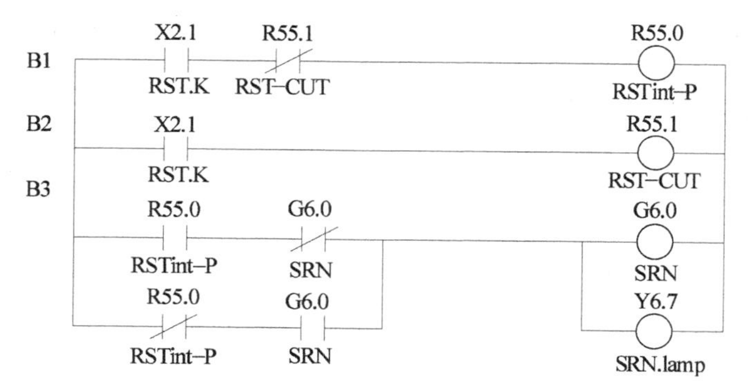

图6-15 程序重新启动功能的梯形图程序

6.2.7 程序保护

程序保护是指通过一个钥匙来控制 PMC 中指定的 G46.3～G43.6 各个位的信号，使用户允许或禁止加工程序中的一些操作。在保护模式有效的情况下，不允许输入刀具偏置量、工件原点偏置量；不允许输入系统参数和宏变量；不允许程序登录和编辑加工程序；不允许输入 PMC 数据。

1. 信号流程分析

图 6－16 所示为机床程序保护功能的信号流程图。程序保护功能的按键为 X2.4，没有采用中间过渡变量，输出变量有 4 个，其分别为 G46.3、G46.4、G46.5 和 G46.6，这是数控系统定义的关键变量。

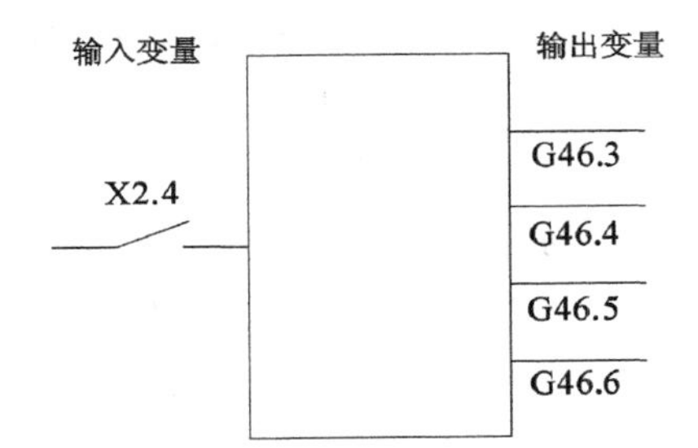

图 6－16 程序保护功能的信号流程图

2. 程序设计

图 6－17 所示为机床程序保护功能的梯形图程序，当 X2.4 处于断开状态，此时属于逻辑“0”，保护模式有效；当合上 X2.4，属于逻辑“1”，保护模式禁止。在平时使用时要正确识别这两种状态。

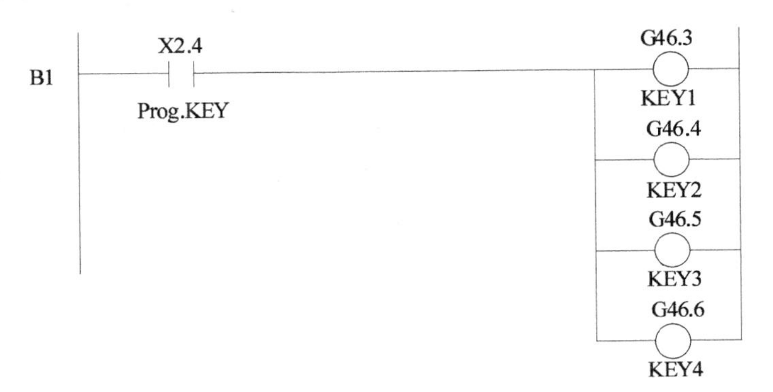

图 6－17 机床程序保护功能的梯形图程序

6.2.8 循环启动与进给保持

功能描述：在自动模式下，按下“循环启动”按钮，可以启动存储器中的加工程序或者进行程序图形模拟运行，在程序运行过程中，按下“进给保持”按键，程序处于暂停状态；按下“单步”功能键，程序也处于暂停状态；如果程序运行中遇见 M00 和 M01 指令暂停后，也需要再次按下“循环启动”以继续运行。

在加工程序处于自动执行的状态下，按下“进给保持”按键，程序处于暂停执行状态，在此状态下可以进行如下手动操作：点动、步进、手动换刀、重新装夹刀具、测量工件尺寸等，再次按下“循环启动”按键，加工程序则继续执行。

1. 信号流程分析

图 6-18 所示为循环启动和进给保持功能的信号流程图。循环启动和进给保持信号流程由上下两个部分组成，上半部分为循环启动，其控制按键为 X2.2；下半部分为进给保持，其控制按键为 X2.3。其 G7.2 是系统定义的自动运行启动信号，而 F0.5 是自动运行启动中的确认信号，其时间顺序先有 G7.2，后有 F0.5，显然，后者也是一种“刺激反应”；同理，G8.5 是系统定义的自动运行停止信号，F0.4 是自动运行停止中的确认信号，其时间关系同前。

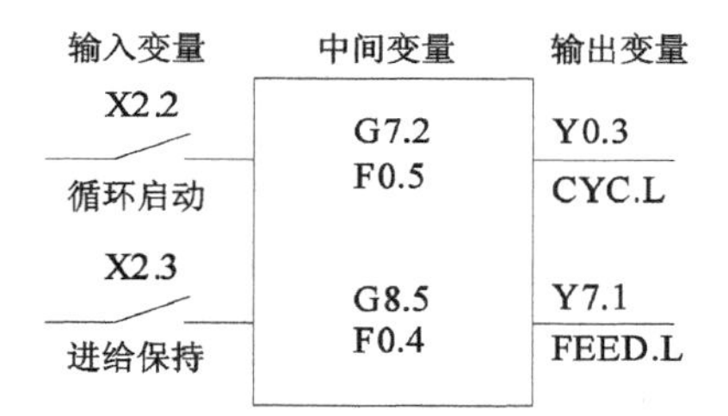

图 6-18 循环启动和进给保持功能的信号流程图

2. 程序设计

图 6-19 所示为循环启动和进给保持功能的梯形图程序，对于 B1 和 B2 模块，X2.2 为循环启动按键，如果该功能得到了正确的响应，则 F0.5 被设置为“1”并点亮按键指示等；对于 B3 和 B4 模块中的进给保持也可以用同样的方式来理解。

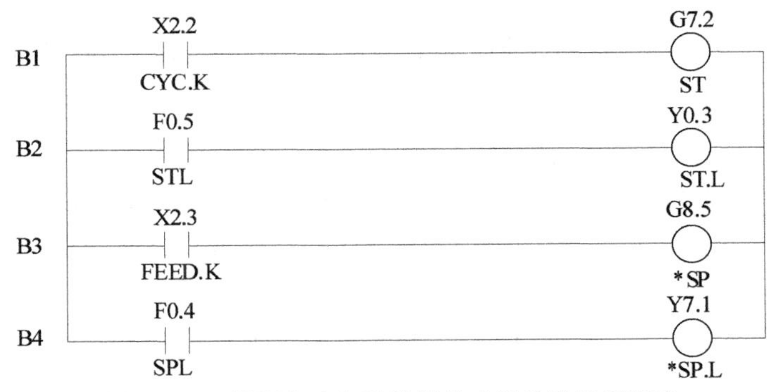

图 6-19 循环启动和进给保持功能的梯形图程序

6.3 伺服控制

6.3.1 手轮控制

1. 手轮的连接

手轮的连接也称手动脉冲发生器（Manual Pulse Generator，MPG），主要用于伺服直线轴的步进微调或者加工中的中断插入等操作，由于使用方便、移动精确以及结构简单等而广受用户欢迎。图 6-20 所示描绘了手轮的一种连接方式，首先手轮装置通过连接线 1 与数控机床的信号接口板的 MPG 端口相连，然后通过该板上的 I/O-LINK 口与数控单元的一个专用接口进行连接，这样当手轮上有任何操作时都会在数控单元上收到相应的信号。

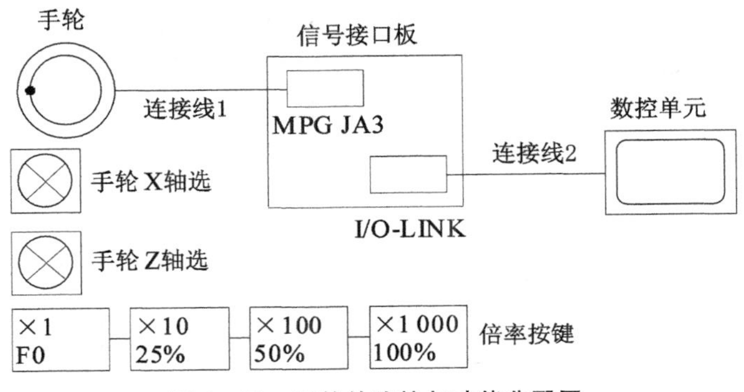

图 6-20 手轮的连接与功能分配图

2. 手轮的功能

如图 6-20 所示，与手轮相关的功能是倍率选择，在图中手轮的倍率与伺服的快速移动倍率被集成在同一个按键上，形成了按键"复用"，其中按钮上面的×1(分辨率为0.001mm)、×10(分辨率为0.01mm)和×100(分辨率为0.1mm)也作为手轮倍率来使用，而且×1000由于速度太快而被禁止；另一个相关功能就是选择那一个手轮，称为轴选择，所以一旦确定了轴选择(X或Z)以及倍率(×1、×10、×100)，只要摇动手柄，指定的伺服直线轴就可以在规定的范围内移动了。表6-2表示手轮轴选择信号与G信号的对应关系，编写梯形图的目的就是赋予G变量规定的值，使数控系统能够根据这个值正确进行轴符号的选择。

3. 手轮的程序设计

上述所讨论的仅仅是手轮的基本操作方法，只有认真分析表6-3中的数据，才可能设计好这个手轮控制程序。首先要正确区分输入信号和输出信号的分布，输入信号即倍率信号，如表中的X2.0、X1.7、X1.3和X0.6，而输出变量则为G19.5和G19.4，其他可以看成中间变量。依据这个思路，我们可以再画一张信号流程图，这样可以进一步看清楚各变量之间的关系。

表6-2　手轮轴选择信号与G信号的对应关系

序号	G18.1	G18.0	状态	辅助条件
1	0	0	未选择	
2	0	0	X轴	K9.6
3	1	0	Z轴	K9.5
4	1	1	车床无	

表6-3　手轮倍率与各变量的对应关系

序号	输入信号	X2.0	X1.7	X1.3
1	倍率	×1000	×100	×10
2	信号灯	Y0.7	Y1.7	Y0.1
3	中间变量	K1.4	K1.3	K1.2
4	去CNC	G19.5	G19.4	控制精度
5	*1/F0	0	0	0.00x
6	*10/25	0	1	0.0x
7	*100/50	1	0	0.x
8	*1000/100	1	1	无

观察图 6－21 所示的手轮控制信号流程图，首先可以以 G19.4 和 G19.5 为目标编写倍率控制程序，由于这里只需要×1、×10 和×100 三挡速度，因此可以设计一组三键互锁程序。以 K1.1、K1.2 和 K1.3 为中间变量，既控制倍率，又可以控制信号灯。

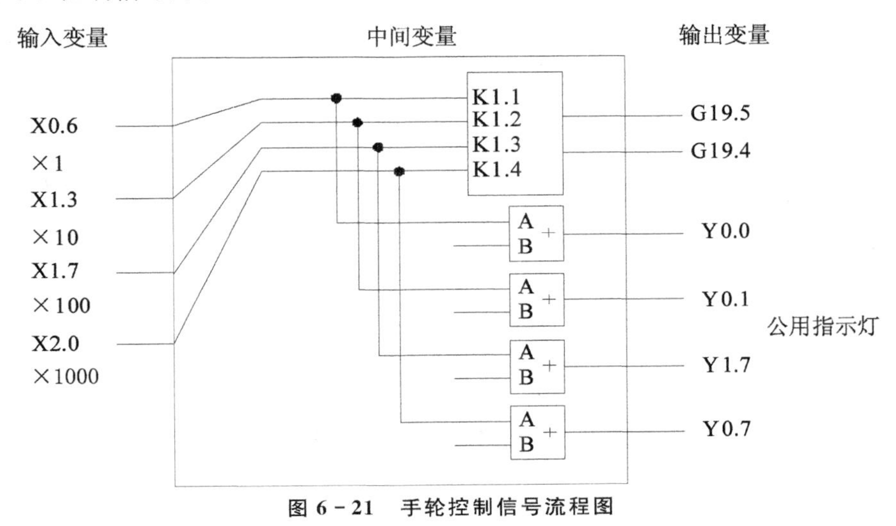

图 6－21　手轮控制信号流程图

现在将中间变量形成、倍率形成以及轴选信号进行说明并设计出可以工作的程序，图 6－22 所示为三种倍率形成中间变量的梯形图程序。图中，中间变量分别存放在 K1.1、K1.2 和 K1.3 之中，然后通过二进制形成规律，将组合二进制值送入到 G19.4 和 G19.5 中，于是就产生了不同的倍率值，图 6－23 所示

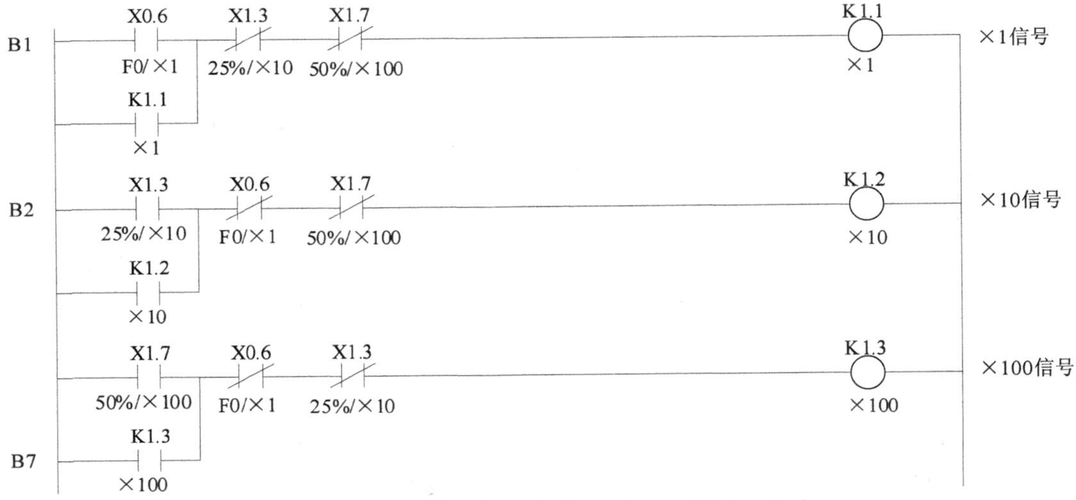

图 6－22　手轮控制信号中间变量形成的梯形图程序

就是这个程序的实现方法，图的旁边列出了G信号组合与倍率的关系。轴选信号被存放在G18.0和G18.1之中（图6－24），其二进制形成规律是由轴选键（X0.5和X0.0）的组合规律形成的，也可以用工作方式选择中的K9.5和K9.6来选择，这两种方式是一样的。至于K0.5，这是一个手动联锁信号，也就是在手动方式下不允许使用手轮进行工作。当这些程序一旦设计好并装入数控单元，选择合适的倍率和轴名称，摇动手柄，十字滑台就可以移动了。

图6－23　手轮倍率信号形成的梯形图程序

图6－24　手轮轴选择信号形成的梯形图程序

这里还有一个倍率指示灯程序还没有编写，显然，你可以根据图6－21所示的信号流程自行编写，通过相应的K变量去控制Y的信号灯变量，你会发现每个信号灯之前连接了一个“或门”逻辑，这实际上是为了解决手轮倍率与后面将讲到的快速移动倍率信号灯的复用问题。现在暂时没有设计信号灯程序，但是这不影响手轮倍率的调整，你可以在做完快速倍率程序设计后一起补充完整。

6.3.2 手动控制

将机床的工作方式置于“手动”位置，调整倍率开关至合适的位置，按动方向控制键，十字滑台可以在指定的方向以规定的速度运行。

关于伺服的手动控制问题，我们在讨论梯形图设计的基本问题时曾经涉及一些技巧，由于那时候的机床工作方式是手动环境下通过几条特殊语句设置的，并且不允许改变，而现在我们已经完整讨论过机床的工作方式问题，因此现在的状态转换环节已经比当时方便许多。为了叙述的完整性，这里仅仅将伺服的手动控制以最简约的方式进行一次呈现，以确保伺服控制内容的完整性。

如图 6－25 所示，伺服手动控制首先是采集倍率波段开关的位置，这个位置以二进制规律进行编码，为了使断电后保持位置信号，这里还要将其存入到 K 变量单元，通过一个二进制—十进制转换模块，将速度信号以补码方式存放在表格里。在合适的倍率下，手动按下伺服方向键，十字滑台将会运行。

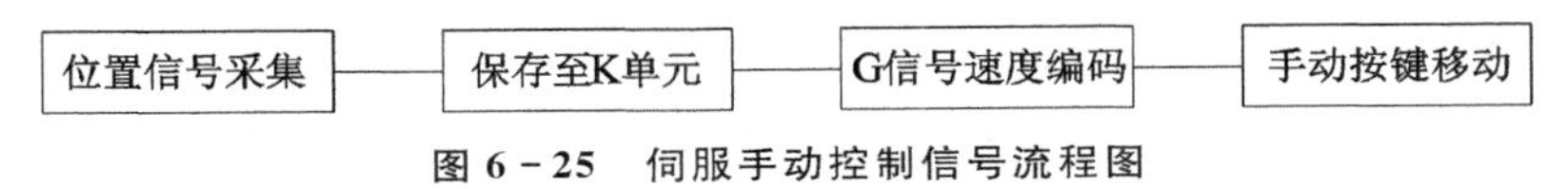

图 6－25　伺服手动控制信号流程图

图 6－26 所示为根据信号流程图编写的最简伺服手动控制梯形图程序，B1 模块采集 X7 开关信号，由于只采集了低 5 位，高 3 位就被屏蔽掉了，采集到的数据保存到 K5 单元中；B2 模块为速度信号保存，本梯形图中只列出了部分参考值，其余值可以依据规律逐个单元进行写入；B3～B6 是通过手动开关（方向箭头）去控制十字滑台朝指定的方向运行的最简控制回路。实际在控制这 4 个方向的运动过程中需要设置各种条件，以后我们会逐渐涉及这些内容。

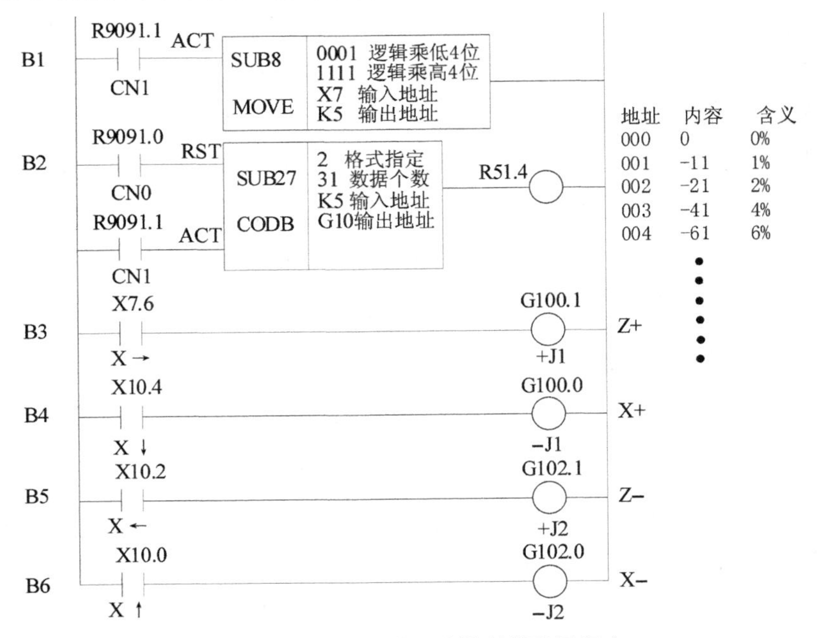

图 6－26　最简伺服手动控制梯形图程序

6.3.3 返回参考点控制

十字滑台可以通过3.7.3节所介绍的方法先设置原点，这里假设在光电编码器环境下设置。我们应记得，前面返回原点的程序设计完全是用最基本的梯形图语句编写的，其明显的不足是在运行中有过冲现象，虽然过冲可以控制在比较小的范围内，如果不采取进一步的措施，这个过冲误差还是很难消除的。其主要原因是：当十字滑台的动点在逐渐接近原点时其速度是恒定的，如果我们将程序设计成变速控制，在接近原点时会以最佳速度靠近，这就需要在梯形图程序设计上写出非常复杂的算法，在实际应用中，这个算法已经由数控系统内部已经设计好并以指令格式提供给用户。如图6－27所示，当我们设置工作方式为返回参考点，同时按下“↓”和“→”按键时，数控系统开始执行返回原点操作，当F94.0和F94.1分别为逻辑“1”时，系统确认X轴和Z轴已经返回参考点。

图6－27　十字滑台返回参考点程序

这里有一个问题需要讨论，前面我们设计过一个返回参考点的程序，尽管有一定的过冲量误差，而且程序也做得比较复杂，而现在只要引用数控系统内部已经设计好的资源，其性能上可以实现无误差返回参考点。那么，我们自己设计程序还有什么意义呢？实际上，如果我们采用自由配置的伺服硬件和梯形图环境，系统并没有提供给你这种精确回原点的程序段，这完全需要你自己设计这段专用程序。在这种情况下，依靠自己的能力来编写好这段程序是非常有意义的，我们可以在原有的基础上增加一些合理的控制算法来达到这个目的。

6.3.4 快速移动控制

快速移动的功能：在维修机床或者进行零件加工前，如果需要长距离和大范围内移动直线轴而不需要精确定位，采用快速移动是比较好的方法。

为了设计一个实现快速移动的梯形图程序，现在我们一起来分析一下快速移动输入/输出信号以及中间变量之间的关系。表6－4为快速移动的输入/输出信号分布情况，这张表与我们前面讨论的手轮控制信号非常相似，其相同的部分是倍率按键信号和指示灯信号。然而由于目的不同，涉及的 K 信号和 G 信号也不同，为此我们再次绘制对应的信号流程图，便于看清楚信号的流向，这对于程序设计是很有帮助的。

表 6－4　快速移动输入/输出信号分布

序号	输入信号	X2.0	X1.7	X1.3	X0.6
1	倍率	100%	50%	25%	F0
2	信号灯	Y0.7	Y1.7	Y0.1	Y0.0
3	中间变量	K2.0	K1.7	K1.6	K1.5
4	去 CNC	G14.1	G14.0	控制精度	
5	*1/F0	0	0	100%	
6	*10/25	0	1	50%	
7	*100/50	1	0	25%	
8	*1000/100	1	1	F0	

图 6－28 所示为快速移动信号流程图，在同一组按键下，按键定义已经改变为 F0、25%、50%和 100%，中间变量分别对应 K1.5、K1.6、K1.7 和 K2.0，输出变量控制的是 G14.0 和 G14.1，这是与快速倍率有关的参数设置；在公用信号灯控制中，输入口均接入 B 端，显然 A 端已经被手轮倍率灯占用。

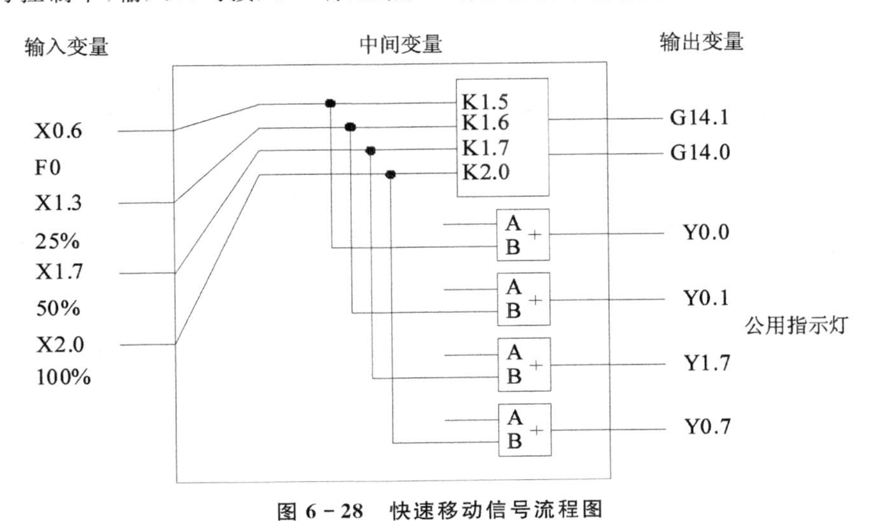

图 6－28　快速移动信号流程图

图 6－29 所示为快速移动信号四个按键互锁并形成中间变量的梯形图程

序，图 6－30 所示为依据其中间变量形成的快速移动倍率梯形图程序，这里一共分成 4 挡速度，其中 F0 是快速移动中的最基本速度，该速度是在数控系统中的 1421 单元写入的，该单元的名称是快进调节（Rapid Traverse Override F0），如果在该单元中数值为 250，则 25％的倍率值是 500，50％的倍率是 1000，100％的倍率是 2000。因此，F0 只是一种初始速度，后一个倍率数值是前一个的倍增关系。

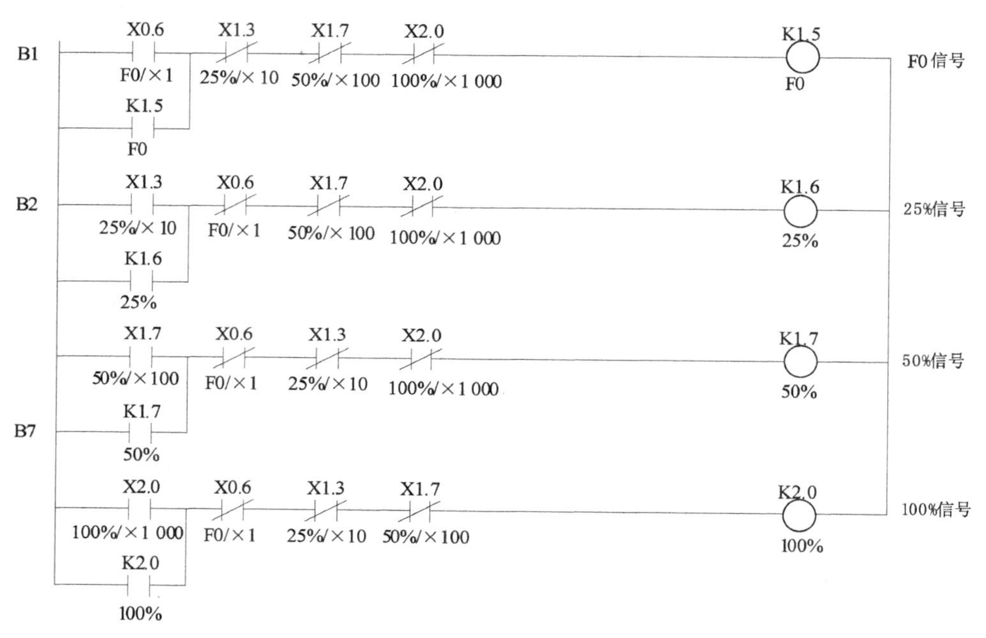

图 6－29 快速移动信号四个按键互锁并形成中间变量的梯形图程序

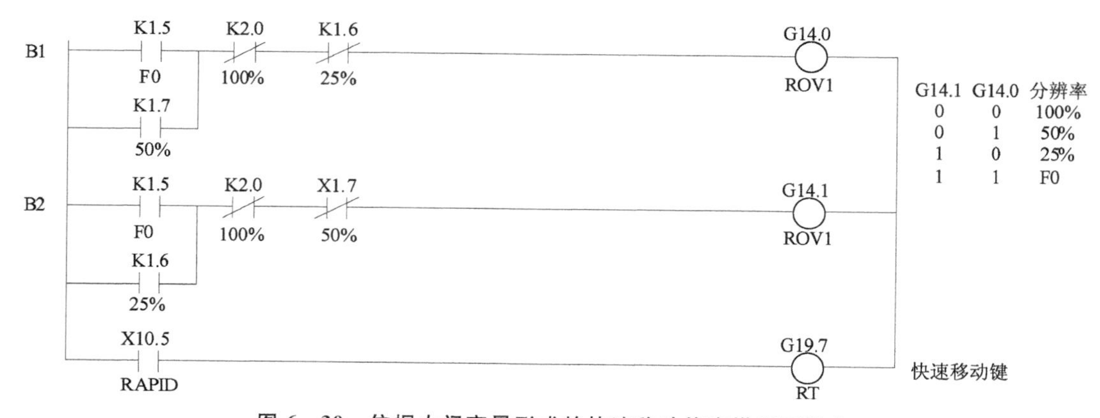

图 6－30 依据中间变量形成的快速移动倍率梯形图程序

同时注意，快速移动是通过复合按键来实现的，也就是需要同时按下“∽”与方向控制键(→、↓、←、↑)才能实现快速移动。梯形图中 X10.5 就是快速定义按键，G19.7 就是数控系统定义的快速移动功能确认。图 6－31 所示为快速移动与手轮倍率灯复用的梯形图程序，一般情况下，快速移动功能在伺服返回参考点后才能生效。

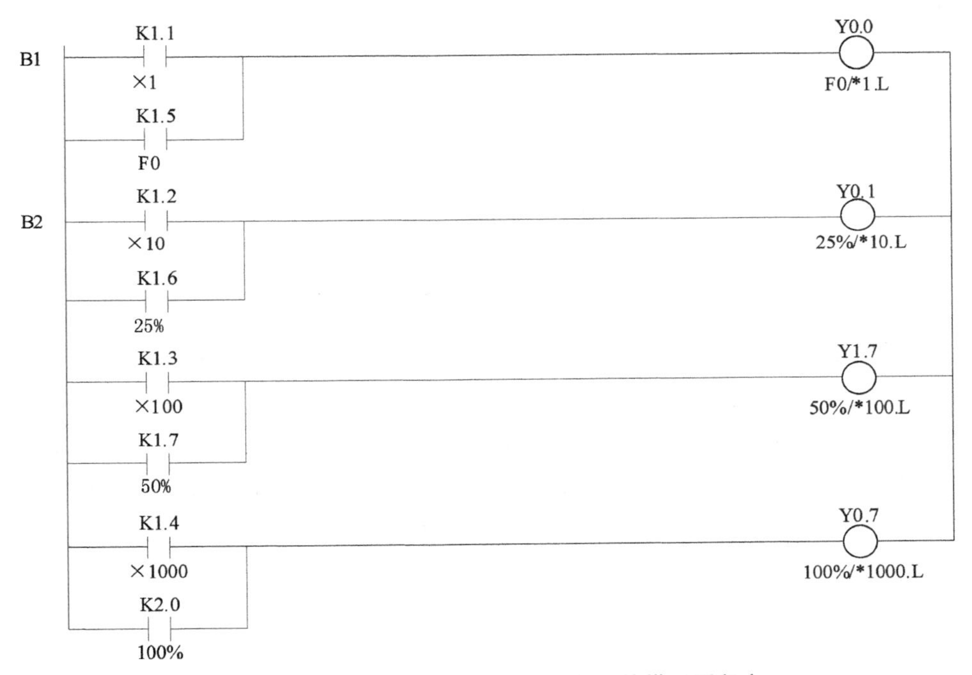

图 6－31　快速移动与手轮信号灯复用的梯形图程序

到现在为止，我们介绍了十字滑台的 4 种控制方式的梯形图编程，包括手轮、手动、返回参考点以及快速移动。

6.4　冷却控制

冷却是数控车床中一种基本但又是非常重要的控制程序。冷却的最基本控制方式是在手动状态下一键启动/停止，此外也可以在自动加工过程中通过 M 指令调用或者在 MDI 方式下通过辅助功能指令 M08 和 M09 来启动和停止冷却电机。

6.4.1 手动控制

一键启动/停止方式的冷却控制信号流程图如图 6－32 所示，其中 X11.4 是机床操作面板上的冷却控制按键，通过中间变量的转换，其输出由两部分组成，Y3.7 为冷却输出，具体形式是一个微型继电器的节点，该节点去控制接触器与冷却电机；Y6.6 输出按键指示灯信号。

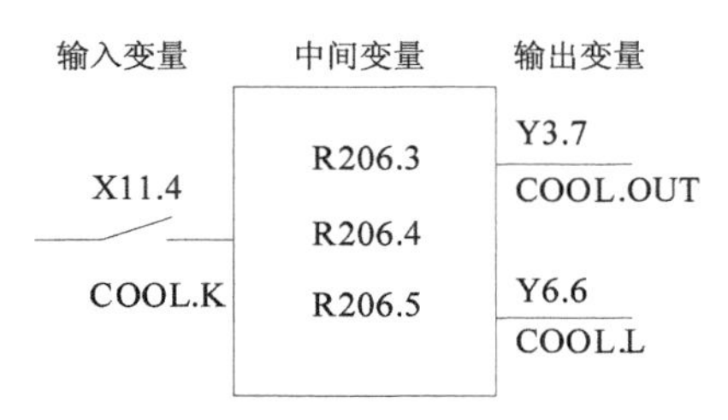

图 6－32　手动控制冷却信号流程图

根据该信号流程图编写的梯形图程序如图 6－33 所示，大家对这个梯形图已经很熟悉了，但是这个程序在实际使用中还有缺陷，因为无论在何种工作状态，这个冷却控制都可以启动，实际上，这个功能要求在特定的工作方式下才允许操作，通常在手动状态下允许启动和停止。此外，如何通过 M08 和 M09 指令来启动/停止这个过程在程序中也没有设计出来，因此这个程序需要进一步改进，图 6－34 所示为改进后的控制冷却信号梯形图程序。

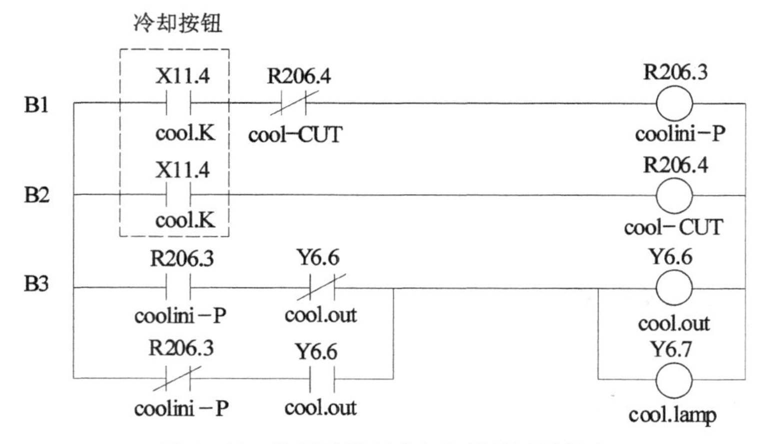

图 6－33　纯手动控制冷却信号梯形图程序

我们首先来看这个改进后的梯形图程序与原来相比增加的部分，B1 和 B2 模块中增加了 F3.2 信号，这个节点的增加是对冷却控制设置“手动”控制的条件,也就是在手动状态下 F3.2 才可以接通,从而冷却的手动控制才允许执行。通过 R203.5 信号的延伸,这里增加了 B4 模块,在这个模块中,我们再次看到了目标控制对象:冷却输出和指示灯,但是其左边的控制条件比原来复杂些,其中 1.1 为复位信号,即在冷却输出过程中,如果按下了数控单元上的 Reset 键,冷却输出过程被停止。另一方面,这里增加了两个新的工作方式选择:F3.3 和 F3.5,它们分别代表 MDI 和自动存储器方式。总之,这个模块实现了手动、MDI 和自动三种方式下控制冷却电机的逻辑组合。

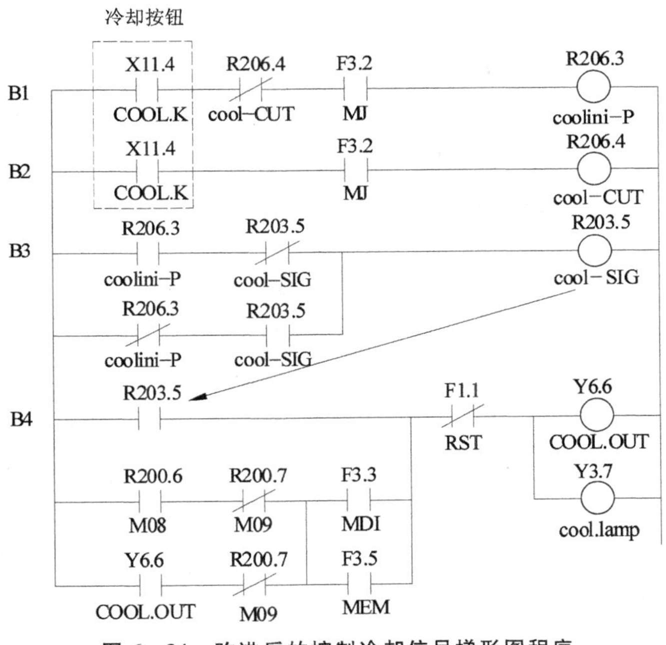

图 6-34 改进后的控制冷却信号梯形图程序

现在讨论 M08 和 M09 的符号问题,在加工程序代码中,通过 M08 和 M09 指令可以控制冷却电机的启动和停止,但是这里有一个条件,要在 PMC 梯形图中编写这段支撑程序。解决这个问题的关键是依据地址值正确地设计 M 值,以下以 R200 为例来说明这种方法:在系统的梯形图内,R200 只是一个变量,该变量可以以整体(8 位)方式参加寻址,也可以某一位作为寻址。在以位为寻址方式的情况下,该变量可以有两种访问方式,一种是地址访问方式,另一种是符号访问方式,它们之间的对应关系如图 6-35 所示。例如,地址 R200.6 对应的是符号 M08,地址 R200.7 对应符号 M09,梯形图中访问的是 R 变量或者地址变量,而自动方式下加工程序或者在 MDI 方式下访问的是 M 变量,或者符号变量。经过这样的讨论，我们可以弄清楚改进后的冷却控制梯形图所表达的控制含义了。

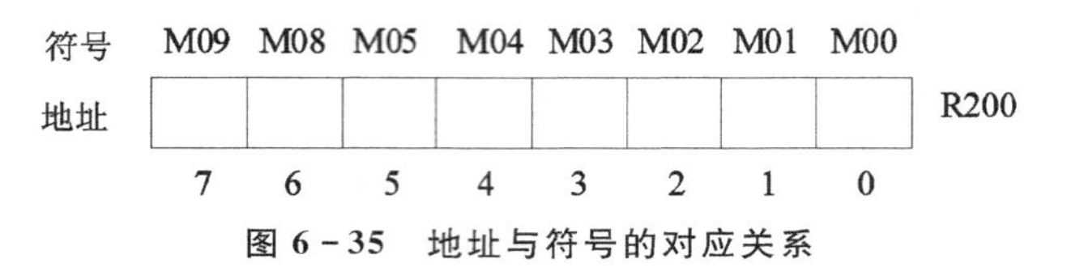

图 6－35　地址与符号的对应关系

6.4.2　M 指令的形成

M 指令不但可以被数控加工程序调用，也可以在 MDI 方式下单独使用，更重要的是 M 指令还可以根据外部设备要求自由增加，以对现有 M 进行合理的补充。当现有数控系统外挂一些毛坯运送、装夹或卸载设备时，通过 M 指令可以实现这些设备的动作控制。现在，我们以人们熟悉的 M08 和 M09 指令来说明 M 指令的形成。

图 6－36 所示为数据转换与比较梯形图程序。

现在分析 B1 模块，SUB14 二进制与 BCD 码双向转换模块中，BYT 设置为“1”时，所处理的数据是 2 个字节；CNV 设置为“0”时，表明现在将二进制转换成 BCD 码；RST 设置为“0”时，表示不进行复位；ACT 设置为“1”时，表示转换恒有效；F10 存放的是由键盘输入的二进制码；R210 存放的是转换后的 BCD

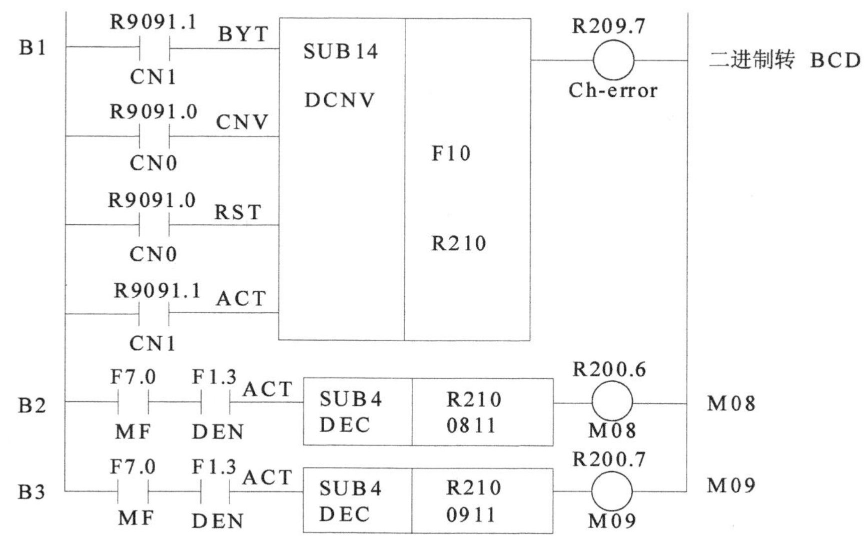

图 6－36　数据转换与比较梯形图程序

码;R209.7 为转换出错标志位,正常会置“0”,错误会置“1”。例如,转换后的 BCD 越界,这个属于出错的一种情况。

B2 和 B3 模块的功能是相同的,对于 B2 模块,F7.0 为辅助功能选通脉冲;F1.3 分配结束信号,这两个信号是与启动 M 指令信号相关的;SUB4 为两组 BCD 码一致性比较指令,当 ACT 端为“1”时,比较指令有效,否则禁止;R210 存放着被比较的 BCD 码数值,0811 要拆分成两组来理解,“08”指的是比较值,“11”为译码位数指定,现在的含义是表示高低位都进行译码,当 R210 中的数据与“08”完全相同时,R200.6(M08)输出为“1”,这就是冷却启动信号。

现在我们来分析 M 指令的执行过程,将工作方式设置为 MDI,在编程界面输入“M08;插入”,再按下循环启动按键,这时冷却电机启动了。实际上,当我们按下 M08 时,F10 单元中接收到的数值是二进制 08,这个数值通过 SUB14 模块被转换成 BCD 码并存放在 R210 当中,在按下循环启动的一瞬间,F7.0 和 F1.3 信号均有效,这时模块 SUB4 将 R210 中的数据与 08 相比,如果相等,则在 R200.6 线圈上输出一个启动脉冲,这个脉冲就启动图 6-34 所示梯形图程序的冷却电机,冷却电机开始运行。同样的原理,用 M09 指令可以终止冷却电机的运行。

6.4.3 M 指令的结束

上一节我们已经能够运用 M08 指令在 MDI 方式下启动冷却电机了,但是我们会发现这样一个现象,当按下循环启动按键后,虽然冷却电机启动了,但是循环启动的指示灯依然亮着,这并不是我们平时熟悉的那种情况,即这个信号灯瞬间亮一下以后马上熄灭,这是什么原因呢?

我们先来分析一下 CNC 在处理这个问题的过程(图 6-37),当我们向 CNC 发出 M、S 和 T 指令时,实际是一个向 CNC 发出指令申请的过程,这里伴随两个情况,第一是设备运行,如冷却电机启动;第二是发出一个短脉冲去触发 G4.3 内部继电器,这是埋设在 CNC 内部的任务结束信号,通过这个信号才能去关闭循环启动的指示灯。这个过程就是 CNC 的回复,正确回复的标志是在执行完启动任务后循环启动信号灯的瞬间熄灭。

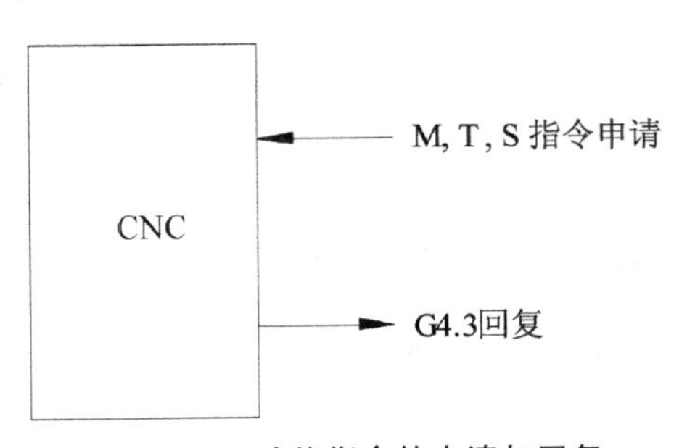

图 6-37　功能指令的申请与回复

结束信号的梯形图程序非常程式化，如图 6－38 所示。其中，模块 B1 是许多数控机床所采用的结束形式，G4.3 是数控系统定义的结束信号变量。归纳起来，这里有三类信号：辅助功能、刀具功能以及主轴速度功能，有些通过 F 信号显式地发出，有些通过前期的收集之后通过 R 变量发出，为了预防系统不能正常结束，还特别设置一个 F1.1 信号用于人工强制复位。这里的设计思想非常明确，每一步的申请和回复都是成对出现，也就是说，有外部信号申请，CNC 就一定要有正确的回复，如果没有回复，则需要查找原因，或者先强制回复，然后继续查找原因。

关于各类辅助功能只涉及 R200.6(M08)和 R200.7(M09)，通过 R208.5 变量归纳到结束信号中，以后所用到的主轴正转(M03)、主轴反转(M04)和停止(M05)功能也以此类推进行处理。这类信号有很多，你可以根据要求慢慢地添加，直到所有功能满足为止，添加这些指令的方法是一样的。

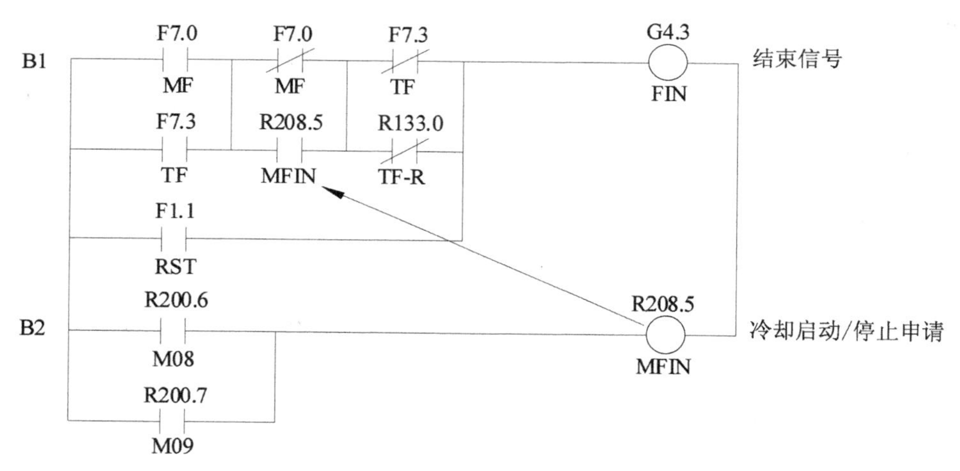

图 6－38　结束信号的梯形图程序

6.5　主轴控制

数控机床主轴的主要作用包括：保证支承刚性；保证回转精度(径向跳动精度、轴向窜动精度)；通过连接作用(卡盘、花盘)来夹持工件；工件与刀具产生相对运动等。

6.5.1 输入/输出信号定义

主轴控制要处理的信号可以包括三类，第一类是倍率处理，一般情况下，主轴的基本倍率从 50%～120%，共有 8 种，因此这里只要采用三根地址线译码就可以了；第二类是手动控制，包括主轴正转、反转以及停止信号的处理；第三类是辅助功能信号 M03、M04 和 M05，这些指令既可以在 MDI 方式下以手动数据方式输入，也可以在加工程序中以调用的方式来使用。主轴信号的处理流程如图 6－39 所示，主轴的输出信号包括正转/反转继电器以及面板指示灯控制。

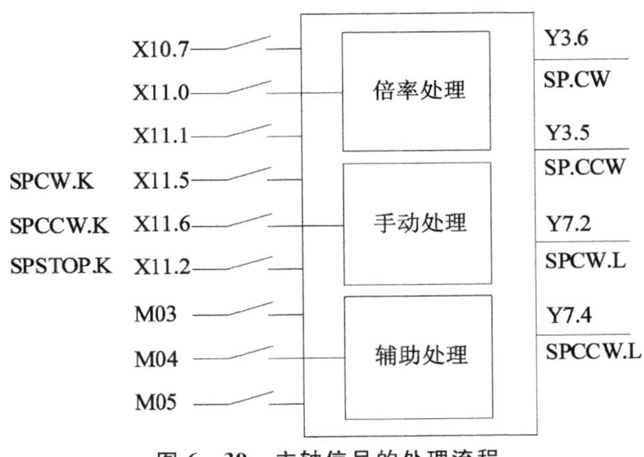

图 6－39 主轴信号的处理流程

主轴信号的程序设计与伺服倍率控制有相似的设计风格。图 6－40 所示为主轴信号处理的典型梯形图程序，B1 模块为采集倍率开关信号，其中 X10.7、X11.0 和 X11.1 是三条接入到波段开关中的译码地址线，共有 8 种不同的地址组合，这些变化的信号被保存到 R55.0、R55.1 和 R55.2 单元中；B4 模块为进一步屏蔽掉 R55.7～R55.3 位，因为这些为无效信号，同时将地址信号保存在 K10 继电器单元中；B5 模块为以二进制地址编码规律存放速度倍率，存放地址为 G30，这是数控系统单元规定的存放主轴倍率的地址，在梯形图的右下角写出了转换地址、内容以及含义的对应关系，这部分内容需要在梯形图开发环境中进行逐条写入，在运行过程中可以通过转动波段开关来观察地址变化是否正确，同时观察主轴的转速是否发生变化。

关于主轴倍率开关形式的讨论，目前主轴倍率开关有两种常见形式，一种以二进制的输出形式，如本例，另一种以格雷码的输出形式，它的数据存放规律不同于二进制的顺序，需要按照格雷码规律存放速度。如果仍按照二进制存放，速度调整会出现不正常现象，如速度没有增加，反而减少了。因此，无论我们对机床进行设计、制造或者调试，都需要认真弄明白外部设备的型号，根据这些型号编写对应的程序，这样才能得到合乎机床控制要求的梯形图程序。

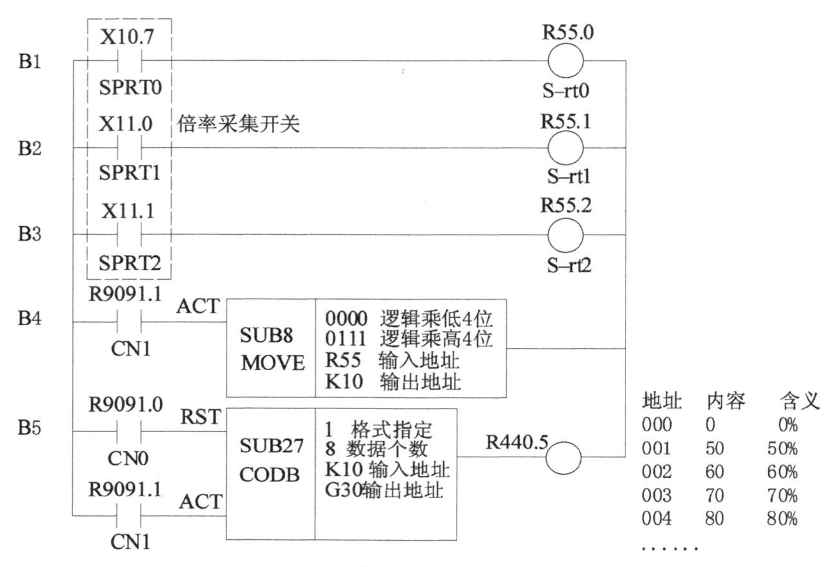

图 6－40 主轴信号处理的典型梯形图程序

6.5.2 手动控制

主轴手动控制的基本要求：要确保主轴正/反转继电器和信号指示灯的正确受控。由于没有施加初速度，主轴此时是不会运转的。图 6－41 所示为主轴手动控制的一种梯形图程序，这段程序主要有如下特点，第一，设置了手动工作方式的确认，即这段程序是在手动工作模式下执行的，其他工方式将无法启动，这个信号为 K0.5，来自于前面讨论过的工作方式选择信号，当然你也可以采用 F3.2，因 K 信号可以掉电保存，这样可以确保断电并重新启动后仍然保持手动状态；第二，可以通过“Reset”按键使当前的主轴运转停止；第三，控制信号通过 R150.0 和 R150.1 间接输出，目的是为后面增加其他控制方式留出足够的编辑位置，使前后的程序设计有统一风格。此外，还要处理好正/反转的互锁关系，这在程序中已经体现出来了。

6.5.3 其他控制方式的加入

在主轴手动控制的基础上，我们还可以增加其他的约束条件来使这段程序

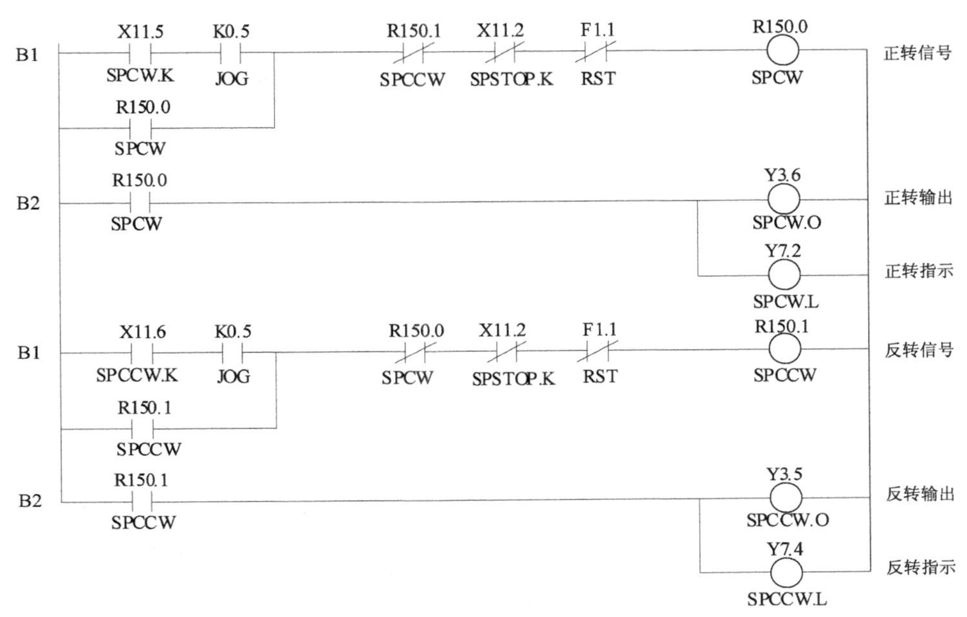

图 6－41　主轴手动控制梯形图程序

能够符合自动或 MDI 环境的需要。加入其他控制方法的程序设计有很多方法，比较经典的方法是引入 F3.3(MDI)和 F3.5(AUTO)，这是对应两组工作环境的 F 信号，还有一种更简洁的方式是采用 F0.5(STL)信号，这是一个自动运行中的确认信号，它可以同时满足自动和 MDI 两种工作方式，这样可以使梯形图程序更为简化。

手动工作方式与自动工作方式的共存处理是梯形图程序设计的重要基本功，这里要设计好逻辑互斥环节。图 6－42 所示为增加了自动环节的主轴正转控制梯形图程序，K0.5 为手动信号；F0.5 为自动信号，在 B1 模块的第一行里，这两者只能满足手动环节，因此这里走(1)方向线；F0.5 有效时，第 2 行中的(2)方向线有效，执行的是自动过程。主轴反转控制的梯形图程序(图 6－43)也有类似的原理，这里不再赘述。

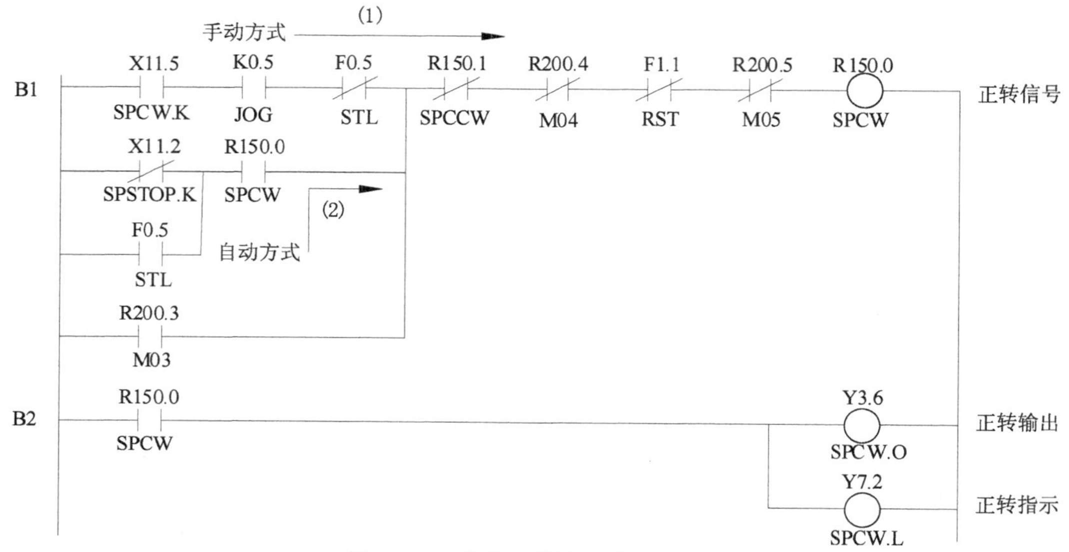

图 6－42　主轴正转控制梯形图程序

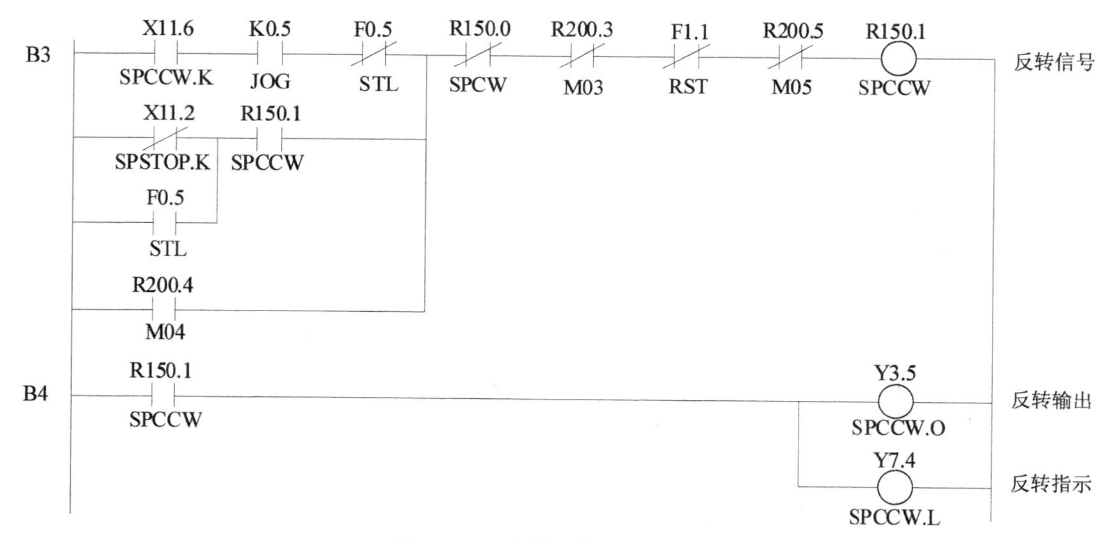

图 6－43　主轴反转控制梯形图

6.5.4　辅助功能的添加

如同冷却控制添加 M08 和 M09 辅助功能指令一样，主轴的正转、反转和停止也需要在这些相应的位置上添加 M03、M04 和 M05，其结束信号也要在

R208.5 上依次添加这些信号，以保证主轴辅助功能的申请与应答信号的封闭性。图 6 - 44 和图 6 - 45 所示是增加比较信号和结束信号的梯形图程序，通过前面两个方案的研究，我们已经完整地添加了冷却和主轴的辅助功能命令，他们的格式都是统一的，其他需要添加的辅助功能命令都可效仿这两个案例。

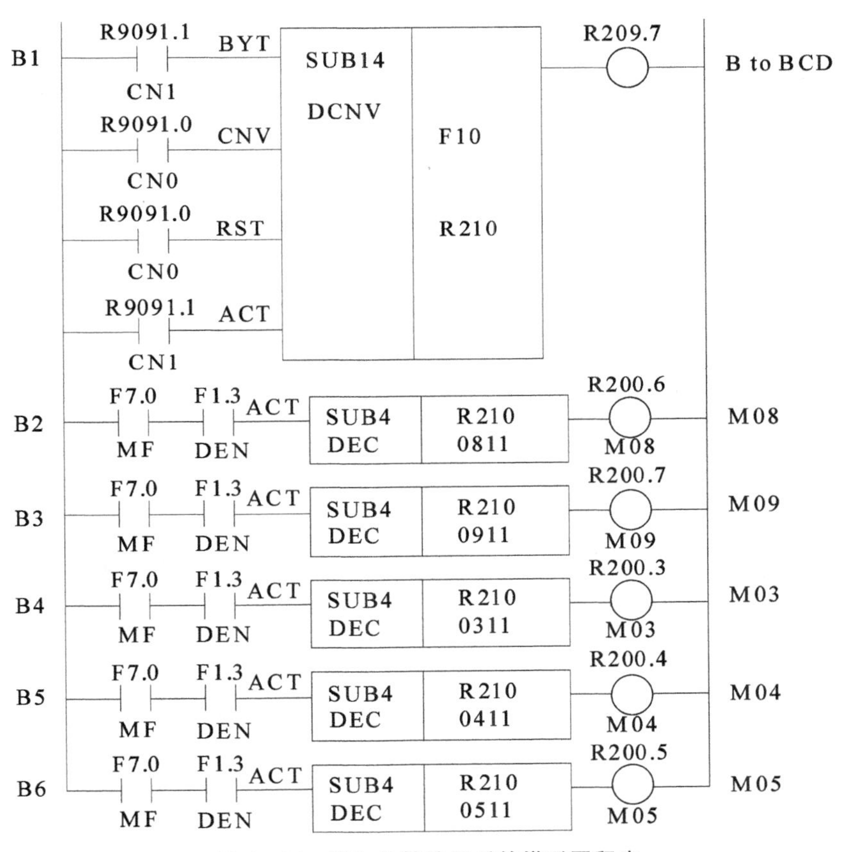

图 6 - 44　增加比较信号后的梯形图程序

本数控机床是采用变频器为主轴控制，而数控系统中原始默认的设置是串行主轴控制，因此还需要加上图 6 - 46 所示的核心语句，以保证主轴正确运行。其中，G29.5 是主轴定向信号，G29.6 是主轴停止信号，G70.7 是串行主轴机械准备就绪信号。只有正确地添加这些程序段，主轴的各类控制才可以正确地实现。

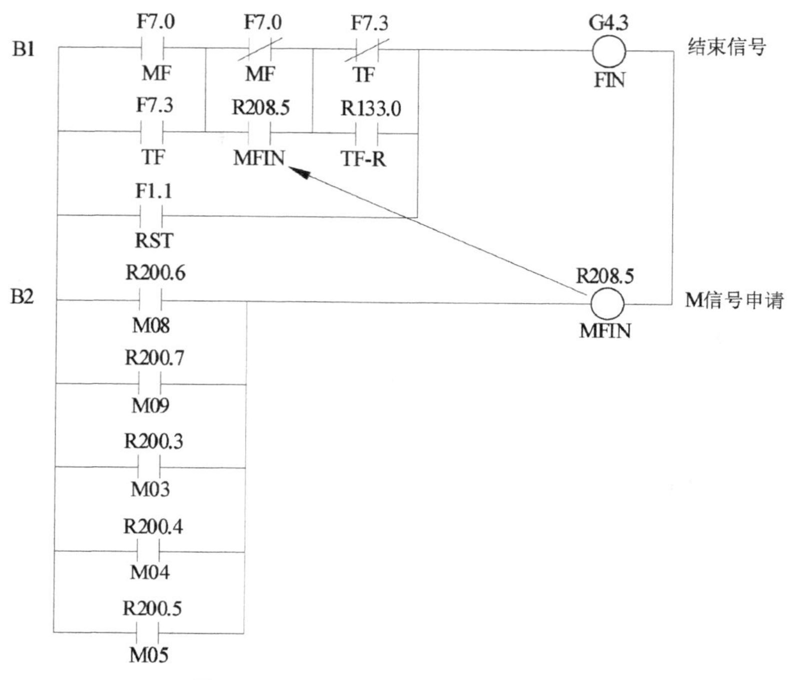

图 6-45 增加结束信号的梯形图程序

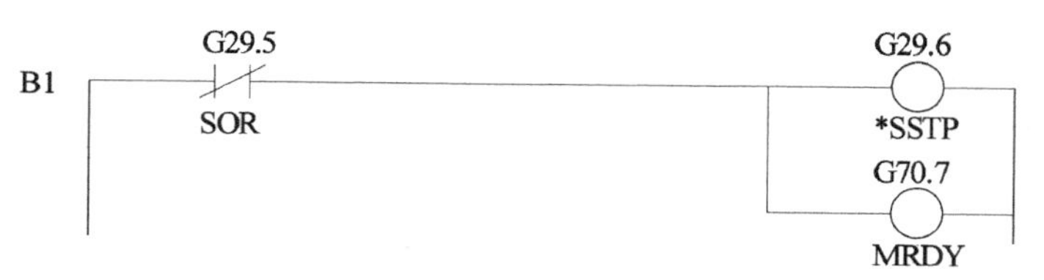

图 6-46 主轴正确运行所需的核心语句

6.5.5 主轴倍率的扩展与测试*

功能扩展是数控机床技术升级的一个重要手段。通过前面有关主轴的梯形图程序设计，主轴能够满足一般控制要求，现在我们从两个方面来试着增加主轴的其他性能，其一，将现有的倍率范围由 50%～120% 提高到 50%～200%，即从原来的 8 种提高到 16 种倍率；其二，将旋转式倍率开关改成点动升速或降速，这是因为现有的波段开关式调速开关在频繁操作时触点容易损坏，而用两个特殊定义的按键则相对比较安全，而且操作也更加方便，这两个按键可以在备用件里寻找。

在进行倍率扩展之前，我们先观察一下原来的主轴倍率选择开关梯形图程序，如图 6-47 所示。由于只有 3 条地址线，只能译出 8 种不同的倍率，现在我们在此基础再增加一条地址线，为了既保留原有的调速方式，又具有扩展后宽调速的性能，这里设置了一个点动功能按键，点动无效时采用传统调速方法，点动有效时为扩展调速法，扩展后的性能显然比原来有所提高，改造后的主轴倍率选择开关梯形图程序如图 6-48 所示，扩展前后的倍率一览表见表 6-5。

图 6-47　改造前的主轴倍率选择开关梯形图程序

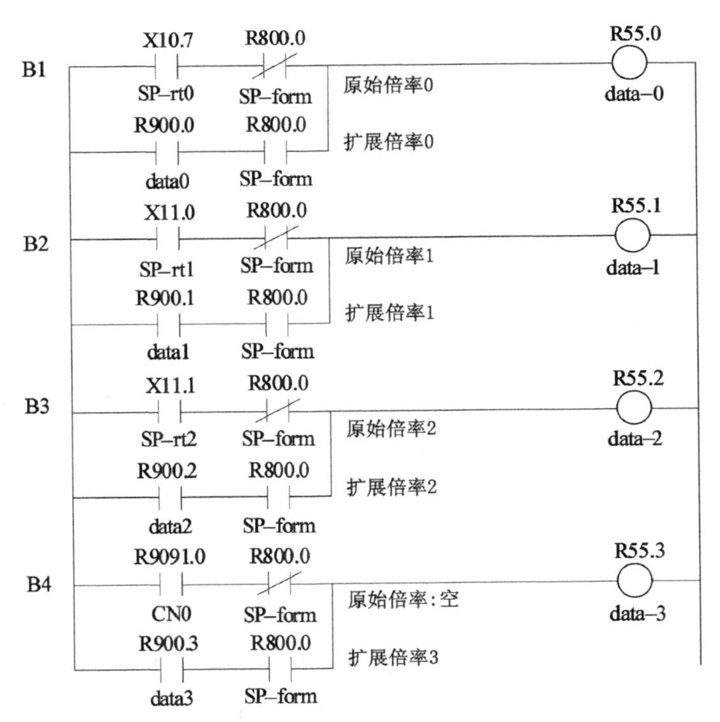

图 6-48　改造后的主轴倍率选择开关梯形图程序

现在对图 6-48 所示梯形图的功能进行讨论，这是一个倍率数据传送程序段，由 B1～B4 四个模块组成。这里需要分析两种情况：情况一，如果每个模块的上半部分有效，则数据区 R55.0、R55.1 和 R55.2 接受传统波段开关（X10.7、X11.0 和 X11.1）发出的主轴倍率；情况二，如果每个模块的下半部分有效，则数据由 R900.0～R900.3 送出倍率信号控制值，而这部分数据通过后面的点动开关来设置，由于扩展了地址总线，可以产生 16 种情况，目标数据地址也存放在 R55 内部。至于采用的原始倍率还是扩展倍率则需要通过 R800.0 来控制，这个控制功能从后面的程序中可以清晰地看到。

表 6-5　扩展前后的倍率一览表

序号	R50.3	R50.2	R50.1	R50.0	倍率	备注
1	0	0	0	0	50	正常倍率
2	0	0	0	1	60	
3	0	0	1	0	70	
4	0	0	1	1	80	
5	0	1	0	0	90	
6	0	1	0	1	100	
7	0	1	1	0	110	
8	0	1	1	1	120	
9	1	0	0	0	130	扩展倍率
10	1	0	0	1	140	
11	1	0	1	0	150	
12	1	0	1	1	160	
13	1	1	0	0	170	
14	1	1	0	1	180	
15	1	1	1	0	190	
16	1	1	1	1	200	

要在机床原有 PMC 程序中嵌入一段可以工作的梯形图程序，这里需要先设计一个流程图，以此来表明我们需要做些什么工作。图 6-49 所示为扩充倍率和点动升/降速所做的主轴倍率控制信号流程图。程序首先检测点动控制是否有效，如果点动无效，则采用传统的旋转倍率控制；如果点动有效，则首先判断是否进行加速度控制，如果进行加速度控制，则先判断是否已经达到速度上

限，如果没有达到上限，则速度增加一挡，如果已经达到速度上限，则停止加速，继续进入下一轮的按键查询。点动减速控制原理相同，这里不再赘述。

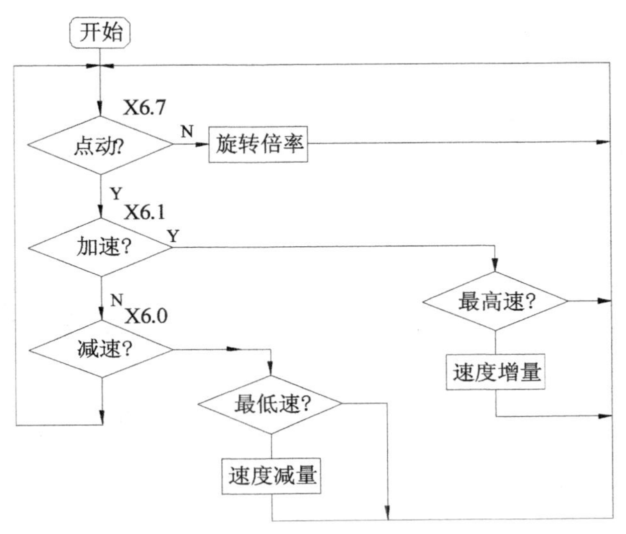

图 6-49　为扩充倍率和点动升/降速所做的主轴倍率控制信号流程图

根据图 6-49 所示的控制信号流程图编写的梯形图程序如图 6-50 所示，这里共使用了 12 个独立的模块，B1～B3 为按键交替控制模块，首次按下 X6.7 键为点动控制速度有效，其特征值为 R800.0 线圈得电，否则为无效，保持传统波段开关控制速度的方法；B4 为地址线扩展模块，也就是将原先的 3 条地址线扩展为 4 条；B5～B7 为点动减速控制；B8～B10 为点动加速控制，在这里被加数和被减数采用地址访问，而加数和减数采用直接数访问；B11～B12 为速度上限和速度下限判断模块，速度上限在 D204 单元中存放“15”，同样，速度下限在 D214 中存放“0”，这是速度控制的地址范围。

在正常工作的梯形图程序中插入扩展调速程序为检测主轴性能提供了方便，在正常加工过程中这个程序处于休眠状态，如果需要对主轴在更宽广的量程范围内进行主轴电机性能测试，并且在主轴接入各类测量仪表，则这个测试程序将会起到很大的作用。这也是对主轴性能进行自动化测量的一种有效方法。

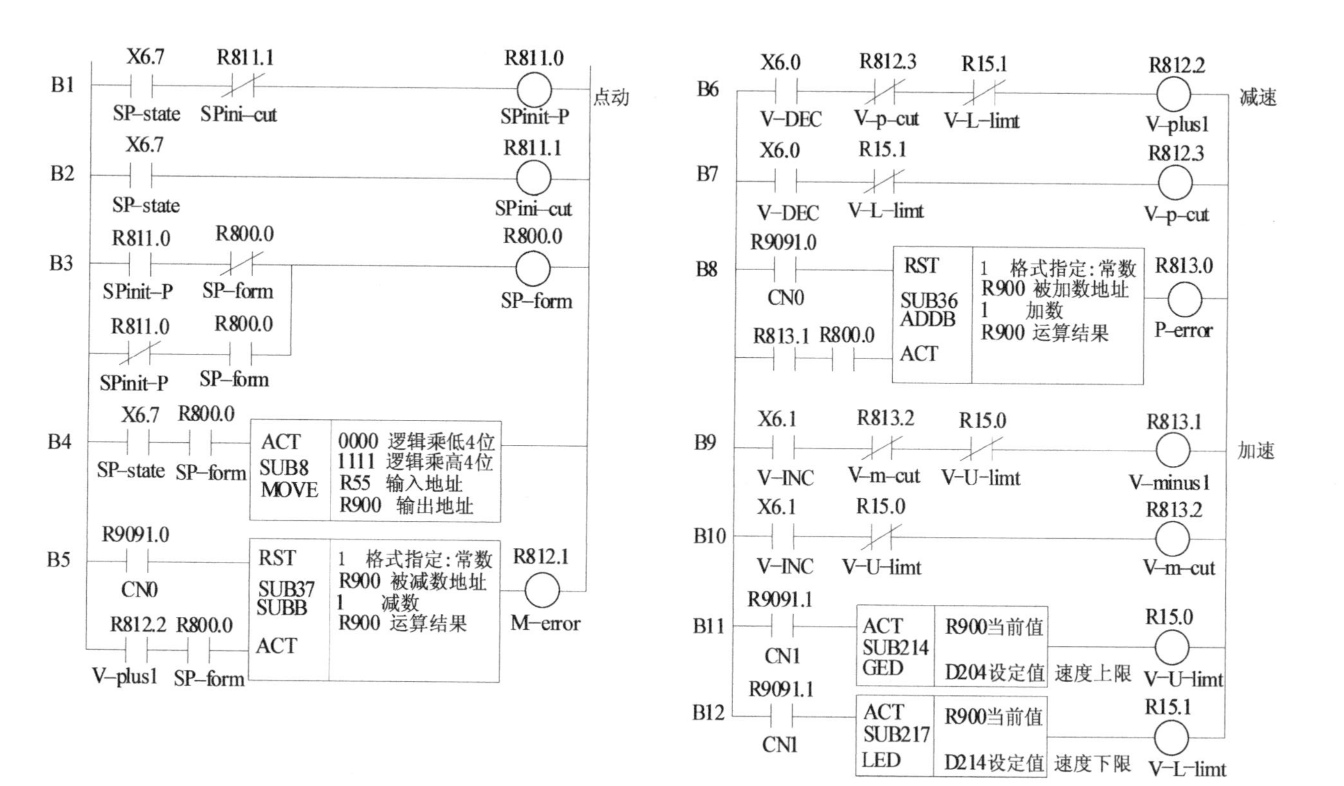

图6－50 根据图6－49所示控制信号流程度编写的梯形图程序

6.6 刀架控制

数控车床刀架是一种储备刀具和实现换刀的装置。它可使数控车床在工件一次装夹中完成多种甚至所有的加工工序，以缩短加工的辅助时间，减少加工过程中由于多次安装工件而引起的误差，从而提高机床的加工效率和加工精度。

6.6.1 输入/输出信号定义

以四工位电动刀架为例绘制信号输入/输出的流程图，如图 6－51 所示。图中，X3.0～X3.3 为刀架的 4 个位置信号，以低电平有效；X0.2 为手动状态下的刀架测试按键；X1.1 为手动工作方式键；X1.6 为 MDI 工作方式键；Y3.4～Y3.0 为刀架的正转和反转继电器输出信号；Y6.1 为按键指示灯信号。

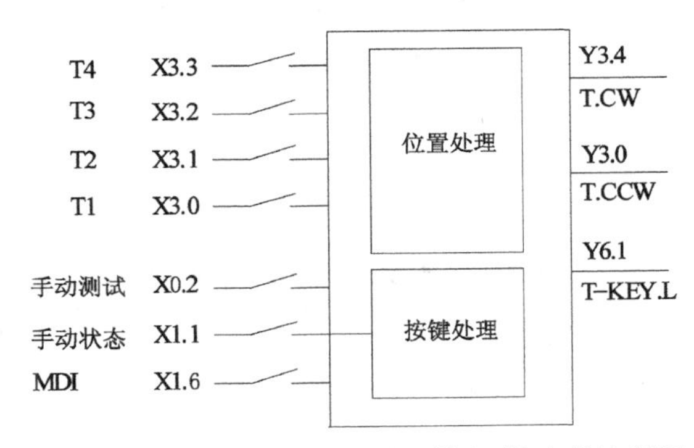

图 6－51　四工位电动刀架信号输入/输出的流程图

6.6.2 刀架位置信号的处理

电动刀架的位置信号采用霍尔元件来采集，其供电电压为 24VDC，为了在元件的输出端呈现正确的电位信号，外接上拉电阻 R，其值可以在数百欧姆到 2kΩ 均可。当运动物体的磁钢到达霍尔元件的信号作用范围时，该元件会产生低电平，利用这个特点，经过特殊埋设的霍尔元件可以可靠地测量刀架所在的位置信号。图 6－52 所示为刀架位置信号的测量原理图。

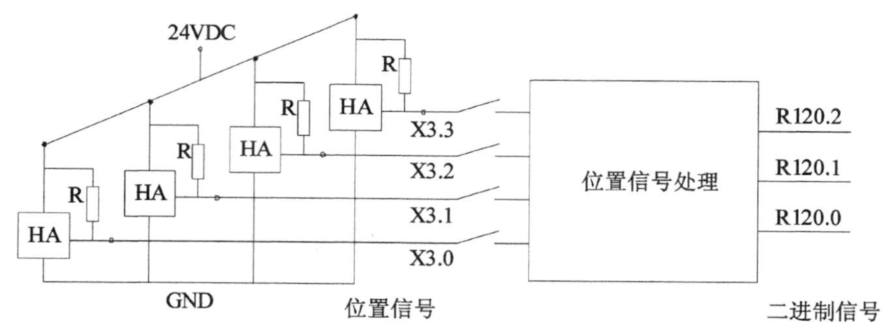

图 6-52　刀架位置信号的测量原理图

表 6-6 为刀架位置信号与二进制数值之间的关系对应表，输入信号从高位到低位依次为 X3.3、X3.2、X3.1 和 X3.0，在刀架每个有效位置转换后四位数中总是只有一个位的逻辑为"0"，如位置值为"1"时，输入信号排列为 1110；位置值为"2"时，输入信号排列值为 1101……虽然这些字符由"0"和"1"组成，但这不是二进制数值，不能直接进行整数方面的判断和运算，因此需要将其转换成二进制数值。有许多方法可以实现将位置码转换成为二进制数值，考虑到转换的通用性，这里通过逻辑组合方式来实现这样的转换，根据表中输入信号与输出信号的对应关系，我们可以设计出图 6-53 所示的位置码转换成二进制数值的梯形图程序。

表 6-6　刀架位置信号与二进制数值之间的关系对应表

信号分类	输入信号				位置值	输出信号		
序号	X3.3	X3.2	X3.1	X3.0	K19	R120.2	R120.1	R120.0
1	1	1	1	0	1	0	0	1
2	1	1	0	1	2	0	1	0
3	1	0	1	1	3	0	1	1
4	0	1	1	1	4	1	0	0

这个梯形图是典型的负逻辑表达式，如果该触点逻辑值为"1"，则该节点断开；反之，如果该触点逻辑值为"0"，则该节点闭合。我们可以通过一个特例来理解，假设位置信号的排列顺序为(X3.3，X3.2，X3.1，X3.0)＝0111，则 X3.3 节点接通，R120.2＝1，同时 X3.2、X3.1 和 X3.0 节点断开，这样 R120.1 和 R120.0 均为逻辑"0"，综合得：(R120.2，R120.1，R120.0)＝100B，这就是二进制为"4"，即 4 号刀架位置，其他情况的演算方法也是一样的。因此，这段梯形图的功能就是把刀架的位置信号转换成二进制数值并存放在指定的继电器中，

这些数值可以方便地进行算术运算。

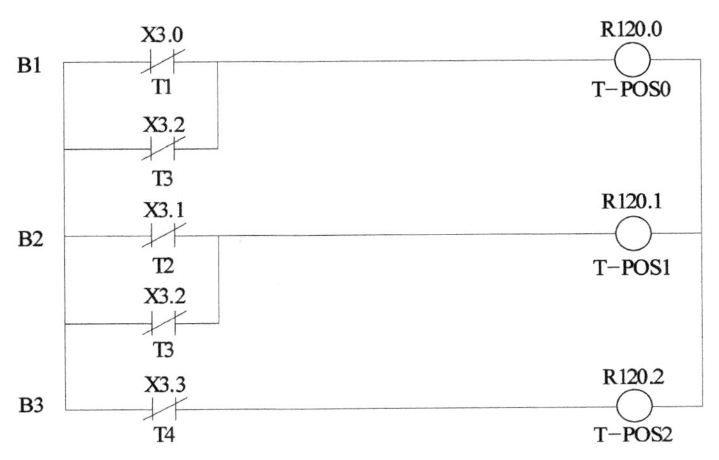

图 6-53 位置码转换成二进制数值的梯形图程序

6.6.3 位置信号突变的判断

四工位刀架具有 4 种不同组合的位置信号。在刀架寻位过程中,数据采集系统应能够识别一个位置正转到相邻的另一个位置的信号,以便正确统计刀架到底转过了几个位置。根据刀架的二进制数值存放在 R120.2、R120.1 和 R120.0 中的特点,我们可以将这些节点进行先串联、后并联组合,并将其输出到一个特殊的继电器 R140.1 中,这个信号就是位置突变信号,它可以准确反映刀架的位置变化情况。利用这个信号可以达到启动正转寻位和反转锁紧的目的。图 6-54 所示为检测刀架信号突变的判断逻辑。

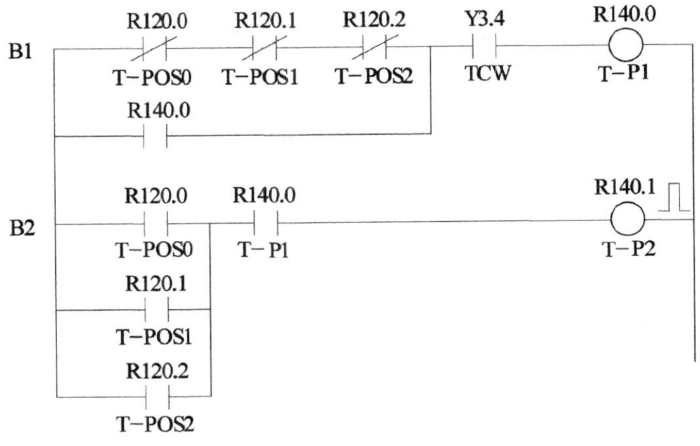

图 6-54 位置信号突变的判断逻辑

6.6.4 刀架测试

在手动工作方式下，按下刀架启动功能，刀塔将从当前位置开始正转，当转过一个有效位置，适当再前进一个微小的偏移量，然后执行反转，起锁紧刀架功能，这样手动刀架测试完毕。图 6-55 所示为手动刀架测试时序图，从图中可以进一步观察到刀架测试过程中的细节，首先我们可以看到启动刀架的控制信号是 X0.2，而 Y3.4 为启动正转，Y3.0 为启动反转，两者是互锁的。进一步我们还可以看到，当刀架正转后一旦遇到突变信号，刀架已经转过一个有效位置，此时，刀架并没有立即停下来，而在继续旋转 20ms 后才停止发出正转指令，此后，延迟 30ms 后才执行反转动作，反转的持续时间为 960ms。这样，一个完整的测试动作就结束了，根据需要这样的测试动作可以执行多次，以便观察与刀架相关的设备的动作情况。

这里需要进一步讨论 20ms 的时间问题，这个时间是刀架电机继续转动的时间，其目的是使电机在反转过程中有一个可靠的行程作为缓冲，并有效地锁紧电机。对于延迟 30ms 来说，尽管电机正转指令已经撤销，电机仍然存在惯性而继续前行，同时为正转接触器主触点的释放提供可靠的时间，也为反转电机提供可靠的联锁，所以这个时间间隙是有消弧作用。

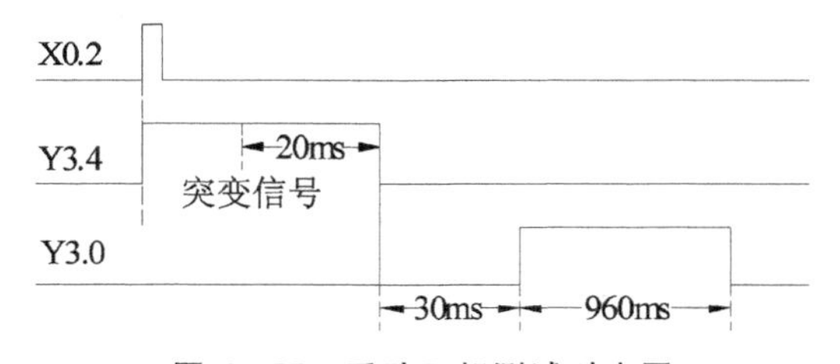

图 6-55　手动刀架测试时序图

根据所给的时序图，我们可以设计出对应的梯形图程序，当然这样的梯形图程序可能不是唯一的，图 6-56 所示为手动刀架测试梯形图程序的一例。该程序共有 10 个模块组成，其中 B1 和 B2 为按键启动模块，F3.2 是对手动条件的设置；B3 为 20ms 延迟模块；B4 为 30ms 延迟模块；B5 为 960ms 电机反转延迟模块；B6 为检测到位置突变后发出停止信号的模块；B7 和 B8 为检测位置突变模块；B9 和 B10 为刀架正转和反转控制模块，两者之间电气互锁。读者也可以根据自己的理解重新编写，只要符合刀架测试时序图就可以了。

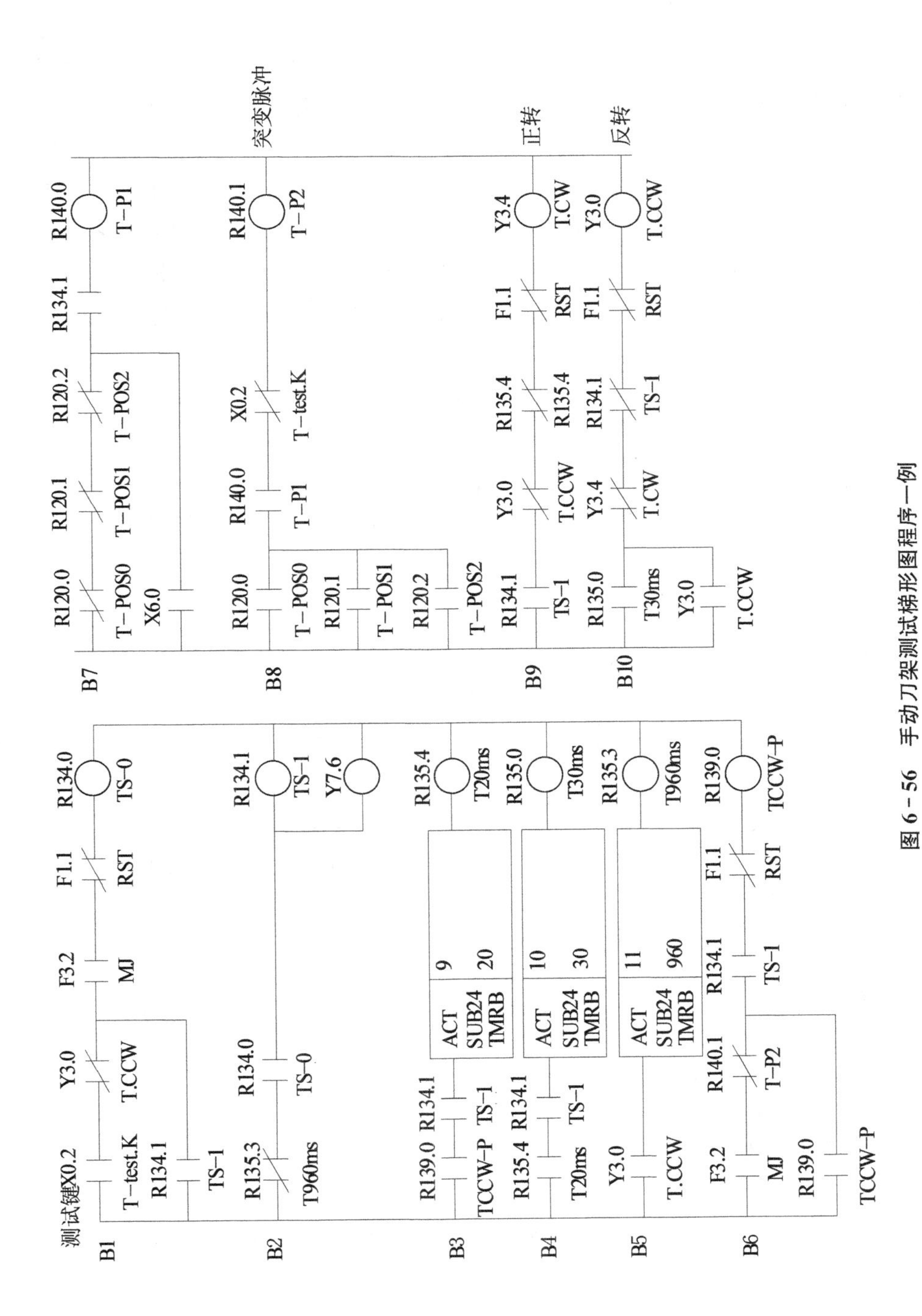

图 6-56　手动刀架测试梯形图程序一例

6.6.5 数值输入与比较处理

除了能够在手动状态下测试刀架是否能正常工作以外，更多情况下，刀架的转位控制是通过加工程序调用或者在 MDI 方式下执行的。在本质上，这两种工作方式下其刀架的动作执行过程是完全一样的，只是在 MDI 方式下我们可以单独执行指定位置的刀架控制程序，以便进一步检验刀架是否能够正常工作。图 6－57 所示为刀架信号的数据采集与处理梯形图程序，B1 模块为将采集到的位置信号经过适当屏蔽处理后存入到 K19 单元，这是一个带有掉电保护的单元；B2 模块为一个判断刀架申请值与当前值相等的比较模块，其比较数值的

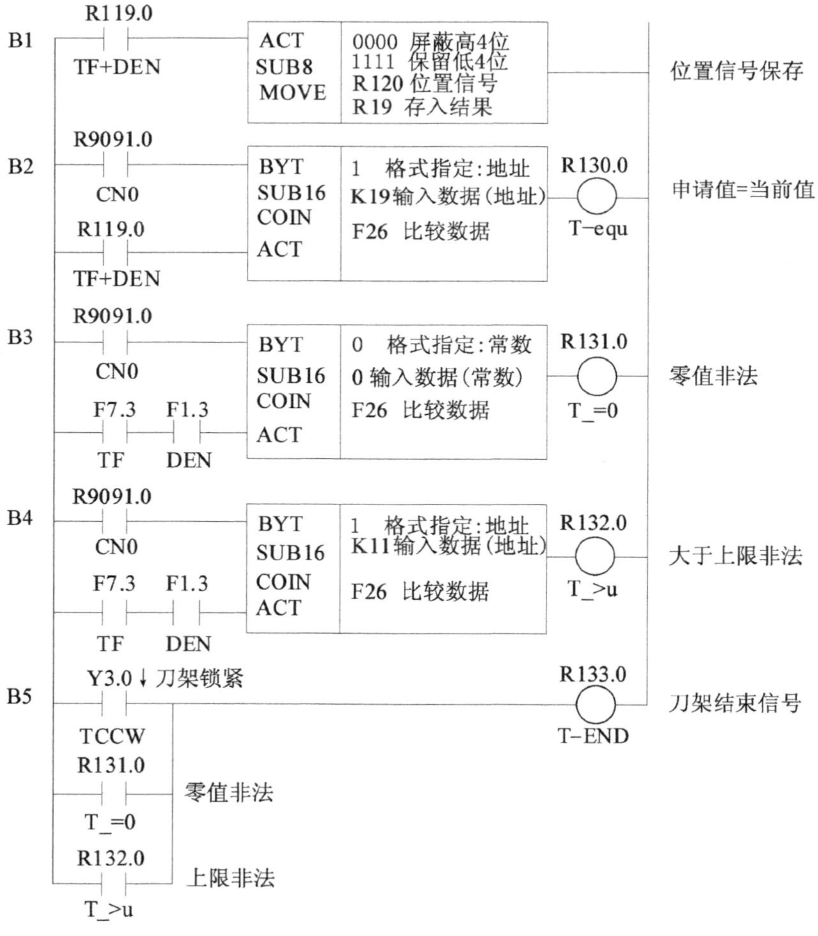

图 6－57 刀架信号的数据采集与处理梯形图程序

形式是 BCD 码，存放方式由地址指定，K19 为当前刀架位置值，F26 存放的是操作者手动数据输入值，当按下循环启动后，如果发现这两个值相等，则 R130.0 被设置为逻辑“1”，用于控制后续的操作，如停止电机正转、延迟时间、启动反转锁紧等；B3 模块为一个零值判断模块，由于刀架所定义的最小位置是 1 号，如果你试图寻找 0 号刀架位置，那么通过这里的判断就可以终止所有后续的操作；B4 是判断申请号大于实际的最大位置号“4”时，作为出错的情况进行处理，实际上，B3 和 B4 模块的设计非常有意义，如果没有这两个异常的出口处理，一旦有人试图申请刀架 0 号或 5 号以上位置，电机就会不停地转动，从而影响正常的工艺操作；B5 模块刀架命令结束模块，采用枚举法实现向 CNC 中的 G4.3 发出结束命令的信号，这里枚举了三种情况，其中标示“Y3.0 ↓ ”的是表示电机反转停止瞬间向 R133.0 发出脉冲信号，并通过该信号去控制图 6－45 所示的结束信号汇总，R131.0 和 R132.0 也属于需要及时结束刀架信号的情况。

6.6.6 刀架完整的控制算法

通过前面内容的描述，我们可以设计一个符合工艺条件的算法和对应的梯形图程序。目前数控车床刀架控制算法有许多种，这些算法都有各自的特点，但是有些程序写得比较晦涩，事实上，在理解刀架动作原理的基础上，我们自己也可以写出符合加工工艺要求的算法框图和梯形图程序。图 6－58 所示为一种刀架控制算法框图，以下分三种情况进行分析：

情况 1：刀架测试。在手动状态下，按刀架测试按键，刀架启动正转，如果位置没有发生变化，则继续运行；如果位置发生变化，说明已经到达检测点，则刀架继续运转 20ms，然后发出停止正转指令，延迟 30 ms 后，执行刀架反转锁紧动作，当前动作结束。

情况 2：在 MDI 或自动方式下启动刀架运转指令。首先读取位置偏差信号，判断当前的刀架位置与所申请的位置是否相等，如果不相等，则继续转动；如果相等，做后续处理并停止，这些动作与刚才的刀架检测情况一样。

情况 3：异常情况的处理。包括试图申请一个不存在的刀架位置，如 0 号或者 5 号，如果位置信号异常，当刀架在正转过程中的持续时间超过 5s，或者反转时间超过 2s，都属于异常情况，通过适当的语句处理将其引导到结束状态。由于篇幅所限，完整的刀架控制程序可以有读者根据框图自行写出。

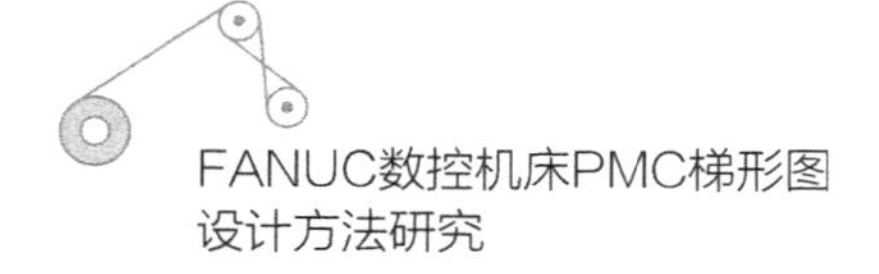

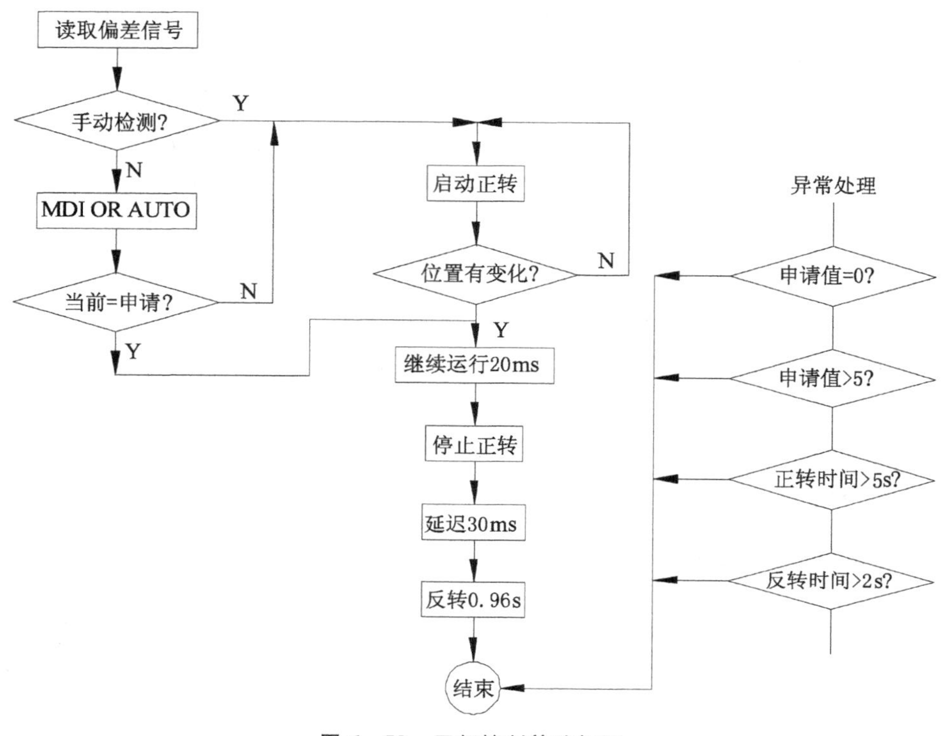

图 6-58　刀架控制算法框图

6.7　三色灯控制

三色灯是数控机床中最显性的一种设备工作状态指示器，即使没有观察到屏幕上的信息，我们也能够通过指示灯显示判断机床所处的状态。通常情况下，当绿灯亮起时，表明机床处于无故障、准备就绪或者正在加工状态；黄灯亮起表示机床处于暂停状态；红灯亮起则表示机床处于某种故障状态，故障的种类可以通过屏幕信息进行查询，这样可以方便针对故障进行相应的维修。

6.7.1　输入/输出信号定义

机床三色灯的输出控制是通过一个专门的多路继电器板发出的，其输出形式为常开节点，指示灯的供电电压为24VDC。图6-59所示为三色灯输入/输出信号定义流程图，当分别输出Y3.1、Y3.2和Y3.3时，对应的常开节点闭合，通过内部的直流开关电源驱动指示灯发出亮光。在平时的日常检测中，当按下紧急停止按键 X8.4 时，红灯会被点亮；当松开该按钮时，绿灯被点亮；当使用辅助指令 M02 时，黄灯会被点亮，这些是测试指示灯是否正常的基本方法。

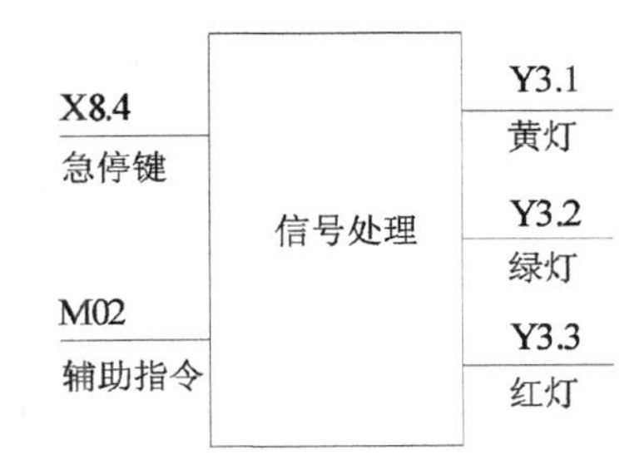

图 6-59 三色灯输入/输出信号定义流程图

6.7.2 三色灯程序设计

三色灯的梯形图程序如图 6-60 所示，通常由 3 个模块组成，B1 模块用于控制黄色灯，其中辅助功能指令 M02 和 M30 均可以使黄色灯点亮，另外一些约束条件，诸如手轮、手动和编辑等状态下黄色灯是不亮的；B2 模块比较清晰，在既没有黄色灯也没有红色灯时亮起绿色灯；B3 模块用于控制红色灯，红色灯亮起，包括电池电量低、系统认定的报警以及按下紧急停止按键的情况。在不同种类的数控设备中，这段信号灯控制程序会有一些差异。

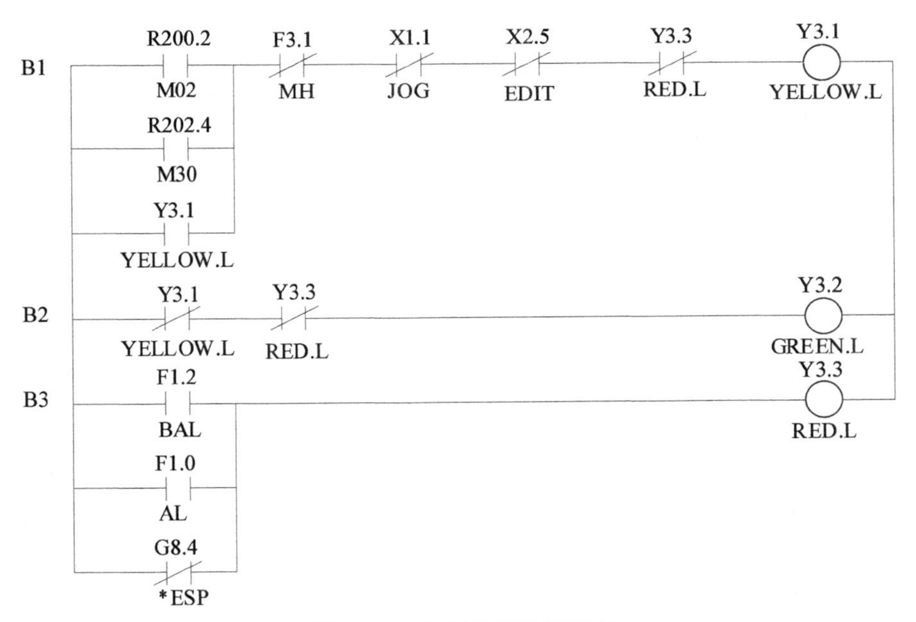

图 6-60 三色灯梯形图程序

6.7.3 信号灯的功能扩展

三色灯的应用非常广泛，除了上述各种环境下的状态显示以外，我们还可以对信号灯的功能进行扩展。例如，我们可以设计一个开机后三色灯无条件地亮-灭 3 次的程序，以告知操作人员机床已经正常启动了，然后机床恢复原来的指示功能。要实现这样的功能，首先需要对原有的三色灯控制程序进行适当的改造，改造的目的是首先要保留原有的程序功能，然后在原有程序的基础上增加其他的代码。

图 6 - 61 所示是经过改造后的信号灯梯形图程序，与原有程序相比，我们可以看到增加了 R500.2 的一组共轭节点，开机瞬间，我们希望 R500.2 的常闭节点断开，这样就把原来的信号灯程序屏蔽了，而 R500.2 的常开节点闭合，通过秒脉冲发生器 R9091.6 去控制三色灯亮灭次数，这里的计数器虽然设置了 4 次，实际上有效地使三色灯亮-灭 3 次。这样做的优点是保留了原始程序的结构，也方便新程序与老程序的融合。图 6 - 62 是新增的一段梯形图程序，B1 和 B2 模块为初始化脉冲形成，并使计数器处于正常工作状态，在有效计数期间，正式接管三色灯的控制权，当到达设定值后，将三色灯的控制权转交给数控系统。

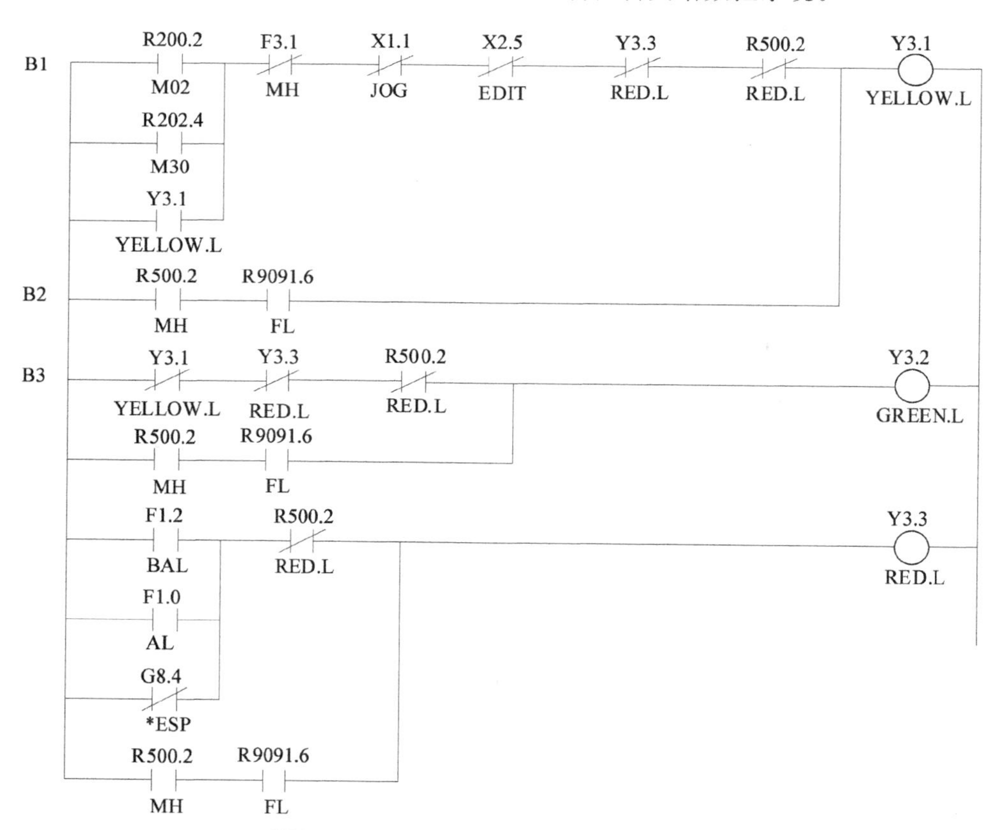

图 6 - 61　三色灯形式改造后的梯形图程序

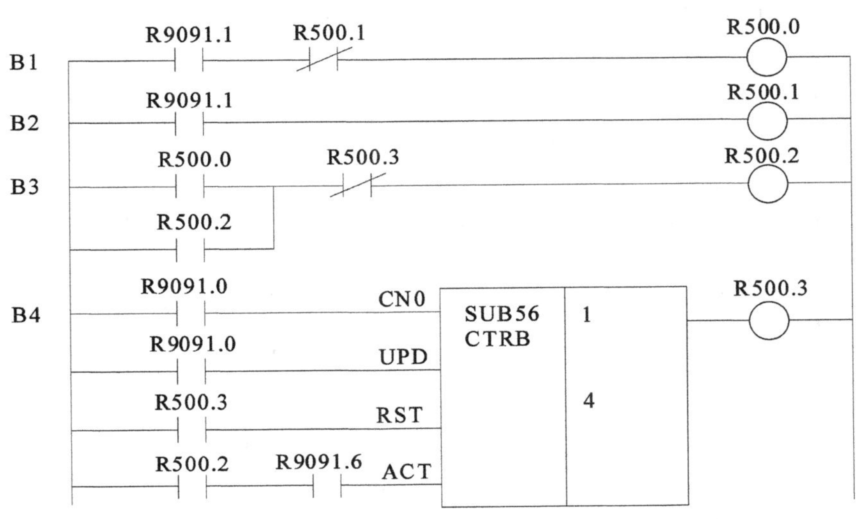

图 6－62　三色灯初始化与计数器脉冲形成的梯形图程序

6.8　用户报警信息处理

数控机床的报警分成两类，一类由数控系统厂商根据一定的报警条件预先定义好并埋设在设备中，一旦外部条件符合触发条件就立即产生报警；另一类由数控机床生产厂家或用户自己设定，最常见的是直线轴的行程报警等，这类报警的设置对于机床在加工过程中的安全操作是至关重要的。常见的行程报警有两类，一类在端点处安装行程开关，并将这个开关信号接入数控系统的输入端，通过梯形图来处理报警问题；另一类利用光电编码器采集数据。在这里，我们讨论以光电编码器采集数据为基础的端点行程报警设置方法。

6.8.1　信息初始化

报警信息初始化梯形图程序如图 6－63 所示，B1 模块为设置报警数目的上限值，其中 SUB41 为扩展信息显示模块，这里设定了最大允许条目数 200，这个数值可以根据需要在合适的范围内设置，该模块运行条件永远为真（只有设置了这条语句，后面的每一条具体的报警信息才可以生效）；B2～B5 模块为极限报警设置条件，其中 R15.1～R15.4 即为极限条件，是来自其他模块的计算结果。例如，R15.1 来自计算中的报警极限条件，一旦该位为“1”，表明 Z 轴已经运行到正向极限位置，这时填写在 A0.0 变量中的报警信息就会弹出在屏幕上，其他几个继电器变量的原理同上。

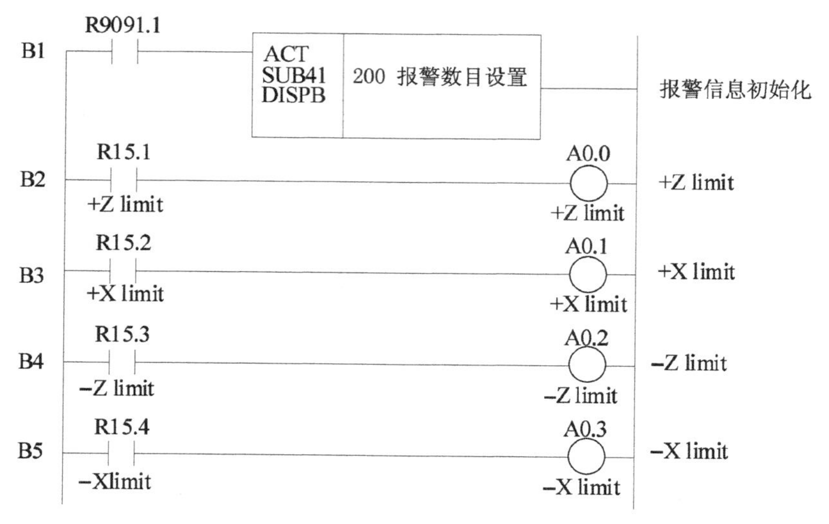

图 6－63　报警信息初始化梯形图程序

6.8.2 报警信息的输入

报警信息的写入，指将指定的信息写入到指定的变量中去。本系统虽然只允许写入英文报警信息，但是只要掌握了这个方法，今后要写入中文信息的方法也是一样的。写入报警信息的基本流程是：SYSTEM→PMCCNF→右键一次→扩展→信息→操作→编辑→出现提示信息：要停止此程序吗？→是→缩放→对 A0.0 的内容进行编辑，注释行内写出如下信息：Z axis surpass the ＋Z limit!（Z轴超出正向极限!）→替换→结束→Y→允许程序执行→是，这样就把其中一条报警信息写入完毕。一旦外部条件满足，这条报警信息将显示在屏幕上。这样就对指定的变量写入了注释内容，其他信息写入方式同上，同理可以完成如下信息：A0.1 写入："X axis surpass the ＋X limit!"；A0.2 写入：" Z axis surpass the －Z limit!"；A0.3 写入："X axis surpass the －X limit!"。

6.8.3 报警控制的实现

在设置报警控制之前，首先要设计轴的当前值、比较上限和比较下限之间的对应关系，表 6－7 显示了 X 轴和 Z 轴当前值与极限位置值之间的关系。各个轴的三种参数都由 4 个字节组成，这里要注意比较上限和下限的填写位置，表中显示了极限范围为－39～39mm 的比较关键值的写入方法，表中已经将其化成微米，以 4 个字节存放数据，负数按照其补码形式存放。

表 6－7　X 轴和 Z 轴当前值与极限位置值对应关系表

轴名称	地址	当前值(mm)	地址	比较上限	对应值	地址	比较下限	对应值
X	D80	32.665	D100	58	39000	D110	A8	－39000
	D81		D101	98		D111	67	
	D82		D102	00		D112	FF	
	D83		D103	00		D113	FF	
Z	D84	－18.965	D104	58	39000	D114	A8	－39000
	D85		D105	98		D115	67	
	D86		D106	00		D116	FF	
	D87		D107	00		D117	FF	

图 6－64 所示为数值比较与控制梯形图程序，其作用是分别判断十字滑台在 X 轴和 Z 轴的正、反两个方向上是否超过规定的位置极限值，一旦超过，则发出相应的信号，用以产生报警信号或发出停车动作。该程序段共由 4 个模块构成，其中，B1 模块判断十字滑台在 Z 轴的正方向上是否超过极限，如果超过，则 R15.1 发出控制信号；B2 模块判断十字滑台在 X 轴的正方向上是否超过极限值，如果超过，则 R15.2 发出控制信号；B3 和 B4 模块同理分析。SUB214 是对两个指定的整数进行“大于含等于”的数值比较模块，比较结果通过相应的信号继电器输出。

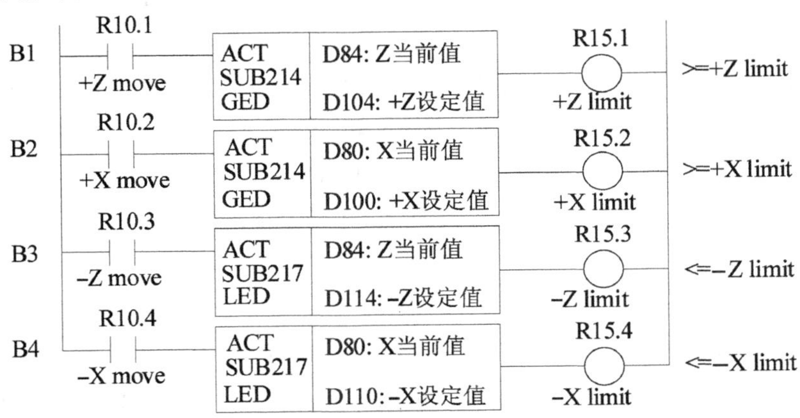

图 6－64　数值比较与控制梯形图程序

第7章 刀库接口与编程

到目前为止,我们已经能够用数控系统提供的梯形图环境设计出比较复杂的逻辑判断和算术运算等方面的任务,但是这些任务都有一个特点,那就是所有的硬件接口以及相关连线都已经固定好了,所有的输入/输出信号也都定义完整了,我们只要在这个环境中安心地设计算法、编写程序和调试动作就可以了,丝毫不必担心设备的情况。但是实际上,我们更多地会遇到需要在现有系统中增加新设备的问题,尤其在柔性生产流水线中,这些新设备的功能确定、正确接入以及软件设计都需要进行周密的考虑。在这一章里,我们还是以0i-Mate-TD信号数控单元为背景,将其与24工位圆盘刀库进行设备接口,同时设计出可以正确动作的刀库控制程序。此外,还可以进一步测试刀库的各种工作性能。

7.1 总体方案设计

首先考虑功能设计问题,本设计主要考虑两个层面的功能应用。第一个层面是基本功能,即该设备应包括刀盘的寻位、刀套的升降以及刀臂的旋转等单项功能测试;第二个层面可以包括刀盘的寻位时间测试(精度为毫秒)、电机温升测试以及刀库整体功能测试等。显然,第二个层面比第一层面更复杂和精确。通过这些过程的设计、安装和调试,使我们更完整地掌握和提高接口技术、算法设计以及程序调试等方面的工作能力,并讨论规范的工作方法。

7.1.1 对象的基本描述

在对刀库进行系统接入之前,首先要认识刀库的基本特性。立式加工中心的圆盘式刀库大多数采用普通异步电机控制刀盘旋转,位置计数通常采用接近开关。对于这样一类设备机构,这里需要对刀库的一些特性作一些分析。图

7－1所示为经过简化后的 24 工位圆盘刀库示意图，从性质上可以将其分为运动部件和测量点两个部分，这里的运动部件可以分为三个有机组成部分：第一，刀盘部分，该设备由能够顺时针和逆时针旋转的刀盘以及电动机组成，电动机通过涡轮和蜗杆啮合方式来驱动刀盘运动；第二，刀臂部分，它是一个专用的机械手，其电动机通过齿轮啮合方式来控制刀臂的一系列动作；第三，刀套，这是用于存放刀柄的装置，其传动机构为双作用汽缸。信号测量点主要包括原点信号 PS－R、数刀定位 PS－C 以及刀套位置信号（PS－U 和 PS－D）等，这些信号通过接近开关来采集并输入到控制器内部。支撑座通过螺栓与机床或测试台的立柱进行连接。

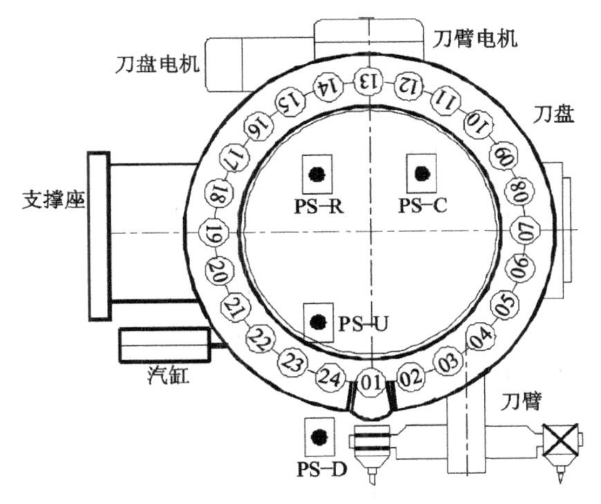

图 7－1　24 工位圆盘刀库示意图

7.1.2　刀库设备的参数分析

通过上述对刀库的定性分析，我们对该设备的基本组成、工作原理和信号分布方式有了基本的认识，在进行接口设计之前，我们还需要进一步对运动部件和测量点的元件列出详细的型号与参数，以获得更为精确的定量信息，为后面的工程设计提供依据。表 7－1 为一种典型的 24 工位刀库设备的测量和控制信息。

表 7－1　24 工位刀库设备的测量和控制信息

序号	元件名称	型号	规格	性质
1	刀盘电机	SVB18	0.2kW，4P，Y 形连接，传动比 1∶20	运动部件
2	刀臂电机	CV－2	0.55kW 4P，Y 形连接，传动比 1∶10	运动部件
3	刀套汽缸	S150	Ø50×150L TYPE－CA	运动部件
4	原点位置	M12－PNP－NO－2mm	DC24V	测量点
5	数刀定位	M12－PNP－NO－2mm	DC24V	测量点
6	刀具确认	M12－PNP－NO－2mm	DC24V	测量点
7	刀套上	M12－PNP－NO－2mm	DC24V	测量点
8	刀套下	M12－PNP－NO－2mm	DC24V	测量点

从表格中可以看出，刀盘和刀臂都采用三相交流电动机驱动，功率均小于 1kW，Y 形连接，由于其转轴上还连接齿轮箱，这里也列出了传动比；刀套采用的是双作用汽缸，行程为 150mm，导气管内径为 10mm；测量点全部采用了 PNP 型接近开关，作用距离为 2mm。这些参数的获取为选择合适型号的可编程序控制器、辅助电气元件以及接口电路设计提供依据。

7.1.3　信号接口方案设计

如图 7－2 所示，典型的 24 工位圆盘刀库提供 8 个位置信号，这些信号由埋设在设备相应位置的接近开关发出，它们分别为刀盘原点、数刀脉冲、刀套上、刀套下以及刀臂原点信号等。采集元件是 PNP 型的接近开关，这是一种三端元件，其 OUT 端与 PMC 控制器的信号输入端 X 相连，信号的读取由程序进行处理，Vcc 与控制器的 DC24V 开关电源相连，GND 与 DC24V 的 GND 同名相连，这样可以形成对接近开关的正确供电。这些开关所在的位置都是经过严格动作测试并最终固定下来的，一旦进行设备维修或者更换元件之后都需要再次进行精确调试，以满足在规定的位置能够迅速发出正确的信号。

电感式接近开关由 LC 高频振荡器和放大处理电路组成，其基本原理是利用金属物体在接近这个能产生电磁场的振荡感应头时使物体内部产生涡流，这个涡流反作用于接近开关，使接近开关振荡能力衰减，内部电路的参数发生变化，由此识别出有无金属物体接近，进而控制开关的通或断。这种接近开关所能检测的物体必须是金属物体，其检测的有效距离为 0.5～15mm。由于信号的读取是非接触式的，这就避免了因机械接触而容易产生的金属疲劳，从而使开关具有很长的使用寿命。

机床 PMC 分别输出刀盘正转、刀盘反转、刀臂旋转、刀套上升和刀套下降等信号，这些信号首先作用在微型继电器上，通过这些微型继电器的辅助触点去控制接触器的接通或断开。这些接口关系的确立为在数控系统中采集刀库信号以及控制刀盘、刀套和刀臂的动作打下了基础。

关于线路敷设的要求，输入信号由 24VDC 供电的接近开关与导线组成，而输出部分虽然采用 DC24V 供电的微型继电器作为隔离元件，但其触点上还是带有 110VAC，接触器的主触点也有 380VAC，这些设备在接通或断开瞬间都会产生火花并对信号输入端产生干扰，致使设备发生误动作。因此，这些信号输入端最好单独敷设，采用屏蔽导线并在一端进行接地，输出的交流动力线要与这些信号线分开，以避免接触器动作时对系统的扰动。

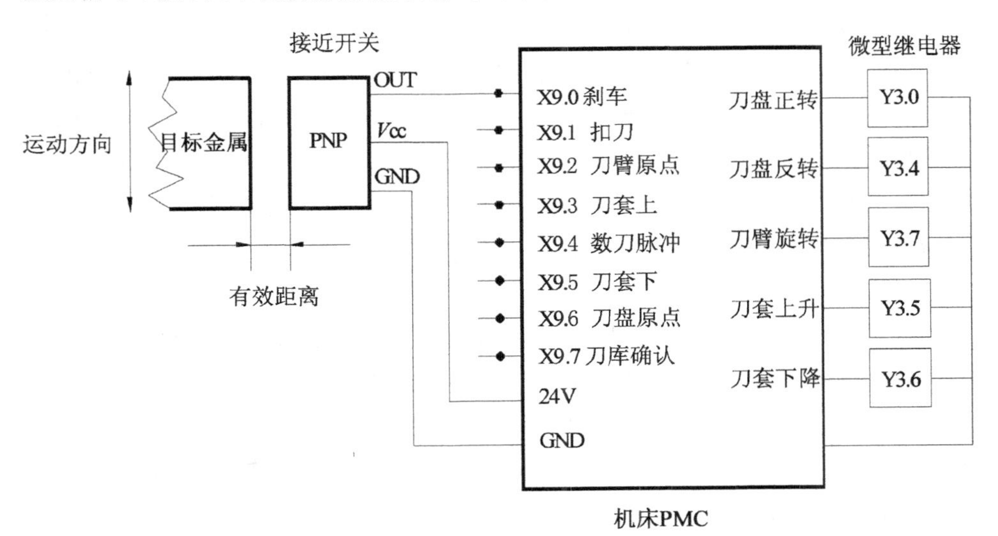

图 7－2　数控机床 PMC 与刀库信号的接口关系

7.2　主要环节设计

7.2.1　刀盘电路设计

刀盘是刀库设备中能够产生可逆旋转和准确定位的重要部件。刀盘机械系统由支承机构、传动机构、定位机构和夹紧机构组成。在进行程序设计前，对

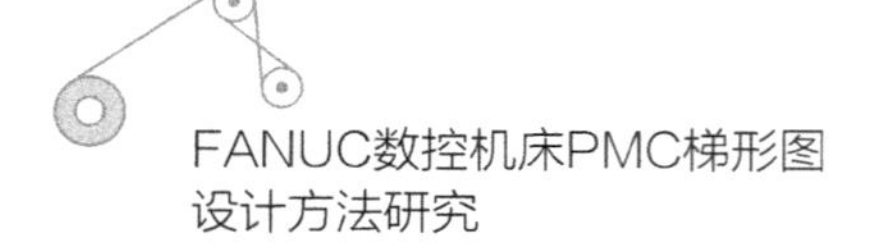

刀盘接口和控制电路进行设计和调试是非常重要的一项工作。图 7 - 3 所示为刀盘位置测量与控制回路原理图，其主要元件包括机床 PMC、接近开关和微型继电器等弱信号处理部分，由空气开关、接触器和三相异步电动机组成的强电回路，由涡轮、蜗杆和刀盘组成的机械执行机构，三者之间的正确连接是实现合理动作的基础。

Y3.0 和 Y3.4 为机床 PMC 输出的刀盘正转和反转控制信号，通过特殊的 I/O 接口模块，这些信号作用在对应的微型继电器 R1 与 R2 上，其线圈供电为 24VDC；将其常开触点与接触器线圈回路串联，并在线路上进行互锁，控制回路的供电电压转换为 110VAC，该电压作用在交流接触器线圈上，代号为 KMF 和 KMR 为接触器主触点，其供电电压为 380VAC；P - M 为刀盘电机，采用的是星形连接方式，为了改善制动效果，这里增加了一个刹车控制模块 RE，其输入回路取自电动机的一条相线 U1 与中性点（U2、V2、W2），这样可以对模块形成 220VAC 的输入电压，经过桥式整流后其输出的电压典型值为 95VDC，该电压施加到电动机尾部的刹车线圈 B 上。其工作状态是：线圈得电时刹车片瞬间松开，电动机开始运行；线圈失电时刹车片锁紧，电动机瞬时停止，因此这个电动机在失电时惯性非常小，以保证足够的旋转定位精度。频繁地启动或停止动作会增加刹车片的磨损程度，如果在运行过程中发现旋转定位精度降低时，应该打开电动机的端盖，对刹车片进行间隙调整或者换用新刹车片。

电动机在运行过程中，通过联轴器 L、涡轮 WO 以及蜗杆 TU 驱动刀盘 C - H 的旋转，在旋转测试过程中，要正确设置好方向，如正面观看刀盘，假设顺时针方向为正，则逆时针方向为反，据此可以设置 PMC 的两个输出信号关系，并在软件上同时实现互锁。QF 为空气开关，起短路或过载保护作用，其额定工作电流应该根据电动机的容量进行计算和选择。

与刀盘控制相关的位置测量信号为数刀定位 PS - C 和原点定位 PS - R 脉冲信号，它们是通过接近开关接入的。由于该接口板仅仅适合 PNP 型的接近开关，这里要注意正确的连接方式。另一方面，该元件在刀库中所占的空间比例非常小，为了正确标示信号的位置，在图中就直接绘制在可编程序控制器的输入端，以明示实际的连接方式，其中 L＋表示 24VDC，M 表示直流电源参考端，X9.4 和 X9.6 为信号输入端，其含义分别代表数刀脉冲和刀盘原点位置信号。

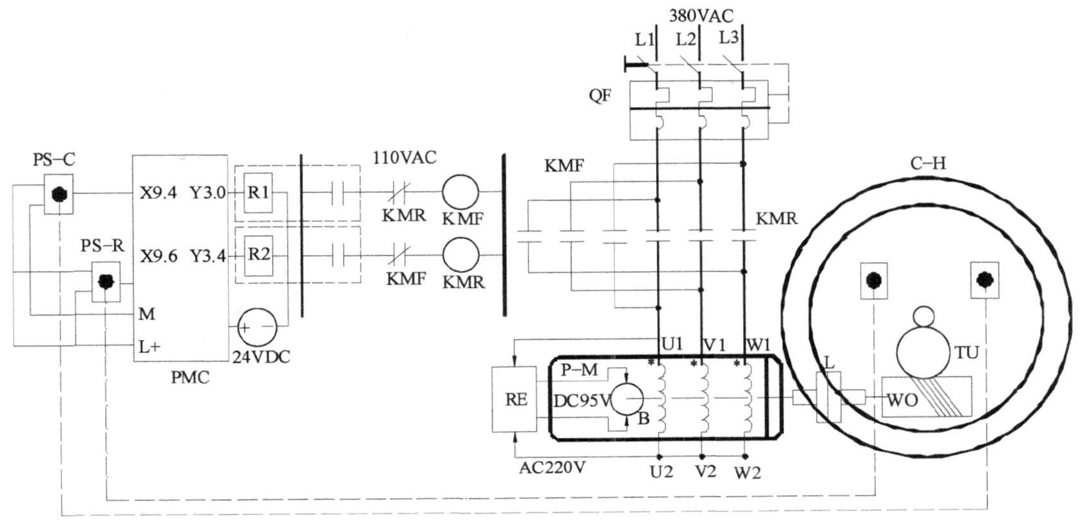

图 7-3　刀盘位置测量与控制回路原理图

7.2.2 刀套电路设计

自动换刀气动控制系统的主要控制内容为：主轴准停、刀套倒刀、拔刀、主轴松刀以及机械手下降等环节，其中刀套倒刀采用的是气压控制。加工中心所在的厂房附近都建设有专门的空压机站，其设备的容量和压力应该在满足全员荷的情况下略有余量。新建的空压机站和管道在初次使用之前应该进行严格的泄漏测试，以及时检查出泄漏点进行修复，并通过吹扫环节驱除管道中的颗粒性杂质，以避免换向阀的阀芯和汽缸活塞等设备的损伤。

图 7-4 所示为刀套测量与控制回路，这是一个由气压传动、机械传动、信号测量与控制组成的混合原理图。由空压机输出的空气经过油水分离器将空气中的油性物质以及粗大颗粒物分离出来，再经过气动三连件进行进一步的油水分离和压力控制，将干净气体送入二位三通气动阀门，其逻辑过程由可编程序控制器（PLC）进行控制，以使汽缸产生前进或后退的动作，通过换向机构将动作转化为刀套上升和下降的动作。刀套位置是否正确由对应的接近开关（PS-U和 PS-D）检测。

选用的汽缸工作压力为 0.5MPa，因此气源压力应至少恒为 0.6MPa 以上。气动三联件的调整：调节压力时首先将调节手轮拨至调节位置，转动手轮至所需要的压力（0.5MPa），然后垂直压下，锁定手轮，这样可以保持压力稳定。

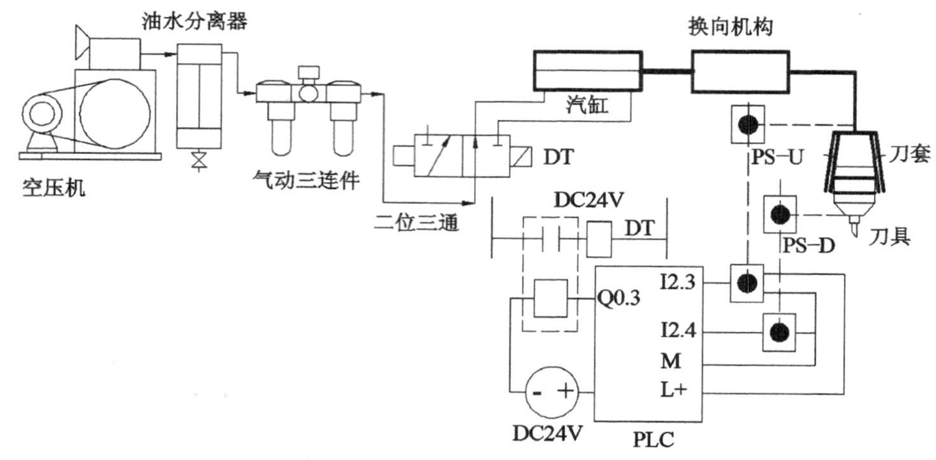

图 7-4 刀套测量与控制回路

7.2.3 刀臂机械手动作时序分析

刀臂机械手动作的测量与控制电路设计与刀盘类似，就不再详述，这里仅仅分析刀臂机械手的动作时序。刀臂机械手在实际加工中心上的动作可以描述为：三相异步电机带动凸轮机构，完成“扣刀”→“交换刀具”→“机械臂回原点”一系列动作，这些动作在特定的数控机床中都由程序来执行。为了正确编写刀臂旋转控制程序，需要测量刀臂在旋转过程中的三个相关变量的关系，观察这些相关变量的变化规律，并将他们绘制成时序图。

图 7-5 所示为经过测量后绘制的刀臂机械手动作时序图，其中 A-M 为刀臂驱动电动机，G-B 为齿轮箱，ARM 为刀臂机械手。为了获得扣刀、原点和

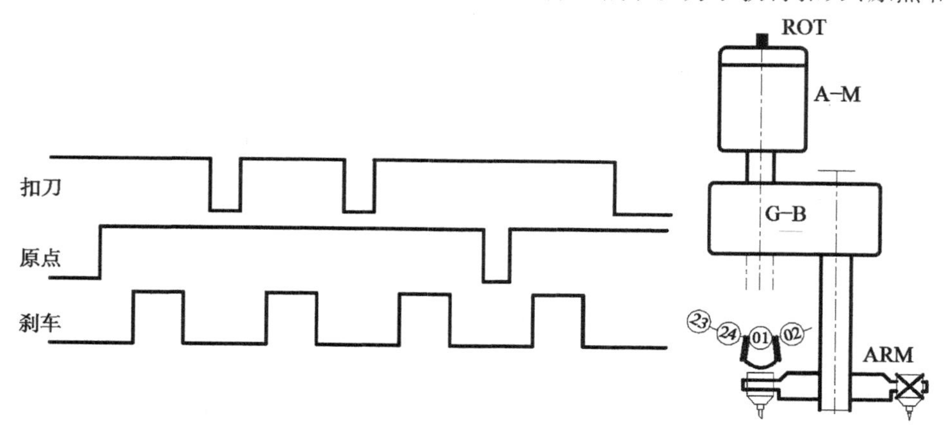

图 7-5 刀臂机械手动作时序图

刹车三个信号的时序关系，建议在这三个接近开关连接逻辑分析仪器，然后用扳手转动刀臂电机端点的手柄 ROT，通过观察逻辑分析仪，首先寻找到刀臂的原点位置，经过测试这实际上是一个比较小的区间，随后继续转动手柄，使刀臂从“原点区域”旋转一圈，在手工转动过程中观察并绘制出如图 7－5 所示的时序图。该图是测试台对刀臂进行正确控制的理论依据。

7.3 软件功能设计

通过前面的硬件原理分析、电路设计和线路连接，我们现在已具备可以为之设计程序代码的条件。由于实际的加工中心刀库的梯形图程序设计是非常复杂的，我们仅仅以其中的刀盘运动环节为例来描述设计这些代码的方法，并从中总结出一些规律。

7.3.1 设计一个合理的信号流程图

尽管我们已经能够用自然语言来描述刀库的工作原理和动作过程，但自然语言在描述过程中存在一些不确定的、模糊的甚至歧义的理解，因此设计一个合理的流程图，则可以比较规范地约束信号名称、信号流向、时序分配和汇集方式，这样有益于规范我们的写作行为。图 7－6 所示为刀盘控制信号流程框图，这里涉及刀盘的手动步进测试、返回参考点测试以及 MDI 工作方式。我们在编写和存放代码时应该尽量按照这里规定的顺序，以方便检查、测试和进行标注。其中，椭圆框表示信号的初始化入口；菱形框是动作的条件执行，它具有一个入口和两个出口；矩形框代表动作执行过程，同时还要正确标示出程序的结束位置，使程序的开始和结束具有相互呼应的关系，以表明程序可以反复执行。有的时候，信号流程框图也不是一次就可以考虑周到并设计好的，需要多次的修订和完善。

一个看似明确的工作任务，如何才能通俗易懂、思路清晰甚至形式优美的表达，不仅关乎相关人员的程序管理和维护，也为将来对这个复杂程序进行升级和改造提供便利的环境。在编制框图时可以遵循这样一些原则，在垂直方向描绘最重要的主线工作任务，如手动步进、返回原点以及 MDI 工作方式等，也有人将其称呼为 No 线；在水平方向描绘一些分支任务，如正向步进、反向步进或者偏差计算等，而在最右侧可以绘制一条垂直的信号汇集线，最后这条线返回到本程序的汇合点。这里体现了框图的两个重要特点，其一是这些任务可以随时添加和删除，无论添加或者删除，其结构和组成方式仍是完整的；其二是作为一个独立程序所具有的封闭性，要将所有涉及的可能性均包括在框图内，以确保程序执行的安全性。

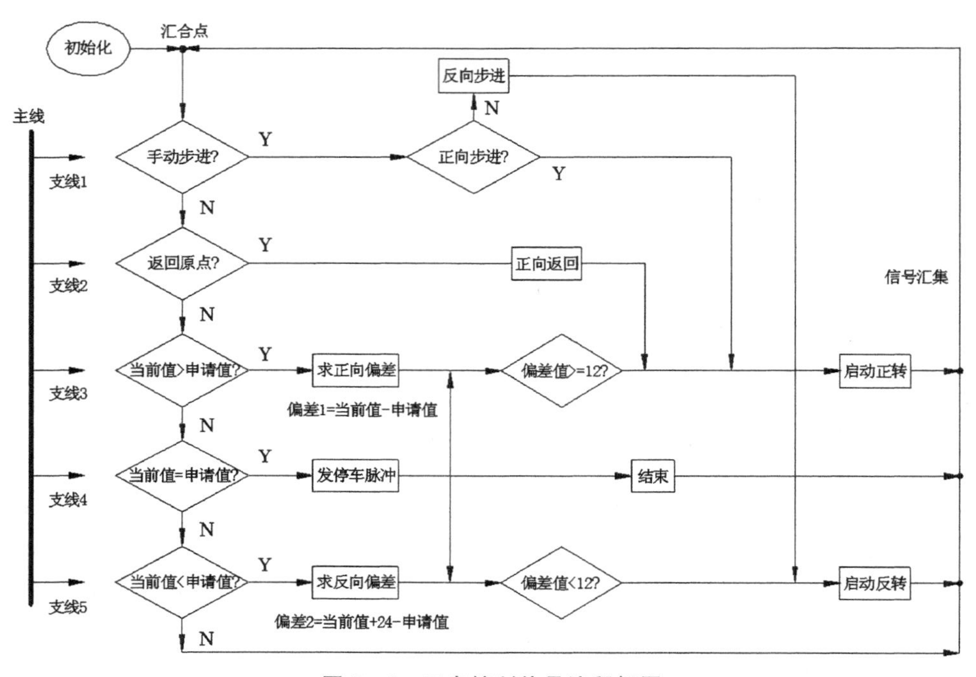

图 7-6　刀盘控制信号流程框图

7.3.2 实现步进测试

刀盘控制程序的编写可以根据先易后难的原则进行实施。首先要让刀盘能够正确实现正转和反转，接着利用数刀脉冲实现正转一位或反转一位，这样就可以将刀盘电机处于正确的受控状态，同时这段程序还要设计得经典一些，它将成为后续复杂控制的基础代码。图 7-7 所示为刀盘电机步进测试的梯形图程序，B1 控制刀盘正转一个位置，X0.2 是刀盘正转的启动按钮；F3.2 是手动状态的确认代码，即该测试限定在手动状态下才允许操作；R10.1 是数刀脉冲处理后的信号，每次越过一个位置该信号将动作一次，以使刀盘电机停止；R10.7 为互锁信号；R10.0 是正转一个位置的中间控制信号，注意这里并没有直接给出目标代码 Y3.0，而把这个符号集中写在 B5 公共单元，这样做的目的是其他中间控制变量也可以驱动 Y3.0。B2 是实现反转一个位置的程序段，其原理同上，注意这两个单元是互锁的。

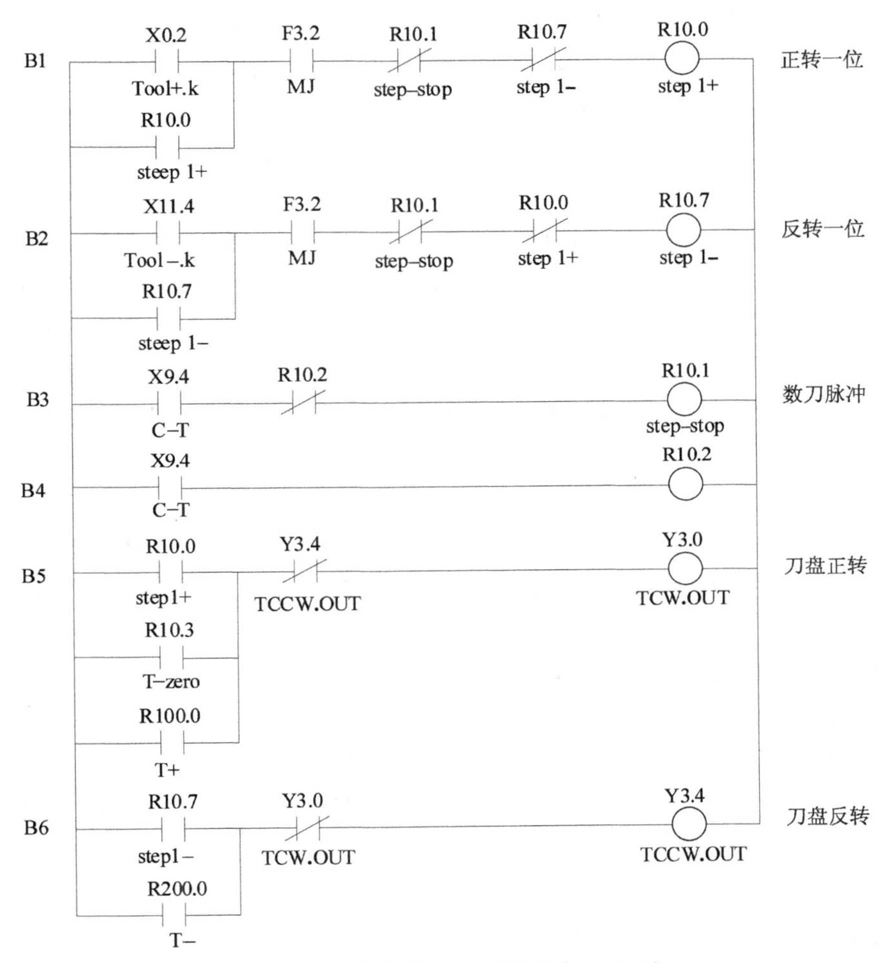

图 7-7　刀盘电机步进测试的梯形图程序

B3 和 B4 单元是对数刀脉冲的窄幅处理过程，通过对该信号进行时间截取的观察，可以持续数十毫秒。如果通过这个信号进行计数和控制刀盘转动，则刀盘在制动时会有一个比较大的滞后，因此比较好的方式是对其由宽幅进行窄幅处理，并且用这个信号作为计数器的输入信号。B5 和 B6 模块为目标控制单元，其中 Y3.0 为刀盘正转输出信号，Y3.4 为刀盘反转输出信号，其信号控制端表现为逻辑“或”的形式，这表明它可以接受各类控制信号，如 R10.0 是刀盘正转一个位置的控制信号，R10.3 是刀盘从顺时针方向返回原点的控制信号，R100.0 是通过数学计算而得出的正转控制信号，这些信号各司其职，互相独立，可以根据要求实现添加或删除，符合模块化的程序设计思想。

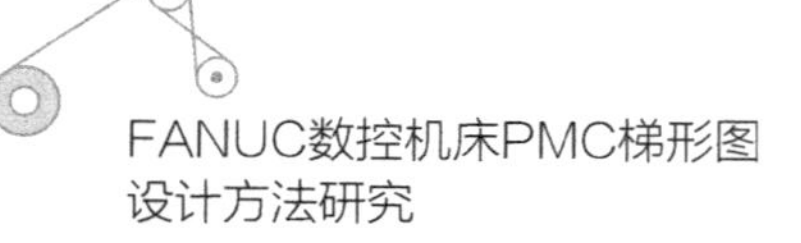

当我们全力编写程序时，各个变量的含义对于程序代码设计者是清晰的，但是过一段时间再去阅读这些代码时会发现很困难，原因是我们可能忘记了这些变量的具体含义，所以有必要给各个工作变量起个容易理解的名字。在这里，我们可以用一些英文单词和缩写标注一些主要变量的含义，如 X0.2 是刀盘正转一个位置的启动按键，其符号名字可以写成 Tool+.K；同样道理，X11.4 是反转一个位置的控制按键，该变量可以标示为 Tool-.K，这样当阅读到这些符号时，就可以很快明白这段程序是在描述刀盘的手动测试功能。同样，Y3.0 是刀盘正转的输出信号，将其标示为 TCW.OUT，这样也有利于理解其相关的含义，TCW 是 Tool Clockwise 的缩写。同时，这些符号变量的字符最多为 8 个，因此要注意用紧缩代码来描述，必要时在文件档案中作出说明，以备查考。

7.3.3 返回刀盘原点

加工中心刀盘返回原点是一种重要的强制复位操作。当刀盘在运行过程中因为一些意外的原因而造成的刀盘位置与数控单元显示的位置不相符合时，通过返回原点操作可以使数控单元中采集刀库计数器值与现场值相等，为在加工过程中正确寻找刀套位置做好准备。现在对图 7-8 所示的刀盘返回原点梯形图的程序作一说明，在 B7 模块中，按下机床上的返回参考点键，F4.5 有效，这里只是借用了伺服返回参考点的一个信号，以有别于其他工作模式，然后再按下 X0.2 按键，R10.3 发出刀盘正向返回原点的控制信号，该控制信号将作用于刀盘的 Y3.0 继电器，如图 7-7 所示。B8 和 B9 为原点脉冲处理信号，根据现场测试该脉冲从开始到结束大约持续时间为 660ms，因此这里就会发生这样的现象，如果以 X9.6 的上升沿作为原点脉冲信号去停止刀盘，则 1 号刀套中心还没有到达中心缺口；反之，如果用其下降沿作为刀盘停止信号，则刀套中心又越过了中心缺口，在这种情况下，只有将该宽脉冲信号整形成短脉冲信号，用该信号去触发一个延时逻辑 B10 和 B11，经过反复试验，将时间常数设置为 330ms 时，1 号刀套的中心线会与中心缺口重合，这才是真正的刀盘原点。

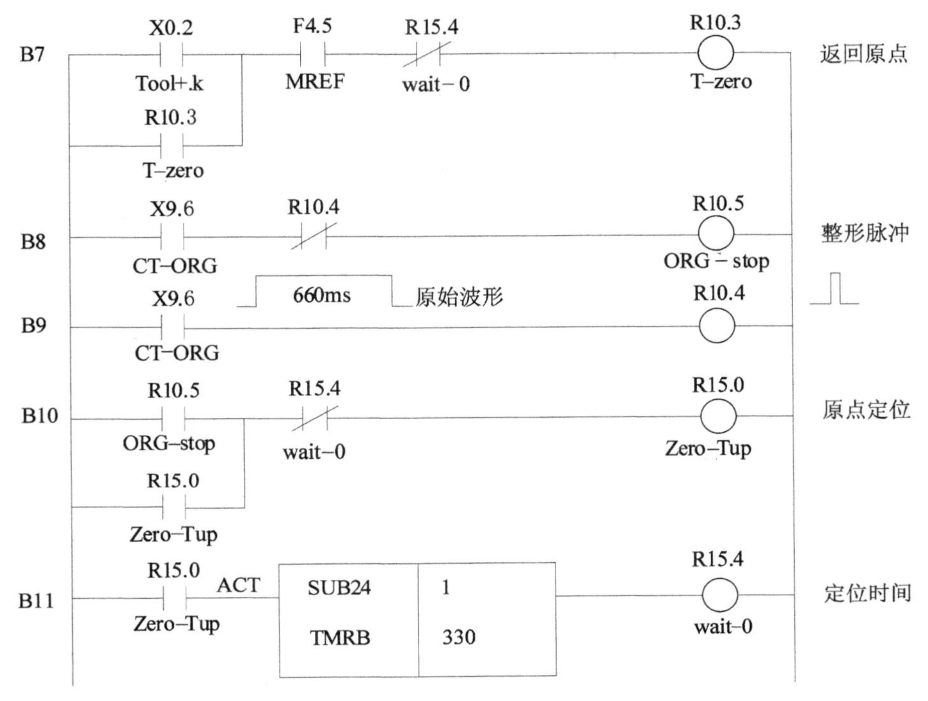

图 7-8　刀盘返回原点梯形图程序

7.3.4　设计合理的计数器

作为 24 工位圆盘式刀库，在 PMC 梯形图中还要设计一个与之对应的计数器，该计数器应该具有如下特点：第一，这是一个 1～24 的循环计数器；第二，这是一个可逆计数器；第三，采用十六进制数进行计算。现在对图 7-9 所示的刀盘计数器梯形图程序段作一说明，在 B12 模块中，SUB5 外置式计数器，其 CN0 端设置为逻辑“1”，表明该计数器从“1”开始计数，而非先前常用的从“0”开始；UPD 端决定了计数器的方向，当刀盘电机正向运行时实现加法计数，反之则减法计数；如前分析，R15.4 是 1 号刀套到达缺口中心线的信号，这个就是原点信号，此时计数器强制为“1”；R10.1 也是经过整形后的数刀脉冲信号，由于这里采用的是 1 号外置式计数器，则计数器的当前值为 C0002，这里的数值范围是十进制数 1～24。B13 中 SUB14 为一个数制转换模块，其 BYT 端设置为逻辑“0”，表示待转换的数据长度为 1 个字节；CNV 为“1”，表示将 BCD 码转换成十六进制；RST 设置为逻辑“0”，表示不进行复位；ACT 设置为逻辑“1”，表示该模块处于恒转换中，被转换的数据存放在 C0002

中，这就是计数器的当前值，转换后的十六进制数存放在 D0002 单元中，该数据用于参加后续的相关运算。

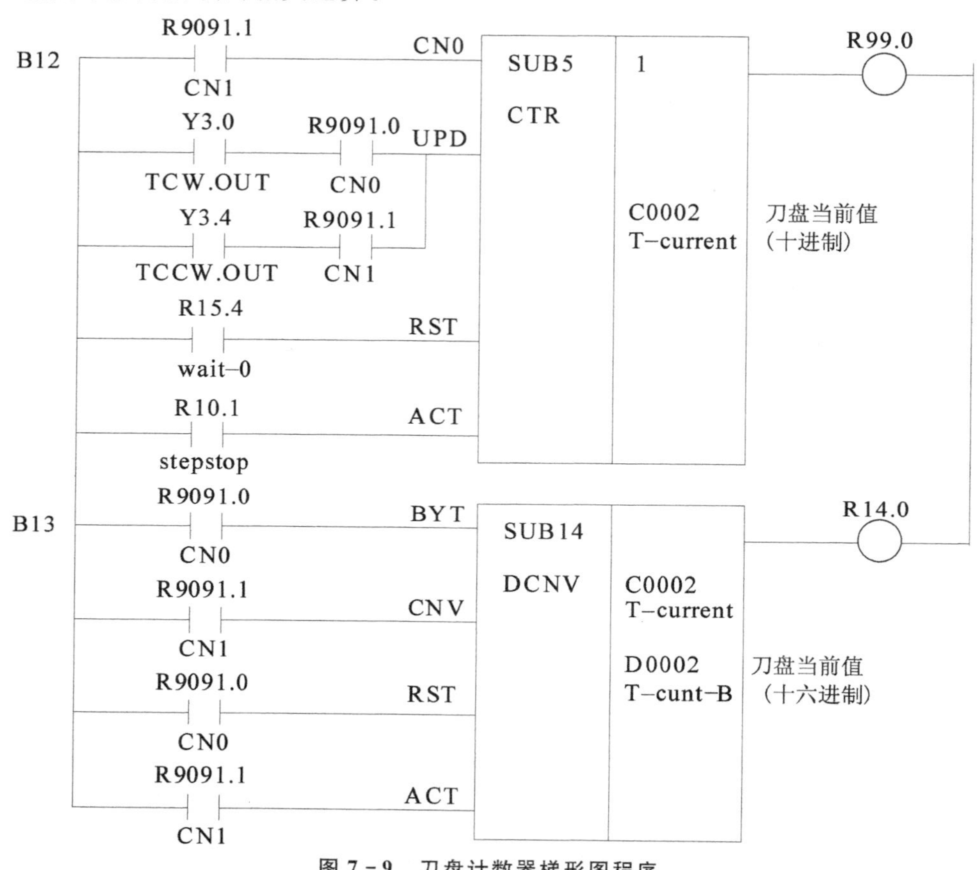

图 7-9 刀盘计数器梯形图程序

7.3.5 相等判断

在 MDI 方式下，输入刀具命令，其形式为 T 位号＋补偿值，则位号就作为申请值被存入到 F0026 单元中。关于相等问题有两种情况，其一，当刀盘处于静止状态时，刀盘当前位置正好与申请值相同，此时发出停车信号，刀盘不应该有任何动作；其二，刀盘处于正转或反转过程中，当遇到当前值与申请值相等时，此时发出的停车信号将使运行的刀盘由运动变为停止。据此，我们再来分析图 7-10 所示的相等判断梯形图程序，B14 是实现数值比较的模块，在 SUB200 功能块的 ACT 端就存在两种情形，一种是 F7.3 和 F1.3 组成的串联信号，这两个信号仅仅在 T 指令输入后，并且按下循环启动键后瞬间才瞬间接通，这时是判断静止状态下的相等情况，这只是一种特例；另一种是刀盘电机正转或反转时的数值相等判断，被比较的数据是 D0002 和 F0026，它们分别代表刀盘当前位置和申请值位置，该模块仅仅在两者相等时才使 R110.0 线圈有效。这个模块是整个程序的一个重要出口，无论正转还是反转，这两个值一定会有相等的机会，如果电机转个不停，则这个判断语句可能出问题，因此这一模块要认真调试。同样的道理，B15 和 B16 为整形模块，其产生的窄脉冲通过 R110.1 去控制刀盘停止。

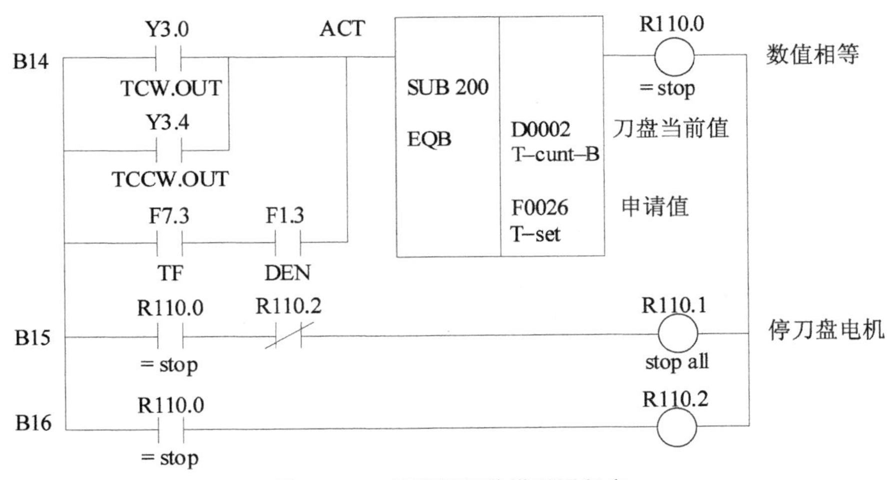

图 7-10　相等判断的梯形图程序

7.3.6 大于判断

如果数控系统测量到当前刀盘位置值大于设定值时，根据图 7-6 所示刀盘控制信号流程框图，这时首先要计算正向偏差，其计算公式是：偏差＝当前值－设定值，这个值是一个大于零的正整数，当该偏差值大于 12(刀库中刀套个数 24 的一半)时，刀盘电机执行正向运行指令；当偏差值小于 12 时，刀盘电机执行反向运行指令，这个过程通过数学公式或者信号流程图都是比较明确的。由于本系统提供的都是模块化的算术运算功能，其表现形式与简明的数学公式相比在视觉上会有一些不习惯，这里通过这个具体的计算实例来说明编写这类计算程序的一些方法。

图 7-11 所示是大于情况判断与处理的梯形图程序，B17 为数据比较模块，其中 SUB206 是实现对两个一字节整数的比较功能，当 D0002(刀盘当前值)大于F0026(设定值)时，R130.2 发出信号，通过 B18 和 B19 模块的整形处理，由

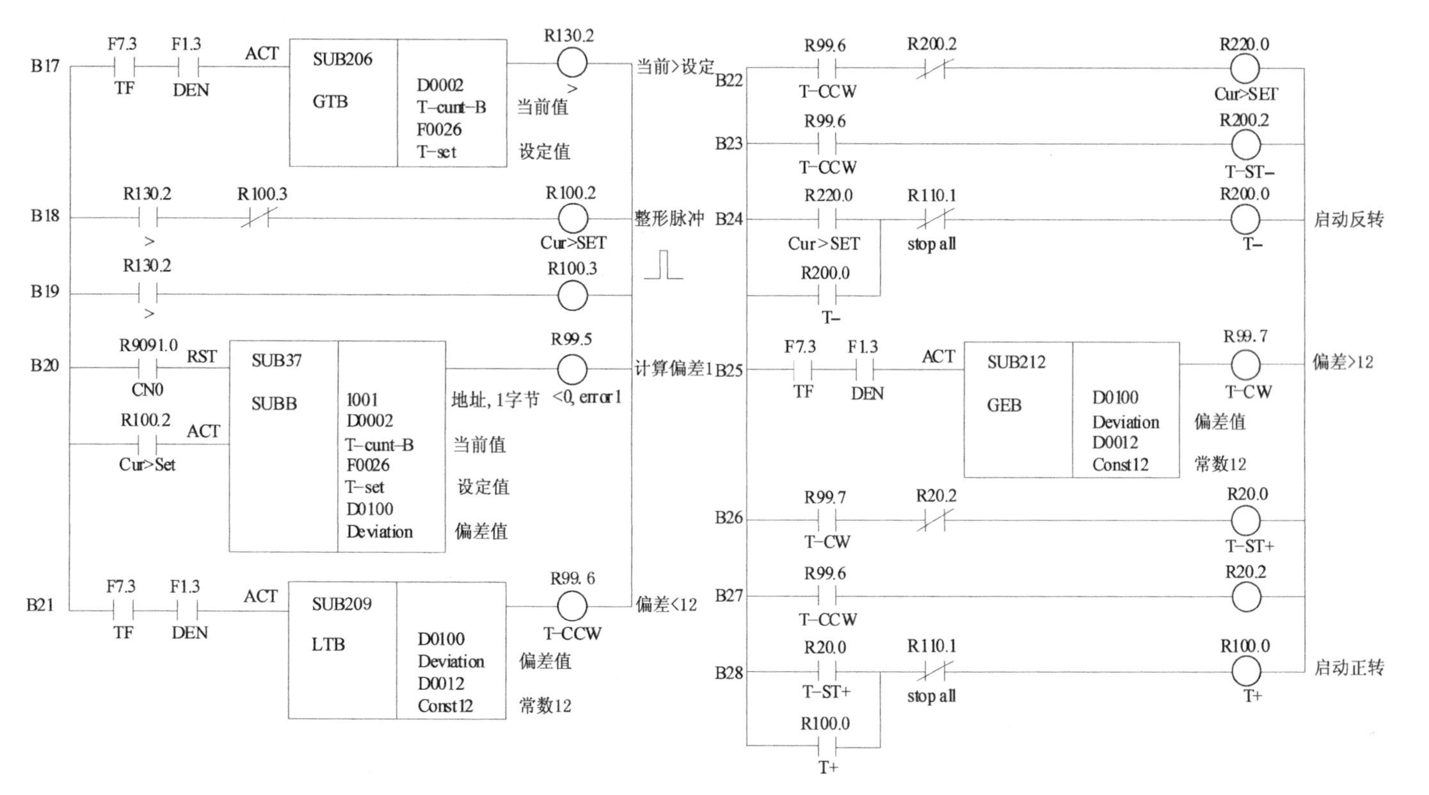

图 7-11　大于情况判断与处理的梯形图程序

R100.2 发出计算偏差请求;B20 为计算偏差模块,SUB37 实现二进制码的减法运算,其 RST 设置为逻辑“0”,表示永不进行复位操作,ACT 端接受计算偏差的请求信号,被减数存放在 D0002 单元中,减数存放在 F0026 单元中,差值存放在 D0100 单元中;B21 为进行小于比较模块,存放于 D0100 中的偏差值如果小于 D0012 中的常数 12,则 R99.6 线圈有效,该信号经过 B22 和 B23 模块的整形后通过 R220.0 发出刀盘反转请求脉冲,通过 B24 模块的 R200.0 启动刀盘反转的恒定信号,当接受到相等条件时,通过 R110.1 将刀盘电机停止。同理,B25～B28 是判断当偏差值大于 12 时启动刀盘正转的程序实现方法,这里不再赘述。

7.3.7 小于判断

如果数控系统测量到当前刀盘位置值小于设定值时,根据图 7-6 所示刀盘控制信号流程框图,这时继续采用这样的公式,即偏差＝当前值－设定值,这个偏差值为负数。如果用负数来参与计算刀盘应该越过的数刀脉冲数,则容易引起计算错误,因此这里采用了一个新的修正方法,其新的计算公式为:偏差＝当前值＋24－设定值,这样计算出来的偏差仍然为正整数,而且数值性质与上一节的情况相同,而且可以共用一个存储单元,给计算带来很大的便利。

图 7-12 所示为小于情况判断与处理的梯形图程序,B29 为数值小于比较模块,在 T 指令有效作用的一瞬间,当 D0002(当前值)小于 F0026(设定值)时,R130.1 线圈有效,通过 B30 和 B31 模块的整形处理,R100.3 发出如下请求计算:B32 实现的是当前值加上常数 24 的计算,并将计算的临时结果暂时存放在 D0026 单元;B33 模块实现的是将刚才临时单元中的内容减去设定值,这样就形成了新的偏差值。采用上述新的修正方法后,新的偏差值一定为正整数,通过这个偏差值再去控制刀盘电机的正转与反转过程,这部分程序与上一节的情况一样,即代码是公用的。

7.3.8 结束信号处理

将前面所述的相等、大于和小于等情况作为 T 命令申请信号归纳到 CNC 结束信号中,以告知本动作命令的正常结束,我们可以从循环启动指示灯的一亮和一灭的过程判断该命令是否属于正常结束。如果外部设备正常启动,但是循环指示灯一直亮着,说明结束信号没有处理好,根据这个思路设计梯形图,就可以按下“Reset”按键使指示灯熄灭,然后继续查找原因,直到符合结束信号的要求为止。完成该功能的梯形图程序如图 7-13 所示。

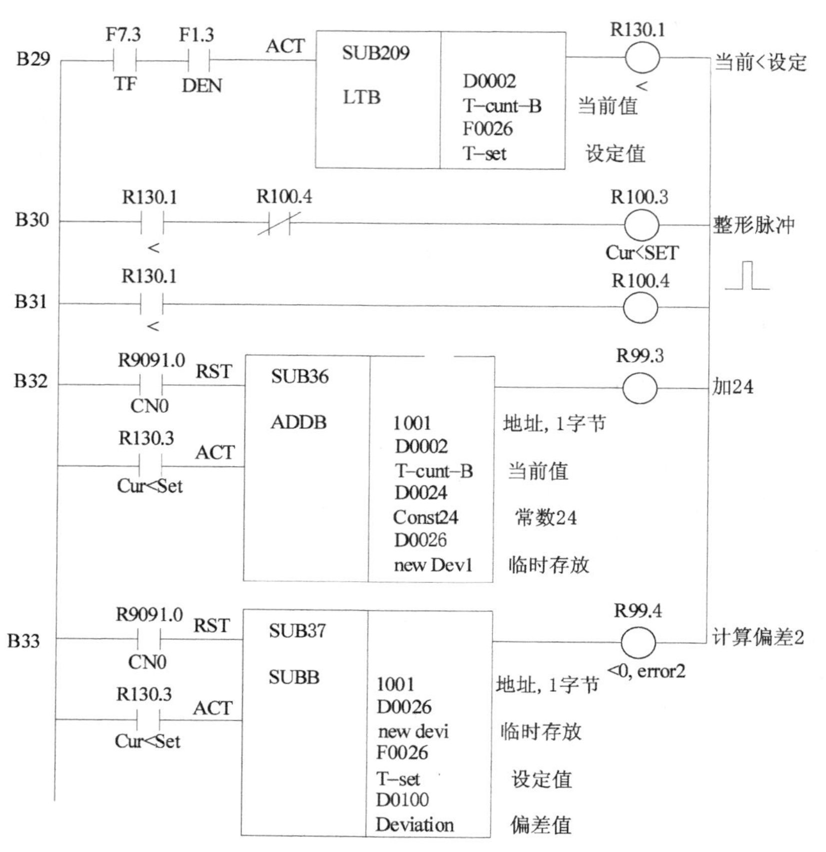

图 7－12　小于情况判断与处理的梯形图程序

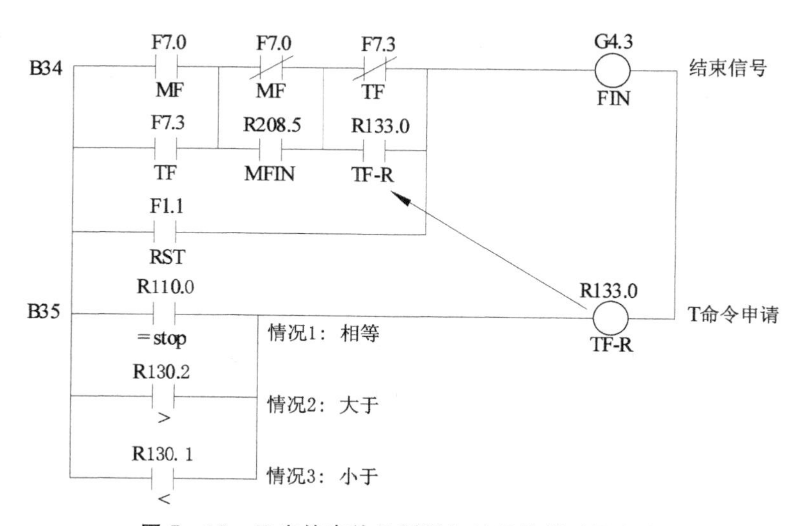

图 7－13　刀库结束信号判断与处理的梯形图程序

7.4 刀盘旋转与数学建模

本测试台有五大功能,这里以"刀盘旋转与寻位测试"为例来说明测试台的一种应用方法。该项测试是以刀库在旋转过程中转过不同组合位置情况所消耗的时间变量进行数理统计,建立数学模型,通过样本数据与模型分析来深入了解刀盘机构可能存在的机械或电气缺陷。以下讨论刀盘旋转的数学建模过程。

7.4.1 识别问题

刀盘运转状况主要与电机运行、数刀定位脉冲和原点定位脉冲等特性有关,而这些特性状况可以通过刀盘的寻位控制来分析和评估。寻位控制是指刀盘从某一个位置出发以正转或反转形式移动到另一个位置的运动过程,表征该运动过程的变量是时间,由于刀盘电机在启动、制动、齿轮啮合以及定位脉冲信号采集与控制等方面因素的影响,其寻位时间会发生微妙的变化,通过这些变化来检查刀盘运行中可能存在的问题。

7.4.2 做出假设

这里假设刀盘从测试点开始运行到某一终点的运行时间与刀盘的位置变化可能存在如下的函数关系:刀盘运行时间$=f$(位置变化),为了检测刀盘的运行特性,通常让其以某个规定的位置为起点,在程序的控制下开始正转或反转。为了分析的方便,首先假设刀盘正向运转,当每转过一个由数刀脉冲确定的位置都会消耗一定的时间,转过的位置数不同,所消耗的时间也不同,通过可编程序控制器可以记录刀盘走过的位置变化量和所消耗的时间。由于刀盘具有 24 工位,如果从数学的排列方式来进行逐一检测,其检测的数量将是 $2^{24}-1$,这个数量将是巨大的,显然,这在时间和经济上都是不合理的。因此,这里存在着选择合理自变量的问题。

自变量构造的第一个原则是数量要合理,如以 10 个左右为适宜;第二是能够满足特定的测量要求,根据圆盘刀库共有 24 个位置的几何特点,其自变量的个数选择应考虑如下情况:

(1) 等分点的检测,选择 8、16 和 24 为检测划分点。

(2) 密集点的选择,选择典型偏差量为 1,2,3,4,5。

(3) 插补点的位置选择 10,20。

(4) 测量位置的选择,从 1、8 和 16 的三个典型位置开始。

(5) 因特殊检测可以从任意一个点开始进行增补测量。

因此,这样就形成了如下 10 个自变量,分别标记为:D1, D2, D3, D4, D5, D8, D10, D16, D20, D24。

7.4.3 求解模型

根据所提供的自变量 D1～D10 的分布情况,在测试台上对刀盘进行运动状态测试,测试结果见表 7-2。从表中可以看出,这里一共进行了 10 次测试,字母 D 后面跟的是偏移量,如 D5 表示从当前位置正转 5 个位置,由数刀脉冲传感器确认其计数状态,运行持续时间为毫秒。图 7-14 所示为根据表 7-2 内容绘制的刀盘旋转运动数据散点图,通过该图可以求得其数学模型,以下是模型求解过程。

表 7-2 刀盘旋转运动数据表

序号	偏移量	持续时间(ms)
1	D1	798
2	D2	1583
3	D3	2367
4	D4	3172
5	D5	3956
6	D8	6316
7	D10	7885
8	D16	12623
9	D20	15762
10	D24	18902

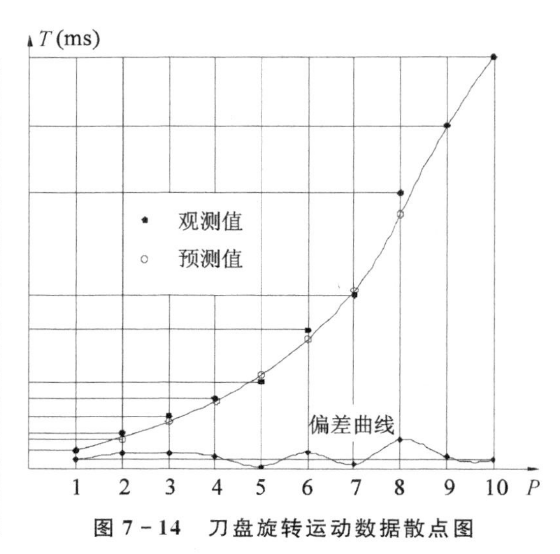

图 7-14 刀盘旋转运动数据散点图

首先观察图形的曲线变化趋势,通过几何相似性关系得出如下一些假设模型:

$$T \propto P^3 \tag{7-1}$$

$$T \propto P^2 \tag{7-2}$$

$$T = aP^3 + b \tag{7-3}$$

$$T = cP^2 + d \tag{7-4}$$

其中，式(7－1)是基于图形的微 s 形曲线，故推测其为 3 次型曲线；式(7－2)推测其为 2 次型曲线；式(7－3)和(7－4)则在原来假设的基础上添加了参数，以使模型更加精确。通过对 4 个模型进行线性回归可以得出如下 4 组解：

$$\begin{cases} T_1 = 8.2476P^3 + 100.91P^2 + 27.067P + 798 \\ R_1^2 = 0.9926 \end{cases} \tag{7-5}$$

$$\begin{cases} T_2 = 14.133P^3 + 5.0242P^2 + 586.14P \\ R_2^2 = 0.9917 \end{cases} \tag{7-6}$$

$$\begin{cases} T_3 = 215.68P^2 - 332.01P + 798 \\ R_3^2 = 0.991 \end{cases} \tag{7-7}$$

$$\begin{cases} T_4 = 191.64P^2 - 29.157P \\ R_4^2 = 0.9871 \end{cases} \tag{7-8}$$

通过计算后发现四种数学模型的 R^2 值都比较大(接近于 1)，显示出很强的相关性，但是相比之下，式(7－5)的 R^2 值为 0.9926，是四个值中最大的，所以式(7－5)为所求的数学模型。该模型的机械意义：从原点出发，在 D1～D10 之间选取 10 个检测点并依次运行，其刀盘的偏移量 P 与运行时间 T 之间呈现 3 次型多项式关系，并且这种关系是稳定的，曲线的畸变程度可以初步判定刀盘的基本运行特性。

7.4.4 验证模型

模型验证可以通过图 7－14 所示的刀盘旋转运动数据散点图进行观察，显然预测值○与观测值●比较接近，并且观测值还分布在预测点曲线的上下部分，显示了模型曲线具有很好的拟合性。偏差曲线显示了预测值与观测值之间的偏离程度，偏离程度过大，表明该测量点可能存在机械配合或电气测量方面的问题，这是刀盘机构需要调整的依据。

7.4.5 实施模型、参数修正与建模意义

刀盘旋转数学模型只是从原点“1”出发所进行的 10 个数据采样后所形成，这是一种理想状态。根据需要还可以从其他规定点“8”和“16”出发继续进行模型的实施，甚至可以从其他任意位置开始数据搜索，其模型的结构是一样的，都呈现 3 次型曲线，但是常数部分会有一定的差别，这也是模型修正的一部分。

数学建模的意义在于通过比较少的试验次数可以获得较多的过程信息，据此可以进一步发现刀盘中一些隐匿比较深的故障点。

7.5 改进的讨论

目前，机械故障诊断正在由单过程、单故障和渐发性故障的排查发展到多过程、多故障和突发性故障的智能检测。一方面，将刀库从加工中心信号端隔离开来并且接入到专用测试台，这样可以对刀库进行专门的测试，其优点是对原加工中心设备没有附加影响；另一方面，通过测试台对刀库发出各类动作指令或接受刀库发回的状态信号，这对刀库机构调整环节是非常重要和有效的。刀库测试台的研究、设计和应用过程都充分汲取了现场工作人员的集体智慧，为数控机床维修中心更好地开展刀库设备的专业测试、调整和机床维修提供了很好的技术支持。

除了上述讨论刀盘测试以外，我们还可以进行更多功能的测试。例如，可以进行电机温升测试、刀臂测试、刀套测试以及混合测试等，通过按键查询方式进入各自的检测系统中，可以进一步提高检测精度以及检测过程的自动化程度。图 7-15 所示为新改进后的刀库测试流程，这些梯形图代码的加入将使程序在现有的基础上变得更为庞大，只要我们的读者有足够的耐心和兴趣就一定能够开发出自己满意而且符合现场需求的控制程序。

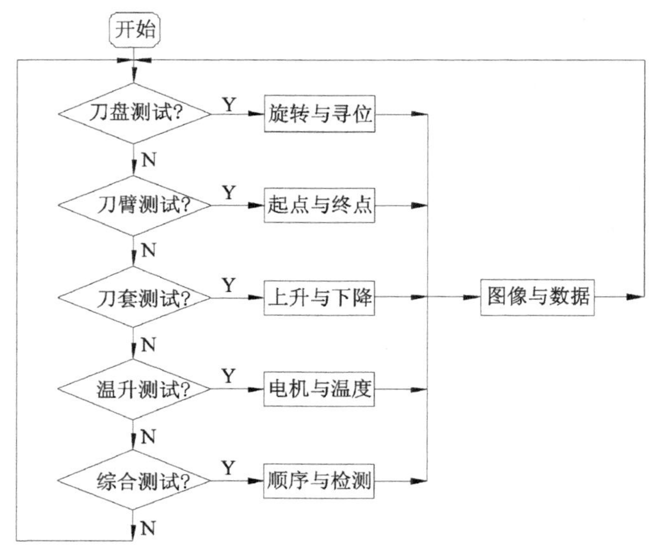

图 7-15 新改进后的刀库测试流程

参考文献

[1] BEIJING—FANUC. PMC MODEL PA1/SA1/SA3 梯形图语言编程说明书[M]. 北京:北京发那科机电有限公司,2001.

[2] BEIJING—FANUC. FANUC Series 0-MODEL D 连接说明书(功能篇)[M]. 北京:北京发那科机电有限公司,2001.

[3] IEC. Programmable Controller-Programming Languages[M]. International Electrotechnical Commission,IEC61131—3,2nd Edition,2003.

[4] Karl-Heinz J,Tiegelkamp M. IEC61131—3: Programming industrial automation systems[M]. Berlin,Germany: Springer-Veflag Company,2001.

[5] 廖常初. PLC 基础与应用[M]. 2 版. 北京:机械工业出版社,2008.

[6] 罗伯特杉布,王蔚庭. IEC61131—3 国际标准简介[J]. 国内外机电一体化技术,2001(1):54-57.

[7] 李鄂民. 液压与气压传动[M]. 北京:机械工业出版社,2014.

[8] 郭昆丽,黄杰,杨过. 小型 PLC 功能流程图编程的转换方法[J]. 西安工程大学学报,2013. 27(5):633-636.

[9] 乔培平. 基于 PLC 的液压滑台控制系统设计[J]. 液压气动与密封,2013(11):41-43.

[10] 钟俊,章旋,张学斌,等. IEC61131—3 标准控制逻辑组态跨平台仿真研究[J]. 测控技术,2013. 32(6):112-115.

[11] 金沙. 顺序功能图在深孔钻床设计中的应用[J]. 自动化与仪器仪表,2014(4):111-114.

[12] 李强,吴松松,严义,等. 嵌入式 PLC 中顺序功能图向 AOV 的映射[J]. 控制工程,2013. 20(2):272-273.

[13] 嵇海旭,梁秀娟. 用顺序功能图实现复杂顺序 PLC 控制[J]. 制造业自动化,2012. 34(7):71-73.

[14] 方富贵. 图论的算法和应用研究[J]. 计算机与数字工程,2012. 40(2):

115－117.

[15] 陈泽南. 圆盘式刀库控制方法的应用及分析[J]. 机床与液压,2013. 41(4):28－29.

[16] 葛甜,李春梅,冯虎田,等. 盘式刀库及机械手可靠性增长试验方法研究[J]. 组合机床与自动化加工技术,2012(11):12.

[17] 华红芳,邹晔,严勇,等. 圆盘式刀库加工中心随机换刀系统的研究[J]. 机床与液压,2010. 38(18):26－27.

[18] 朱文艺,张庆乐. 数控加工中心自动换刀机构动作过程及控制原理研究[J]. 武汉工程职业技术学院学报,2009. 21(1):6－7.

[19] 赖思琦,黄恒. 基于FANUC 0i系统的加工中心刀库控制[J]. 机床与液压,2012. 40(16):94－95.

[20] 杨林,李笑,李传军. 基于PLC的液压多路阀试验台设计[J]. 机床与液压,2014. 42(4):76－77.

[21] Frank R. Giordano,William P. Fox,Steven B. Horton,数学建模[M]. 叶其孝,姜启源,译. 北京:机械工业出版社,2010.

[22] 赵永满,梅卫江,吴疆,等. 机械故障诊断技术发展及趋势分析[J]. 机床与液压,2009. 37(10):256.